"十四五"职业教育国家规划教材

工业和信息化
精品系列教材

Hadoop
大数据处理技术
基础与实践

微课版｜第3版

U0277448

安俊秀 靳宇倡 杨林旺 ╱ 编著
柳源 万里浪 董相宏

Big Data Processing
Technology Based on Hadoop

人民邮电出版社
北　京

图书在版编目（ＣＩＰ）数据

Hadoop大数据处理技术基础与实践：微课版／安俊
秀等编著. -- 3版. -- 北京：人民邮电出版社，2024.8
　　工业和信息化精品系列教材
　　ISBN 978-7-115-63886-1

Ⅰ．①H… Ⅱ．①安… Ⅲ．①数据处理软件－高等学
校－教材 Ⅳ．①TP274

中国国家版本馆CIP数据核字(2024)第048501号

内 容 提 要

本书共 11 章，从 Hadoop 概述开始，介绍 Hadoop 的安装、配置与管理，并对 Hadoop 的生态体系架构进行介绍，包括 HDFS 技术、YARN 技术、MapReduce 技术、Hadoop I/O 操作、海量数据库技术 HBase、ZooKeeper 技术、分布式数据仓库技术 Hive，以及 Hadoop 与 RDBMS 数据迁移工具 Sqoop，最后对大数据实时处理技术进行介绍，旨在让读者了解当前其他的大数据处理技术。本书还包括丰富的实践操作，实现理论与实践的有机结合。

本书除介绍 Hadoop 的理论外，还介绍如何使用各组件，但因为只介绍基础的使用方法，没有涉及底层的高级内容，所以本书只起引导作用。本书旨在让读者了解 Hadoop 并能够使用 Hadoop 的基本功能，并不是学习 Hadoop 的完整手册。

本书适合作为高等院校和职业院校大数据、物联网、云计算及其他计算机相关专业的教材，也可供云计算与大数据技术相关专业的培训班使用。

◆ 编　　著　安俊秀　靳宇倡　杨林旺　柳　源　万里浪
　　　　　　董相宏
　　责任编辑　马小霞
　　责任印制　王　郁　焦志炜
◆ 人民邮电出版社出版发行　　北京市丰台区成寿寺路 11 号
　　邮编　100164　电子邮件　315@ptpress.com.cn
　　网址　https://www.ptpress.com.cn
　　三河市祥达印刷包装有限公司印刷
◆ 开本：787×1092　1/16
　　印张：15.75　　　　　　　　2024 年 8 月第 3 版
　　字数：432 千字　　　　　　2024 年 8 月河北第 1 次印刷

定价：59.80 元

读者服务热线：(010)81055256　印装质量热线：(010)81055316
反盗版热线：(010)81055315
广告经营许可证：京东市监广登字 20170147 号

前言

如今，人类社会正进入数据爆炸的时代。根据权威机构预计，全球数据总量每过两年就会增长一倍，预计到 2027 年，中国数据量规模将达到 76.6ZB。"大数据时代"的力量正在积极影响着人类生活的方方面面，深刻改变着人类的思维、生产、生活和学习方式。党的二十大报告提出，"建设现代化产业体系。坚持把发展经济的着力点放在实体经济上，推进新型工业化，加快建设制造强国、质量强国、航天强国、交通强国、网络强国、数字中国。"在大数据时代，可以利用数据服务实体经济，积极推动新一代信息技术、生物技术、新能源、新材料等战略性新兴产业发展，提升产业链、供应链的现代化水平。本书积极响应号召，利用大数据知识体系，积极推动新一代信息技术和大数据人才教育工作。

在大数据技术中，Hadoop 具备的可扩展性、高容错性、高可用性、高性能、大存储量等特点是其成为大型公司搭建云计算平台的主流技术的重要原因，它已经成为云计算与大数据平台的事实标准。本书是高等院校和职业院校大数据、物联网、云计算及其他计算机相关专业的基础课教材，结合学生群体的就业需求，以实用为目的，避免讲述复杂的理论知识，重点讲解 Hadoop 技术架构的典型应用。

在深刻领会党的二十大精神的背景下，本书将重点放在培养教育科技人才、推进法治建设和国家安全等方面，同时在读者具备计算机网络和分布式系统知识的基础上，努力完善大数据基础教学体系。本书致力于实施创新驱动的教学策略，通过多元化的教学手段，如微课视频和课后实践等，不断塑造教材在大数据时代中的动能和新优势。

本书第 1 版于 2015 年上市，广受好评。作为一种开源软件，Hadoop 的生态系统是开放的，包含多种软件，并且版本升级速度很快。相较于本书的第 1 版和第 2 版，第 3 版更加注重使用最新技术。本书使用目前最新的 Hadoop 3.2.2 进行编写。此外，本书添加了新的内容，并对原有内容进行了修改和完善，以修正第 2 版存在的缺陷。为了帮助读者更好地学习，本书还提供微课视频，每个微课视频的时长为 5 分钟左右，最长不超过 10 分钟。微课视频主要用于拓展书中的知识和提供实战演练，使读者能够更加深入地了解本书的内容。

本书共 11 章。第 1 章介绍 Hadoop 起源及体系架构等；第 2 章介绍 Hadoop 的安装、配置与管理；第 3 章介绍 Hadoop 分布式文件系统（HDFS）技术；第 4 章介绍 Hadoop 资源管理器调度平台 YARN 技术；第 5 章介绍 MapReduce 技术；第 6 章介绍 Hadoop I/O 操作；第 7 章介绍海量数据库技术 HBase；第 8 章介绍 ZooKeeper 技术；第 9 章介绍分布式数据仓库技术 Hive；第 10 章介绍 Hadoop 与 RDBMS 数据迁移工具 Sqoop；第 11 章介绍大数据实时处理技术。

本书每章都附有一定量的习题，以帮助读者进一步巩固基础知识；还附有实践性较强的实训案例，供读者上机操作参考。本书配备了 PPT 课件、源代码、习题答案、微课视频等丰富的教学资源，读者可在人邮教育社区（www.ryjiaoyu.com）免费下载。

如今，在统筹推进社会主义政治、经济、文化、社会、生态文明建设等方面部署中，现代化的互联网和大数据技术无疑发挥着重要的作用。通过学习本书，读者能具备分布式存储编程与应用能力、非结构化数据库技术与应用能力、大数据分析与处理能力、大数据挖掘技术应用能力及 Hadoop 平台部署能力。

本书的编写汇集了多位学者的智慧，由成都信息工程大学的安俊秀教授和四川师范大学的靳宇倡教授及所带研究生共同编著。第 1 章由杨林旺、靳宇倡编写；第 2 章、第 4 章由柳源、万里浪、安俊秀编写；第 3 章由杨林旺、安俊秀编写；第 5 章、第 6 章由万里浪、董相宏、靳宇倡编写；第 7～11 章由杨林旺、柳源、安俊秀编写。同时，本书的编写和出版还得到了国家社会科学基金项目（22BXW048）的支持。

安俊秀

2024 年 2 月于成都信息工程大学

目录

第 4 章

YARN 技术 ·················69

第 5 章

MapReduce 技术 ··········80

第 6 章

Hadoop I/O 操作·············119

第 11 章

大数据实时处理技术 ········· 229

第1章
Hadoop概述

01

素养要点与教学目标

· 明确 Hadoop 在大数据处理中的重要地位，了解 Hadoop 生态系统的基本组件，培养大数据思维和实践能力。

· 了解 Hadoop 的发展历程和技术特点，领会 Hadoop 的分布式计算和存储的设计思想。

· 了解 Hadoop 的应用实践和发展前景，关注数据安全和隐私保护的现实问题，培养自主学习和创新的精神。

Hadoop 是阿帕奇（Apache）旗下的一个开源分布式计算框架，具有高可靠性和可扩展性，可以部署在大量成本低廉的个人计算机（Personal Computer，PC）上，为分布式计算和存储任务提供基础支持。本章通过介绍 Hadoop 的起源和发展、体系架构，分布式开发，以及 Hadoop 行业应用案例，让读者了解 Hadoop 与大数据处理的关系，及其简单结构和设计思想。

1.1 Hadoop 简介

Hadoop 是针对大数据处理研发的一个开源分布式计算框架，是一个有效解决分布式计算和存储任务的平台。Hadoop 是搭建在廉价 PC 上的分布式集群系统，具有高可用性（High Availability，HA）、高容错性（Fault-Tolerant）、可扩展性等众多优点。Hadoop 因其开源、低成本的特点，备受企业追捧，目前已成为最常用的大数据处理平台之一。

微课 1-1

大数据的 4V 特征

Hadoop 的实现基于 Google 发布的 3 篇经典论文"MapReduce""Google File System"和"BigTable"，Google 虽然没有将其核心技术开源，但这 3 篇论文已向开源社区的开发者指明了方向。"Hadoop 之父"道格·卡廷（Doug Cutting）基于 Google 的 3 篇论文使用 Java 语言实现了 Hadoop，并将其开源。随后，阿帕奇基金会整合道格·卡廷以及其他 IT 公司的贡献，推出了 Hadoop 生态系统。

Hadoop 是由以 Hadoop 分布式文件系统（Hadoop Distributed File System，HDFS）和 MapReduce 为核心，以及其他一些支持 Hadoop 的子项目的通用工具组成的分布式集群系统，主要用于海量数据（大于 1TB 的数据）的高效存储、管理和分析。Hadoop 以分布式集群为框架，可以动态地添加和删除节点，还可以为空闲的计算节点分配任务，并实现相关数据的计算与存储。此外，Hadoop 还能够实现各个节点之间的数据动态交互与通信，这使得 Hadoop 拥有较高的数据处理效率，并且 Hadoop 的副本策略默认保存着多个数据副本，当有任务执行失败时，能自动重新分配任务，具有很高的容错性；同时只需要廉价的服务器或 PC 就可以构建 Hadoop，不需要额外购买其他硬件，加上 Hadoop 具有开源的特点，进一步降低了企业的成本。腾讯、华为等互联网"巨头"都部署了基于 Hadoop 的大数据分布式系统。

　　简单来说，Hadoop 是一个更便于开发和处理大规模数据的软件平台。Hadoop 这个名字不是英文单词的缩写，它是一个虚构的名字。该项目的创建者道格·卡廷这样解释 Hadoop 名字的来源："这个名字是我的孩子给一个棕黄色的大象玩具取的。我的命名标准就是简短、容易发音和拼写，没有太多的意义，并且不会被用于别处。小孩子恰恰是这方面的高手。"图 1-1 所示为 Hadoop 的 Logo。

图 1-1　Hadoop 的 Logo

　　Hadoop 最早起源于 Nutch。Nutch 是基于 Java 实现的开源搜索引擎，2002 年由道格·卡廷带领的团队在雅虎（Yahoo!）开发。2003 年，Google 在操作系统原理会议（Symposium on Operating Systems Principles，SOSP）上发表了有关 Google 文件系统（Google File System，GFS）的论文；2004 年，Google 在操作系统设计与实现（Operating System Design and Implementation，OSDI）会议上发表了有关 MapReduce 分布式处理技术的论文。道格·卡廷意识到，GFS 可以解决在网络爬取和索引过程中产生的超大文件存储需求的问题，MapReduce 框架可用于处理海量网页的索引问题。但是，Google 仅提供了思想，并没有提供开源代码。于是，在 2004 年，Nutch 项目组对这两个系统在原有理论基础上完成了开源实现，形成了 Hadoop，使其成为真正可扩展并应用于 Web 数据处理的技术。

　　雅虎、X（原 Twitter）等互联网信息的提供商或电商，基于 Hadoop 平台为用户提供快速的服务和精准的分析。雅虎于 2008 年完成 Hadoop 云平台搭建，并将其应用于网页搜索、日志分析及广告推送等。IBM、Oracle 和惠普（HP）等解决方案的提供商或设备商主要基于 Hadoop 架构平台为企业客户提供大数据应用产品和解决方案。例如，IBM 提供的大数据产品包括基于 Hadoop 开源平台开发的 IBM 大数据平台系统，以及流数据处理软件 Streams、分析工具 BigInsights 等面向 Hadoop 云平台开发的数据分析产品。在此方面，国内知名互联网企业有阿里巴巴、百度、腾讯和华为等。淘宝是目前国内最大的 C2C（Customer to Customer，用户对用户）电子商务平台，也是国内第一批采用 Hadoop 升级数据平台的企业之一。淘宝从 2008 年开始研究基于 Hadoop 的数据处理平台"云梯"（Cloud Ladder）分布式架构。云梯使用的 Hadoop 集群是全国最大的 Hadoop 集群之一，支撑了淘宝的整个数据分析工作，整个集群包含约 17 000 个节点，数据总容量达 24.3PB，并且仍以每天新增约 255TB 的速度不断增长。百度基于 Hadoop 的海量数据处理平台，平均每天处理的数据量超过了 20PB，其处理平台主要用于网页爬取和分析、搜索日志存储和分析、在线广告展示与点击等商业数据分析挖掘。腾讯以其自主研发的台风（Typhoon）云平台进行在线数据处理和离线批量数据处理，同时应用 Hadoop 解决了一些海量数据环境下的特殊问题，如网页分析、数据挖掘等，并且腾讯对台风云平台进行了一些扩展，以支持 Hadoop 程序在其上运行，提高了资源利用率和 Hadoop 的可扩展性。

　　Hadoop 是基于以下思想设计的。

　　（1）可以通过普通机器组成的服务器集群来分发和处理数据，这些服务器集群总计可包含数千个节点，使高性能服务成本大幅降低，具有较高的经济性（Economy）。

　　（2）显著减少服务器节点失效导致的问题，不会因某个服务器节点失效导致工作不能正常进行，因为 Hadoop 能自动维护数据的多份副本，并且在有任务执行失败时能自动重新部署计算任务，实现了工作可靠性（Reliability）和可扩展性（Scalability）。

　　（3）能高效（Efficient）地存储和处理兆亿字节（PB）的数据，通过分发数据，Hadoop 可以在数据所在的节点上并行地处理它们，这使得处理速度非常快。一个 10TB 的巨型文件在传统系统上需要花费很长时间处理。但是在 Hadoop 上，因为采用了并行执行机制，所以可以大大提高效率。

（4）文件不会被频繁写入和修改；机柜内的数据传输速率大于机柜间的数据传输速率；在处理海量数据的情况下，移动计算比移动数据更高效。

1.2 Hadoop 体系架构

Hadoop 由 HDFS、MapReduce、HBase、Hive 和 ZooKeeper 等成员组成，其中 Hadoop 的体系架构主要是通过 MapReduce 来实现对分布式并行任务处理的程序支持。下面介绍 Hadoop 基础架构和 Hadoop 生态系统。

1.2.1 Hadoop 基础架构

Hadoop 实现了对大数据进行分布式并行处理的系统框架，是一种并行处理数据的方法。Hadoop 由实现数据分析的 MapReduce 计算框架和实现数据存储的 HDFS 有机结合而成。MapReduce 自动把应用程序分割成许多小的工作单元，并把这些单元放到集群中的相应节点上执行；而 HDFS 负责存储各个节点上的数据。Hadoop 的基础架构如图 1-2 所示。

图 1-2　Hadoop 的基础架构

1. MapReduce

MapReduce 的主要优势在于：它支持使用廉价的计算机集群对规模达到 PB 级的数据集进行分布式并行计算，是一种编程模型。它由 Map() 函数和 Reduce() 函数构成，这两个函数分别完成任务分解与结果汇总。MapReduce 的用途是批量处理，而不是实时查询，不适合交互式应用。它能帮助编程人员在不会分布式并行编程的情况下，将自己的程序运行在分布式系统上。

2. HDFS

HDFS 是 Hadoop 的存储系统，从用户角度看，它与其他文件系统没有什么区别，都具有创建文件、删除文件、移动文件和重命名文件等功能。

HDFS 中的数据具有"一次写，多次读"的特征，即保证一个文件在同一时刻只能被一个调用者执行写操作，但可以被多个调用者执行读操作。HDFS 以流式数据访问模式来存储超大文件，并运行于商用硬件集群上。HDFS 具有高容错性，可以部署在低廉的硬件上，它还提供高吞吐率的数据读写，非常适用于具有超大数据集的应用程序。HDFS 为分布式计算存储提供了底层支持，它与 MapReduce 框架紧密结合，是完成分布式并行数据处理的典型方案。

1.2.2 Hadoop 生态系统

目前，Hadoop 已经发展成为包含很多项目的集合，形成了一个以 Hadoop 为中心的生态系统（Hadoop Ecosystem），如图 1-3 所示。此生态系统提供了互补性服务，并在核心层上提供了更高层的服务，使 Hadoop 的应用更加方便快捷。

图 1-3　Hadoop 生态系统

（1）数据抽取、转换、装载（Extract Transformation Load，ETL）工具是构建数据仓库的重要环节，由一系列数据仓库采集工具构成。

（2）商业智能（Business Intelligence，BI）报表能提供综合报告，还能提供数据分析和数据集成等功能。

（3）关系数据库管理系统（Relational Database Management System，RDBMS）中的数据存储在被称为表（Table）的数据库（DataBase，DB）中。表是相关记录的集合，它由列和行组成，是一种二维关系表。

（4）Pig 是数据处理脚本，提供相应的数据流（Data Flow）语言和运行环境，它可用于实现数据转换（使用管道）和实验性研究（如快速原型），适用于数据准备阶段。Pig 运行在由 Hadoop 基本架构构建的集群上。

（5）Hive 是基于平面文件构建的分布式数据仓库，擅长数据展示，由 Meta（原 Facebook）贡献。Hive 管理存储在 HDFS 中的数据，提供了基于结构查询语言（Structure Query Language，SQL）的 Hibernate 查询语言（Hibernate Query Language，HQL），用于查询数据。Hive 和 Pig 都是建立在 Hadoop 基本架构之上的，可以用来从数据库中提取信息，并将其交给 Hadoop 处理。

（6）Sqoop 是数据接口，用于完成 HDFS 和关系数据库中数据的转移。

（7）HBase 是类似于 Google Bigtable 的分布式列数据库（Column DB）。HBase 支持 MapReduce 的并行计算和点查询（即随机读取）。HBase 是基于 Java 的产品，与其对应的基于 C++的开源项目是 Hypertable。

（8）Avro 是一种新的数据序列化（Serialization）格式和传输工具，主要用来取代 Hadoop 基本架构中原有的进程间通信（Interprocess Communication，IPC）机制。Avro 和 HBase 于 2010 年 5 月成为 Apache 顶级项目。

（9）ZooKeeper 是一个开放源码的分布式应用程序协调服务，它是一个为分布式应用提供一致性服务的软件，它提供的功能包括配置维护、域名服务、分布式同步、组服务等。

（10）Ambari 项目旨在将监控和管理等核心功能加入 Hadoop 项目。Ambari 可帮助系统管理员部署和配置 Hadoop、升级集群以及监控服务。

（11）Flume 是 Cloudera 提供的一个高可用、高可靠、分布式的用于海量日志采集、聚合和传输的系统。Flume 支持在日志系统中定制各类数据发送方，用于收集数据；同时，Flume 提供对数据进行简单处理，并写到各种数据接收方（可定制）的能力。

（12）Mahout 是机器学习和数据挖掘的一个分布式框架，区别于其他的开源数据挖掘软件，它是基于 Hadoop 的；因为 Mahout 用 MapReduce 实现了部分数据挖掘算法，解决了并行挖掘的问题，所以 Hadoop 的优势就是 Mahout 的优势。

1.3 Hadoop 与分布式开发

分布式从字面意思理解是指物理地址分开，如主分店模式：主店在纽约，分店在北京。分布式就是要在不同的物理空间实现数据资源共享与处理。例如，金融行业的银行联网、交通行业的售票系统、公安系统的全国户籍管理等，这些行业或系统的单位之间具有地理分布性或业务分布性，如何在这种分布式的环境下开发高效的数据库应用程序是很重要的问题。

典型的分布式开发采用的是层模式变体，即松散分层系统（Relaxed Layered System）。这种模式的层间关系松散，每层可以使用比它低的层的所有服务，不限于相邻层，从而增加了层模式的灵活性。较常用的分布式开发模式有客户机/服务器（Client/Server，C/S）开发模式、浏览器/服务器（Browser/Server，B/S）开发模式、C/S 开发模式和 B/S 开发模式综合应用。典型的 C/S 开发模式如图 1-4 所示，典型的 B/S 开发模式如图 1-5 所示。

在图 1-5 中多了一层 Web 服务器层，它主要用于创建和展示用户界面。在现实中，经常把 Web 服务器层和应用服务器层统称为业务逻辑层，也就是说，在 B/S 开发模式下，一般把业务逻辑放在 Web 服务器中。因此分布式开发主要分为 3 个层次进行架构，即用户界面层、业务逻辑层、数据库存储与管理层，3 个层次分别部署在不同的位置。其中用户界面用于实现客户端所需的功能。B/S 架构的用户界面是通过 Web 浏览器来实现的。由此可看出，B/S 架构的系统比 C/S 架构的系统更能避免高额的投入和维护成本。业务逻辑层主要由满足企业业务需要的分布式构件组成，负责对输入输出的数据按照业务逻辑进行加工处理，并实现对数据库服务器的访问，确保在更新数据库或将数据提供给用户之前数据是可靠的。数据库存储与管理是在一个专门的数据库服务器上实现的，从而实现软件开发中的业务与数据分离，实现了软件复用。这样的架构能够简化客户端的工作环境并减轻系统维护和升级的工作量，降低成本。

图 1-4　典型的 C/S 开发模式　　　　图 1-5　典型的 B/S 开发模式

分布式开发技术已经成为建立应用框架（Application Framework）和软件构件（Software Component）的核心技术。它在开发大型分布式应用系统中展现出强大的生命力，并形成了 3 项具有代表性的主流技术。第一项是微软（Microsoft）公司推出的分布式构件对象模型（Distributed Component

Object Model，DCOM），即.NET 核心技术；第二项是 SUN 公司推出的企业级 JavaBean（Enterprise JavaBean，EJB），即 J2EE 核心技术；第三项是对象管理组织（Object Management Group，OMG）推出的通用对象请求代理体系结构（Common Object Request Broker Architecture，CORBA）。

当然，不同的分布式系统或平台所在层次是不同的，实现的功能也不一样，并且要完成一个分布式系统有很多工作要做，如选择分布式操作系统、分布式程序设计语言及其编译/解释系统、分布式文件系统和分布式数据库系统等。因此，分布式开发就是根据用户的需要，选择特定的分布式软件系统或平台，然后基于这个系统或平台进一步开发或者在这个系统或平台上进行分布式应用开发。

Hadoop 是分布式开发的一种，它实现了分布式文件系统和部分分布式数据库系统的功能。Hadoop 中的 HDFS 能够使数据在计算机集群组成的云上高效地存储和管理，其并行编程框架 MapReduce 能够让用户编写的 Hadoop 并行应用程序的运行变得更加简单，使人们能够通过 Hadoop 进行相应的分布式开发。

使用 Hadoop 进行分布式开发，要先了解 Hadoop 的应用特点。Hadoop 的应用特点在于它不仅具有处理大规模分布式数据的能力，而且所有作业的数据处理都是批处理，所有要处理的数据都要求存储在本地，任务的处理是高延迟的。MapReduce 的处理过程虽然是流式的，但处理的数据不是实时数据，也就是说，Hadoop 在实时性数据处理上不占优势，因此，它不适用于开发 Web 程序。

Hadoop 中并行应用程序是基于 MapReduce 编程框架开发的，用户不需要考虑任务具体是怎么分配的，只需要根据 MapReduce 提供的应用程序接口（Application Program Interface，API）编写特定的 mapper 与 reducer 函数，然后把这些函数交给 MapReduce 就可以实现与机器交互并完成任务。显然，仅依赖 HDFS 和 MapReduce，所能够实现的功能是有限的。但随着 Hadoop 的快速发展，很多组件也应运而生。例如，Hive 是基于 Hadoop 的数据仓库工具，它可以将结构化的数据文件映射为数据库表，并提供完整的 SQL 查询功能，也可以将 SQL 语句转换为 MapReduce 任务运行，还可以通过类 SQL 语句快速实现简单的 MapReduce 统计。这样，开发者就不必开发专门的 MapReduce 应用，该工具也十分适合对数据仓库的统计分析。

//// 1.4 Hadoop 行业应用案例分析

随着企业数据量的迅速增长，存储和处理大规模数据已成为企业的迫切需求。Hadoop 作为开源的云计算平台，已在业界得到广泛应用。下面选取具有代表性的 Hadoop 商业应用案例进行分析，让读者了解 Hadoop 在企业中的应用情况。

1.4.1 Hadoop 在门户网站中的应用

关于 Hadoop 技术的研究和应用，雅虎始终处于领先地位，它将 Hadoop 应用于自己的各种产品中，包括数据分析、内容优化、反垃圾邮件系统、广告优化选择、大数据处理和 ETL 等。Hadoop 在用户兴趣预测、排名搜索、广告定位等方面也得到了充分的应用。

在主页个性化方面，雅虎的实时服务系统通过 Apache 从数据库中读取相应的映射，并且每隔 5 分钟，Hadoop 集群就会基于最新数据重新排列内容，每隔 7 分钟更新页面内容。在邮箱方面，雅虎利用 Hadoop 集群根据垃圾邮件模式为邮件计分，并且每隔几小时就在集群上改进反垃圾邮件模型，集群系统每天还可以推动 50 亿次的邮件投递。在雅虎的 Search Webmap 应用上，Hadoop 集群也发挥了作用。Search Webmap 运行在超过 10 000 台机器的 Linux 系统集群里，雅虎的网页搜索查询使用的就是它产生的数据。

雅虎在 Hadoop 中同时使用了 Pig 和 Hive。Pig 和 Hive 主要用于数据准备和数据表示。数据准备阶段通常被认为是 ETL 数据的阶段。这个阶段需要装载和清洗原始数据，并让它符合特定的数据模型，还要尽可能地让它与其他数据源结合等。这一阶段的客户一般都是程序员、数据专家或研究者。数据表示阶段一般指的都是将数据存储在数据仓库的阶段。数据仓库存储了客户所需的产品，客户会根据需要选取合适的产品。这一阶段的客户可能是系统的数据工程师、分析师或决策者。

1.4.2　Hadoop 在搜索引擎中的应用

百度作为中文搜索引擎，提供基于搜索引擎的各种产品，包括以网络搜索为主的功能性搜索，以贴吧为主的社区搜索，针对区域、行业的垂直搜索、MP3 音乐搜索以及百科搜索等，几乎覆盖了中文网络世界的所有搜索需求。

百度对海量数据处理的要求是比较高的，要在线下对数据进行处理，还要在规定的时间内处理完并反馈到平台上。百度在互联网领域的平台需求要通过性能较好的云平台实现，Hadoop 就是很好的选择。在百度中，Hadoop 主要应用于日志存储和统计、网页数据分析和挖掘、商业分析（如用户的行为和广告关注度等）、在线数据反馈（如及时得到在线广告的点击情况等）、用户网页的聚类、分析用户的推荐度及用户之间的关联度。

百度拥有的 Hadoop 集群规模达到近十个，单集群包括超过 2800 台机器，Hadoop 机器共有上万台，总的存储容量超过 100PB，已经使用的超过 74PB，每天提交的作业有数千个之多，每天的输入数据量已经超过 7500TB，输出超过 1700TB。

1.4.3　Hadoop 在电商平台中的应用

在 eBay 上存储着上亿种商品的信息，而且每天增加数百万种新商品，因此需要用云系统来存储和处理 PB 级别的数据，而 Hadoop 是一个很好的选择。Hadoop 是建立在商业硬件上的具有高容错性、可扩展、分布式的云计算框架，eBay 利用 Hadoop 建立了一个大规模的集群系统——Athena，它被分为 5 层，如图 1-6 所示。

在 Hadoop 的监视和警告层中，Ganglia 是分布式集群的监视系统，Nagios 则用来警告一些关键事件，如服务器不可达、硬盘已满等。在工具和加载库层中，HUE

监视和警告层 （Ganglia、Nagios）
工具和加载库层 （HUE、UC4、Oozie Mobius、Mahout）
数据获取层 （HBase、Pig、Hive）
MapReduce 层 （Java、Streaming、Pipes、Scala）
Hadoop 核心层 （运行时环境、HDFS、通用设施）

图 1-6　Athena 的层次

是一个开源的 Web 用户界面，用于查询 Hadoop 生态系统中的数据；UC4 是 eBay 从多个数据源自动加载数据的企业级调度程序；其余为加载库，如用于解析网络日志的库（Oozie Mobius）和机器学习库（Mahout）等。

Hadoop 核心层包括 Hadoop 运行时环境、一些通用设施和 HDFS，其中 HDFS 为读写大块数据做了一些优化，如将块的大小由 128MB 改为 256MB。MapReduce 层为开发和执行任务提供 API（Java、Streaming）和控件（Pipes、Scala）。数据获取层的主要框架是 HBase、Pig 和 Hive。

除了以上案例，在很多其他的应用中也有 Hadoop 的身影。例如，在 Meta、电信

微课 1-2

谁在用 Hadoop
及其一些相关技术

等业务中，Hadoop 发挥着举足轻重的作用。由此可以看出，Hadoop 分布式集群在大数据处理方面有着无与伦比的优势，它的特点（易于部署、构建成本低、方便扩展、性能强等）使得它能很快地被业界接受，它的生存能力也非常强。实际上除商业上的应用外，Hadoop 在科学研究上也发挥了很大的作用，如数据挖掘、数据分析等。

Hadoop 在某些处理机制上也存在不足，如在实时处理方面，但随着 Hadoop 的发展，这些不足正在被慢慢弥补，如 Hadoop 支持 Storm 架构（一种实时处理架构）。随着时间的推移，Hadoop 会越来越完善，无论是用于电子商务还是科学研究，它都将是很不错的选择。

习题

1. Hadoop 的核心组件是什么，它们各自承担什么样的角色？
2. Hadoop 处理数据的特点是什么？
3. 如何简单地开发 Hadoop 应用？

第2章
Hadoop的安装、配置与管理

02

素养要点与教学目标

· 培养系统思维能力，通过对网络配置和集群参数配置的学习和实践，提高读者对大型系统设计和运维的理解和应用能力。

· 培养自主学习和自我检验的能力，通过养成检验每一步操作的习惯，在了解主要配置参数的同时，也能够排除错误和故障。

本章主要介绍如何部署和配置 Hadoop 集群，最重要的是网络配置和集群参数配置。读者要注意搭建 Hadoop 集群的步骤不可颠倒，并且要养成做好一步就检验的习惯。学完本章，读者在了解主要配置参数的基础上，能够根据实际情况调整配置参数，也能根据实际情况增删节点。

2.1 实验准备

通过物理机器虚拟化 4 台虚拟机，设置 1 个主（Master）节点、3 个从（Slave）节点，节点之间通过局域网相互连通。为了实现节点间在同一局域网中定向通信，配置使用静态 IP 地址。表 2-1 所示为各节点的 IP 地址分配及其主要角色。

表 2-1　各节点的 IP 地址分配及其主要角色

节点名	静态 IP 地址	主要角色
Node	192.168.10.100	NameNode
Node1	192.168.10.101	DataNode
Node2	192.168.10.102	DataNode
Node3	192.168.10.103	DataNode

主节点主要配置名称节点（NameNode）和 JobTracker 角色，总体负责分布式数据的处理和分解任务的执行；3 个从节点主要配置数据节点（DataNode）和 TaskTracker 角色，负责分布式数据的存储，以及分布式任务的执行。

安装过程中用到的软件如图 2-1 所示。

图 2-1　安装过程中用到的软件

以上软件的下载方式如表 2-2 所示。

表 2-2 软件下载方式

软件名称	下载方式
CentOS 7	CentOS 是一个由 Red Hat Linux 提供的可自由使用源码的企业级 Linux 发行版本，可以从官网下载
Hadoop 3.2.2	可以从官网下载
JDK	Hadoop 是基于 Java 的工程项目，需要 Linux 下的 JDK 支持，可以在 Oracle 官网下载
PieTTY	源自 PuTTY，支持亚洲多国语言，并大幅改进使用界面，易学易用，是在 Windows 环境下发展的 Telnet/SSH 安全远端连线程式，可以通过百度搜索并下载
VMware 12	VMware 工作站允许一台真实的计算机同时运行数个操作系统（Operating System，OS），如 Windows、Linux、BSD 等衍生版本，可以从官网下载
WinSCP	Windows 平台软件，用于在 Windows 下复制文件到 Linux 中，可以从官网下载

用户信息如表 2-3 所示，所有虚拟节点的用户信息都一样。

表 2-3 Linux 系统用户

用户	密码	用户组
root	安装 CentOS 时提供	root
hadoop	读者自定	hadoop

2.2 配置一个单节点环境

本节主要是在虚拟机上进行单节点的配置，包括 CentOS 的安装和单节点的网络配置。需要上传 Hadoop 和 JDK 到虚拟机中，并对其进行配置，配置工作包括配置文件的修改和主机名 IP 地址的修改。

2.2.1 运行一个虚拟环境 CentOS

在计算机上安装虚拟机，下载 VMware 12 后，安装并打开 VMware 12，再添加 CentOS 到虚拟机的 CD/DVD 中，执行菜单栏中的"文件"→"打开"命令，选择 CentOS 文件，单击"打开"按钮，如图 2-2（a）所示。打开后的 CentOS 文件如图 2-2（b）所示。

（a）

图 2-2 打开 CentOS

（b）

图 2-2　打开 CentOS（续）

在 CentOS 上单击鼠标右键，从弹出的快捷菜单中选择"设置"命令，弹出"虚拟机设置"对话框，其中显示虚拟系统的主要硬件参数信息，用户可以根据自己的机器性能进行配置，这里保持默认配置，如图 2-3 所示。

图 2-3　显示虚拟系统的主要硬件参数信息

微课 2-1

CentOS 7 的安装及
配置

2.2.2　配置网络

VMware 提供了 3 种工作模式：桥接（Bridged）模式、网络地址转换（Network Address Translation，NAT）模式和仅主机（Host-Only）模式。在学习 VMware 虚拟网络时，建议选择 Host-Only 模式，

原因有两个：一是如果使用的是笔记本电脑，则从 A 网络移到 B 网络，环境发生变化后，只有使用 Host-Only 模式系统才不受影响，使用其他模式必须重新设置虚拟交换机配置；二是使用该模式可以将真实环境和虚拟环境隔离开，以保证虚拟环境的安全。下面简单介绍 Bridged 模式和 NAT 模式，重点介绍 Host-Only 模式。

1. Bridged 模式

在 Bridged 模式下，VMware 虚拟出来的操作系统就像是局域网中一台独立的主机，它可以访问局域网内的任何一台机器。同时在 Bridged 模式下，需要手动为虚拟系统配置 IP 地址和子网掩码，而且要与宿主机器处于同一网段，这样虚拟系统才能和宿主机器通信。

2. NAT 模式

使用 NAT 模式就是让虚拟系统借助 NAT 功能，通过宿主机器所在的网络来访问公网。也就是说，使用 NAT 模式可以在虚拟系统中安全地访问互联网。使用 NAT 模式最大的优势就是虚拟系统接入互联网非常简单，不需要进行任何其他配置，只需要宿主机器能访问互联网即可。

3. Host-Only 模式

在某些特殊的网络调试环境中，要求将真实环境和虚拟环境隔离开，这时可采用 Host-Only 模式。在 Host-Only 模式中，所有的虚拟系统是可以相互通信的，但虚拟系统和真实环境是被隔离开的。

在 Host-Only 模式下，虚拟系统的 TCP/IP 配置信息[如 IP 地址、网关地址、域名服务器（Domain Name Server，DNS）等]都可以由 VMnet1（使用 Host-Only 模式）虚拟网络的动态主机配置协议（Dynamic Host Configuration Protocol，DHCP）服务器来分配。

如果想利用 VMware 创建一个与网内其他机器相隔离的虚拟系统，进行某些特殊的网络调试工作，就可以选择 Host-Only 模式，如图 2-4 所示。

图 2-4　Host-Only 模式下的网络拓扑

使用 Host-Only 模式，A、A1、A2 可以相互访问，但 A1、A2 不能访问 B，也不能被 B 访问。主机上安装 VMware Workstation 或 VMware Server 时，会默认安装 3 块虚拟网卡。这 3 块虚拟网卡的名称分别为 VMnet0、VMnet1、VMnet8。其中 VMnet0 的网络属性为"物理网卡"，VMnet1 与 VMnet8 的网络属性为"虚拟网卡"。在默认情况下，VMnet1 虚拟网卡的定义是"仅主机虚拟网络"，VMnet8

虚拟网卡的定义是"NAT 网络",同时,主机物理网卡被定义为"桥接网络",它也可以称为 VMnet0。

安装完虚拟机后,默认安装了两块虚拟网卡:VMnet1 和 VMnet8。其中,VMnet1 是 Host-Only 网卡,通过 Host-Only 模式连接网络。VMnet8 是 NAT 网卡,通过 NAT 模式连接网络。它们的 IP 地址是默认的,如果要用虚拟机做实验的话,则最好更改 VMnet1 和 VMnet8 的 IP 地址。因为此处采用 Host-Only 模式,所以下面对 VMnet1 的网络配置进行修改。

步骤 1,启动虚拟机,登录 root 账户,如图 2-5 所示。

图 2-5　登录 CentOS

步骤 2,在 Windows 网络连接中打开 VMnet1 网络,然后设置 IPv4,如图 2-6 所示。

（a）

（b）

图 2-6　网络连接

步骤 3,在 Linux 桌面环境中的任务栏右侧的计算机图标上单击鼠标右键,在弹出的快捷菜单中选择"Wired Settings"选项,打开"Network Connections"对话框。选择"Auto eth1",单击"Edit"

按钮，弹出"Editing Auto eth1"对话框，选择"IPv4 Settings"选项，在"Method"中选择"Manual"（手动模式），然后增加 IP 地址，单击"Apply"按钮，如图 2-7 所示。

（a） （b）

图 2-7 配置网络

步骤 4，打开终端，重启网络服务器，使配置生效，当出现 3 个"OK"后，说明网络配置成功，可以用 ifconfig 命令查看网络配置情况，如图 2-8 所示。

（a） （b）

图 2-8 查看网络配置情况

常用的远程登录工具还有 PuTTY、PieTTY、XShell 等，但相比之下 PieTTY 操作更加简单，功能更加强大，并且软件大小只有约 300KB。使用 PieTTY 连接到 Linux 的步骤如下。

步骤 1，打开 PieTTY 客户端软件，在文本框中填写目标 IP 地址，端口号是 22，以 SSH 模式访问端口。单击"Open"按钮，如图 2-9 所示。

弹出对话框提示"POTENTIAL SECURITY BREACH"（潜在安全缺口），如图 2-10 所示。由于首次使用 PieTTY 登录 Linux 虚拟机，PieTTY 缓存中并没有该 Linux 虚拟机的 RSA2 公钥信息，因此会提示是否信任此机器，单击"是"按钮。

图 2-9　通过 PieTTY 远程连接　　　　　　图 2-10　首次登录的安全提示

步骤 2，进入目标 IP 地址的 Linux 系统后，输入用户名和密码，即可进入命令行窗口，如图 2-11 所示。

图 2-11　PieTTY 的命令行窗口

2.2.3　创建新的用户组和用户

读者看到本小节的标题可能会产生疑问：Hadoop 本身已经有 root 用户了，为什么还要创建新用户？因为一方面，如果使用 root 用户，对 Linux 不是很熟悉的人很可能会因误操作而损坏操作系统核心内容；另一方面是为了方便同一个组的用户共享 Hadoop 集群。实现思路是使用 root 登录，创建自定义用户，并为这个用户分组。

1. 创建 Hadoop 用户组

添加用户时，可以将用户添加到现有的用户组（Linux 内置很多默认用户组），或者将其添加到新创建的用户组；可以在/etc/group 文件中看到所有的用户组信息。使用 groupadd 命令创建用户组的语法结构为：

```
groupadd [-g [-o]] [-r] [-f] groupname
```

其中，"[ ]"中的参数为可选项，groupadd 各参数的含义如表 2-4 所示。

表 2-4　groupadd 各参数的含义

参数	说明
-g	以数字表示的用户组 ID
-o	可以使用重复的用户组 ID
-r	建立系统组，用来管理系统用户
-f	强制创建
groupname	指定用户组的名称

如果不指定参数，则系统将使用默认值。例如，创建一个 hadoopGroup 用户组的命令是 groupadd hadoopGroup，可以看出它没有指定参数。

2. 添加 Hadoop 用户

添加用户可以使用 useradd 命令，语法结构为：

```
useradd [-d homedir] [-g groupname] [-m] [-s shell] [-u userid] [accountname]
```

其中，"[ ]"中的参数为可选项，useradd 各参数的含义如表 2-5 所示。

表 2-5　useradd 各参数的含义

参数	描述
-d homedir	指定用户主目录
-g groupname	指定用户组
-m	如果主目录不存在，就创建主目录
-s shell	为用户指定默认 Shell
-u userid	指定用户 ID
accountname	用户名

例如，创建用户组 hadoopGroup，并创建 hadoop 用户，将该用户添加到这个组，用户主目录为 /home/hadoop，命令如图 2-12 所示。

```
[root@node ~]# groupadd hadoopGroup
[root@node ~]# useradd -d /home/hadoop -g hadoopGroup hadoop
```

图 2-12　创建用户组和用户命令

2.2.4　上传文件到 CentOS 并配置 Java 和 Hadoop 环境

新建完用户后，就可以安装 Java 和 Hadoop 了。

1. 使用 WinSCP 传输文件

WinSCP 是 Windows 环境下使用安全外壳（Secure Shell，SSH）协议的开源图形化安全文件传输协议（Secure File Transfer Protocol，SFTP）客户端，同时支持基于 SSH 的安全复制协议（Secure Copy Protocol，SCP）。SCP 的主要功能是在本地与远程计算机间安全地复制文件。

在 root 用户下，执行命令 rm -rf /usr/local/*，删除目录下的所有内容（当前内容无用）。使用 WinSCP 把 JDK 文件从 Windows 复制到/usr/local 目录下，以下是使用 WinSCP 传输文件的步骤。

步骤 1，打开 WinSCP 后，在"WinSCP 登录"对话框中单击"新建"按钮，如图 2-13 所示。在弹出的新建对话框中输入 IP 地址和用户信息后，单击"确定"按钮。

步骤 2，在 WinSCP 验证窗口的"用户名"文本框中输入 Linux 的用户名，单击"确定"按钮，如图 2-14 所示。

步骤 3，WinSCP 窗口左侧是 Windows 端，右侧是 Linux 端，可以直接拖动文件来进行传输，如图 2-15 所示。

2. 解压文件

在虚拟机终端执行如下命令将 JDK 文件解压到当前目录：tar -zvxf jdk-8u211-linux-x64.tar.gz。其中，参数 z 表示调用 gzip 压缩程序的功能，v 表示显示详细解压过程，x 表示解压文件参数指令，f 参数后跟解压的文件名。

图 2-13　新建

图 2-14　WinSCP 验证窗口

图 2-15　在 WinSCP 窗口中传输文件的步骤

为了后面写环境变量方便，执行如下命令更改文件名为 jdk1.8:

mv jdk1.8.0_211 jdk1.8。

同样，执行解压命令 tar -zvxf hadoop-3.2.2-x64.tar.gz 将 Hadoop 解压到当前目录，并执行命令 mv hadoop-3.2.2 /home/hadoop/hadoop3.2 将 Hadoop 移动到 Hadoop 用户的主目录下。

3. 目录规划

Hadoop 程序存储的目录为/home/hadoop/hadoop3.2.2，相关的数据目录，如日志、数据分别存储在该目录下的 logs、data 文件中。将程序和数据目录分开存储，可以更加方便地进行配置管理和同步。

具体目录的准备与配置如下。

（1）创建程序存储目录/home/hadoop/hadoop3.2，用来存储 Hadoop 程序文件。

（2）创建数据存储目录/home/hadoop/hadoop3.2/hdfs，用来存储集群数据。

（3）创建目录/home/hadoop/hadoop3.2/hdfs/name，用来存储文件系统元数据。

（4）创建目录/home/hadoop/hadoop3.2/hdfs/data，用来存储真正的数据。

（5）创建日志目录/home/hadoop/hadoop3.2/logs，用来存储日志信息。

（6）创建临时目录/home/hadoop/hadoop3.2/tmp，用来存储临时生成的文件。

执行命令 mkdir –p /home/hadoop/hadoop3.2/hdfs，为还不存在目录的 Hadoop 程序创建目录，mkdir 是 make directory 的缩写，参数 p 表示创建多级目录。

给 hadoopGroup 组赋予权限，凡属于 hadoopGroup 组的用户，都有权利使用 hadoop3.2，这样方便多用户操作。

首先，把 hadoop3.2 加入 hadoopGroup 组，可以在 hadoop3.2 当前目录下执行命令 chgrp –R hadoopGroup hadoop3.2。其中，chgrp 是 change group 的缩写，–R 参数表示可以将作用域扩展到后面目录中的所有文件和子目录。

然后，执行命令 chmod –R g=rwx hadoop3.2 为 hadoopGroup 组赋予权限。chmod 是 change model 的缩写，g=rwx 表示给后面的文件赋予用户的读（r）、写（w）、执行（x）权限。

4．导入 JDK 环境变量

执行 cd /etc 命令后，再执行 vi profile 命令，对 profile 文件进行编辑，在"#/etc/profile"下行添加如下代码，如图 2-16 所示。

```
export JAVA_HOME=/usr/local/jdk1.8
export CLASSPATH=.:$JAVA_HOME/lib/tools.jar: $JAVA_HOME/lib/dt.jar
export PATH=.:$JAVA_HOME/bin:$PATH
```

图 2-16　修改 profile 文件

执行命令 source profile，使配置立即生效。

执行命令 java –version，查看是否安装成功。若出现图 2-17 所示的信息，就表示安装成功。

图 2-17　查看是否安装成功

5. 导入 Hadoop 环境变量

用前述方法，在 profile 文件中添加如下内容。

```
export HADOOP_HOME=/home/hadoop/hadoop3.2
export PATH=.:$HADOOP_HOME/sbin:$HADOOP_HOME/bin:$JAVA_HOME/bin:$PATH
export HADOOP_LOG_DIR=/home/hadoop/hadoop3.2/logs
export YARN_LOG_DIR=$HADOOP_LOG_DIR
```

执行 hadoop 命令，查看 Hadoop 环境变量配置是否成功，若出现图 2-18 所示的信息，就说明 Hadoop 环境变量配置成功。

```
Usage: hadoop [--config confdir] [COMMAND | CLASSNAME]
  CLASSNAME           run the class named CLASSNAME
 or
 where COMMAND is one of:
  fs                  run a generic filesystem user client
  version             print the version
  jar <jar>           run a jar file
                      note: please use "yarn jar" to launch
                            YARN applications, not this command.
  checknative [-a|-h] check native hadoop and compression libraries availability
  distcp <srcurl> <desturl> copy file or directories recursively
  archive -archiveName NAME -p <parent path> <src>* <dest> create a hadoop archive
  classpath           prints the class path needed to get the
  credential          interact with credential providers
                      Hadoop jar and the required libraries
  daemonlog           get/set the log level for each daemon
  trace               view and modify Hadoop tracing settings

Most commands print help when invoked w/o parameters.
```

图 2-18　查看 Hadoop 环境变量配置情况

2.2.5　修改 Hadoop 3.2 配置文件

Hadoop 没有使用 java.util.Properties 管理配置文件，也没有使用 Apache Jakarta Commons Configuration 管理配置文件，而是使用了一套独有的配置文件管理系统，并提供自己的 API，即使用 org.apache.hadoop.conf.Configuration 处理配置信息，让用户也可以通过 Eclipse 工具分析源码，并利用提供的 API 修改配置文件。

由于 Hadoop 集群中，每个机器的配置基本相同，所以先在主节点上配置与部署，然后将其复制到其他节点。这个过程中主要涉及的脚本文件和配置文件如下。

（1）配置~/hadoop3.2/etc/hadoop 下的 hadoop-env.sh、yarn-env.sh、mapred-env.sh，修改 JAVA_HOME 值（执行命令 export JAVA_HOME=/usr/local/jdk1.8/），如图 2-19 所示。

（2）配置~/hadoop3.2/etc/hadoop/slaves，这个文件保存所有从节点，如图 2-20 所示。

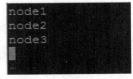

```
# The java implementation to use.
export JAVA_HOME=/usr/local/jdk1.8/

# The jsvc implementation to use. Jsvc is required to run secure datanodes
# that bind to privileged ports to provide authentication of data transfer
# protocol.  Jsvc is not required if SASL is configured for authentication of
# data transfer protocol using non-privileged ports.
#export JSVC_HOME=${JSVC_HOME}
```

图 2-19　指定 JDK 路径　　　　　　　图 2-20　修改 slaves 文件

（3）配置~/hadoop3.2/etc/hadoop/core-site.xml，将以下代码添加到文件中。

微课 2-2

代码添加与替换

```xml
<configuration>
    <property>
        <name>fs.defaultFS</name>
        <value>hdfs://node:9000/</value>
        <description> 设定 NameNode 的主机名及端口</description>
```

```
        </property>

        <property>
            <name>hadoop.tmp.dir</name>
            <value>/home/hadoop/tmp/hadoop-${user.name}</value>
            <description> 存储临时文件的目录 </description>
        </property>

        <property>
            <name>hadoop.proxyuser.hadoop.hosts</name>
            <value>*</value>
        </property>

        <property>
            <name>hadoop.proxyuser.hadoop.groups</name>
            <value>*</value>
        </property>
    </configuration>
```

（4）配置~/hadoop3.2/etc/hadoop/hdfs-site.xml，添加如下代码。

```
<configuration>

    <property>
        <name>dfs.namenode.http-address</name>
        <value>node:50070</value>
        <description> 设定 NameNode 的地址和端口 </description>
    </property>

    <property>
        <name>dfs.namenode.secondary.http-address</name>
        <value>node1:50090</value>
        <description> 设定 Secondary NameNode 的地址和端口 </description>
    </property>

    <property>
        <name>dfs.replication</name>
        <value>3</value>
        <description> 设定 HDFS 存储文件的副本数，默认为 3 </description>
    </property>

    <property>
        <name>dfs.namenode.name.dir</name>
        <value>file:///home/hadoop/hadoop3.2/hdfs/name</value>
        <description> NameNode 用来持续存储命名空间和交换日志的本地文件系统路径 </description>
    </property>

    <property>
        <name>dfs.datanode.data.dir</name>
        <value>file:///home/hadoop/hadoop3.2/hdfs/data</value>
        <description> DataNode 用于在本地存储块文件的目录列表</description>
    </property>

    <property>
        <name>dfs.namenode.checkpoint.dir</name>
```

```
        <value>file:///home/hadoop/hadoop3.2/hdfs/namesecondary</value>
        <description> 设置 Secondary NameNode 来存储临时镜像的本地文件系统路径。如果该位置显
示一个用逗号分隔的文件列表，则镜像将会冗余复制到所有目录
    </description>
    </property>

    <property>
        <name>dfs.webhdfs.enabled</name>
        <value>true</value>
<description>判断是否允许网页浏览 HDFS 文件
</description>
    </property>

    <property>
        <name>dfs.stream-buffer-size</name>
        <value>131072</value>
    <description> 默认是 4 KB，作为 Hadoop 缓冲区，用于 Hadoop 读 HDFS 的文件和写 HDFS 的文件，Map
的输出也用到了这个缓冲区容量，对于现在的硬件而言，可以设置为 128 KB（131072B），甚至是 1 MB（但会过
大，Map 和 Reduce 任务可能会出现内存溢出的情况）
    </description>
    </property>
</configuration>
```

（5）配置~/hadoop3.2/etc/hadoop/mapred-site.xml，添加如下代码。

```
<configuration>
    <property>
        <name>mapreduce.framework.name</name>
        <value>yarn</value>
    </property>
    <property>
        <name>mapreduce.jobhistory.address</name>
        <value>node:10020</value>
    </property>

    <property>
        <name>mapreduce.jobhistory.webapp.address</name>
        <value>node:19888</value>
    </property>

</configuration>
```

（6）配置~/hadoop3.2/etc/hadoop/yarn-site.xml，添加如下代码。

```
<configuration>
    <property>
        <name>yarn.resourcemanager.hostname</name>
        <value>node</value>
    </property>

    <property>
        <name>yarn.nodemanager.aux-services</name>
        <value>mapreduce_shuffle</value>
    </property>

    <property>
        <name>yarn.nodemanager.aux-services.mapreduce.shuffle.class</name>
```

```
        <value>org.apache.hadoop.mapred.ShuffleHandler</value>
    </property>

    <property>
        <name>yarn.resourcemanager.address</name>
        <value>node:8032</value>
    </property>

    <property>
        <name>yarn.resourcemanager.scheduler.address</name>
        <value>node:8030</value>
    </property>

    <property>
        <name>yarn.resourcemanager.resource-tracker.address</name>
        <value>node:8031</value>
    </property>

    <property>
        <name>yarn.resourcemanager.admin.address</name>
        <value>node:8033</value>
    </property>

    <property>
        <name>yarn.resourcemanager.webapp.address</name>
        <value>node:8088</value>
    </property>

</configuration>
```

2.2.6　修改 CentOS 主机名

执行命令 hostname node，修改当前会话中的主机名，如图 2-21 所示。但是这种配置只对当前状态有效，一旦重新启动虚拟机，主机名又会恢复原样，因此想要修改始终有效，只能在配置文件中修改。要想修改配置文件中的主机名，可以执行命令 vi /etc/sysconfig/network。重新启动虚拟机，修改生效，但由于第一步已经在当前会话中配置了 hostname，所以不用重启，图 2-22 显示的是已经配置好的主机名。

```
[root@hadoop01 /]# hostname
hadoop01
[root@hadoop01 /]# hostname node
[root@hadoop01 /]# hostname
node
```

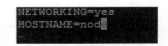

图 2-21　修改主机名　　　　　　　　　　图 2-22　修改配置文件中的主机名

2.2.7　绑定 hostname 与 IP 地址

执行命令 vi /etc/hosts，在 hosts 文件中增加内容如下。

```
192.168.10.100    node
192.168.10.101    node1
192.168.10.102    node2
192.168.10.103    node3
```

执行命令 ping node，检验 hosts 文件是否修改成功，如图 2-23 所示。

图 2-23　验证 hostname 与 IP 地址的绑定

2.2.8　关闭防火墙

如果不关闭防火墙，则可能会出现以下 3 种情况。

（1）HDFS 的 Web 管理页面会出现打不开文件浏览页面的情况。

（2）后台运行脚本（如 Hive）会出现莫名其妙的假死状态。

（3）在删除和增加节点时，数据迁移处理时间会增长，甚至不能正常完成相关操作。

执行命令 service iptables stop 关闭防火墙，执行命令 service iptables status 查看防火墙状态，以确认防火墙关闭，如图 2-24 所示。

图 2-24　关闭防火墙

执行上面的命令可以关闭防火墙，但因为重启后防火墙还会自动启动，所以还要禁止防火墙自动启动。执行命令 chkconfig iptables off 禁止防火墙自动启动，执行命令 chkconfig --list |grep iptables 验证禁止防火墙自动启动是否成功，如图 2-25 所示。

图 2-25　关闭防火墙自动启动

2.3　节点之间的免密码登录

本节主要讲解在完成虚拟机基本配置的情况下，选择 SSH 协议实现各个节点之间的免密码登录。

2.3.1　什么是 SSH

SSH 是由国际互联网工程任务组（Internet Engineering Task Force，IETF）中的网络工作小组（Network Working Group）制定的。SSH 是建立在应用层和传输层基础上的安全外壳协议，专为远程登录会话和其他网络服务提供安全协议，即利用 SSH 可以有效防止远程管理过程中的信息泄露问题，且 SSH 具有高可靠性。

从客户端来看，SSH 提供两种级别的安全验证。第一种级别是基于口令的安全验证，只要知道账号和口令，就可以登录到远程主机。在这种级别下，所有传输的数据都会被加密，但是不能保证正在连接的服务器就是想连接的服务器。可能会有别的服务器冒充真正的服务器，也就是可能受到"中间人"这种方式的攻击。第二种级别是基于密钥的安全验证，这种验证需要依靠密钥，用户必须为自己创建一对密钥（公钥和私钥），并把公钥放在需要访问的服务器上。这里的私钥只能用户自己拥有，其名称也由此得来。公钥可以解开私钥加密的信息，同样私钥也可以解开公钥加密的信息。如果要连接到 SSH 服务器，客户端软件就会向服务器发出请求，请求用密钥进行安全验证。服务器收到请求之后，先在其相应主目录下寻找相应的公钥，然后把它和发送过来的公钥进行比较。如果两个密钥一致，服务器就用这个公钥加密"质询"（Challenge），并把它发送给客户端软件。客户端软件收到"质询"之后，可以用私钥对它进行解密，再把它发送给服务器完成安全验证。用这种方式，客户端必须知道自己密钥的口令。但是，与第一种级别相比，第二种级别不需要在网络上传送口令。使用第二种级别，不仅可以加密所有传送的数据，而且"中间人"这种攻击方式也是不可能实现的，因为它没有私钥，但是在该级别下，整个登录的过程耗时较长。

2.3.2 复制虚拟机节点

配置完 SSH 后，关闭当前开启的虚拟机，然后在菜单栏中选择"虚拟机"→"管理"→"克隆"命令，打开"克隆虚拟机向导"对话框，选择"创建完整克隆"，单击"下一步"按钮，再设置复制的虚拟机名称和安装位置，如图 2-26 所示。

依次完成 CentOS1、CentOS2、CentOS3 的克隆工作，然后分别启动以上虚拟机，重复前面步骤修改网络，更改会话中的主机名（hostname X），然后用 PieTTY 登录测试连接。

如果发现各节点的 hosts 文件不一致，则可以登录 Node 节点，把 Node 节点上的 hosts 文件远程复制到其他节点，这样就不需要单独修改每个节点的 hosts 文件了。

（a）

（b）

（c）

图 2-26　克隆虚拟机

远程复制 hosts 文件的步骤如下：使用文件传输命令 scp 复制 hosts 文件，如图 2-27 所示。

```
[root@node ~]# scp /etc/hosts node1:/etc/hosts
The authenticity of host 'node1 (192.168.10.101)' can't be established.
RSA key fingerprint is d5:24:e9:43:00:c9:54:19:78:25:d8:c2:2c:ab:2a:1d.
Are you sure you want to continue connecting (yes/no)? yes
Warning: Permanently added 'node1,192.168.10.101' (RSA) to the list of known hosts.
root@node1's password:
hosts                                                    100%  242     0.2KB/s   00:00
```

图 2-27　远程复制 hosts 文件

> **注意**　复制过程中会出现前面第一次连接时出现的提示："The authenticity of host 'node1
> (192.168.10.101)' can't be established."，即无法确认主机的真实性，只知道它的公钥指纹，
> 问你是否还想继续连接。公钥指纹是指公钥长度较长（这里采用的是 RSA 算法，公钥长
> 达 1024 位），很难比对，所以对其进行 MD5 计算，将它变成一个 128 位的指纹。首先
> 确认连接方安全，输入"yes"，按 Enter 键，再输入 Node1 密码，按 Enter 键，连接成功，
> 打开 known_hosts 文件可以看到生成的公钥，如图 2-28 所示。

```
[root@node ~]# cd ./.ssh
[root@node .ssh]# ls
known_hosts
[root@node .ssh]# more known_hosts
Node1,192.168.10.101 ssh-rsa AAAAB3NzaC1yc2EAAAABIwAAAQEAtCiHRKWOQGn1OAPBXB3160iEKKStxm
ZOYeAiXXKFdVCIe8x6Io0upTqAlNwJse4YB1JXsKPgr3kdbS5S+DAQ7IuK+XIFBm2ygMC3WjTrvLtowDCh4TDZh
HKHPJEmEu88JkTMPkQ0WBEtqVfIXEn/hfB6jg980/xgietyGGzc8DspzkAZ4RZSX1nfvKAaIrsaEHch6DG8GefY
cdA++XOunh695QT59BSdlIZcC9nmYNIQH6olMAP6NADzUVmgHBQg00YEY4muj/17bZmOqrzP4cKwd7v5va8knzv
kxZkllCZN4hTwzqyntd68aQcXc2ej/+XYKP2YynR2+85ZVXyNQ==
```

图 2-28　known_hosts 文件

以后与 Node1 连接时不会再出现以上提示，因为 known_hosts 中已经加入了 Node1，但仍然需
要输入密码，后面依次完成其他节点（Node2、Node3）的 hosts 文件复制工作后，就可以解决免密码
登录的问题了。

2.3.3　配置 SSH 免密码登录

Hadoop 集群之间的交互是不用密码的，因为每次都输入密码非常麻烦。SSH 还提供了公钥登录，
可以省去输入密码的步骤。

公钥登录的原理是用户将自己的公钥存储在远程主机上，登录时，远程主机向用
户发送一段随机字符串，用户用自己的私钥加密后，再将其发送回去；远程主机用事
先存储的公钥解密，如果成功，就证明用户是可信的，允许该用户直接登录 Shell，
不再要求输入密码。

微课 2-3

免密登录配置

这种方法要求用户必须提供自己的公钥。如果没有现成的公钥，则可以直接用
ssh-keygen 生成。建议直接用创建的 Hadoop 用户设置 SSH，因为设置只对当前
用户有效，一般 Hadoop 主程序所有者是哪个用户的，就对哪个用户设置 SSH。

（1）以 root 用户为例，登录 root 用户后设置 SSH（当然也可以登录创建的用户进行设置）。如
图 2-29 所示，运行 ssh-keygen -t rsa -p '' -f ~/.ssh/id_rsa 命令以后，系统出现一系列提示，在每
一个提示页面按 Enter 键确认。运行结束以后，在 $HOME/.ssh/ 目录下会新生成两个文件：id_rsa 和
id_rsa.pub。前者是存放私钥的文件，后者是存放公钥的文件。

图 2-29　生成两个文件

（2）远程主机将用户的公钥保存在登录后的用户主目录的 $HOME/.ssh/authorized_keys 文件中。如图 2-30 所示，执行 cat id_rsa.pub >> authorized_keys 命令，在本机上生成 authorized_keys，并验证能否对本机进行 SSH 免密码登录。

图 2-30　远程免密码登录

（3）对其他所有节点重复上述操作，生成各自的 authorized_keys，通过 ssh-copy-id 命令复制各自的公钥到 Node2 节点（可以随机指定某个存在的节点）。以 Node1 节点为例，使用 ssh-copy-id 命令把 Node1 节点的公钥复制到 Node2 节点的 authorized_keys 文件，并验证是否配置成功，如图 2-31 所示。

图 2-31　复制公钥到 Node2 节点

（4）在 Node2 节点复制其他所有节点公钥后的 authorized_keys 文件如图 2-32 所示。

由此可见，所有节点的公钥都已经加入了这个文件。也就是说，其他节点可以免密码登录到 Node2 节点，只要把这个文件远程复制到其他所有节点中，即在 Node2 节点上执行远程复制，如图 2-33 所示，节点之间就可以实现免密码登录了。

```
[root@node2 .ssh]# ls
authorized_keys  id_rsa  id_rsa.pub  known_hosts
[root@node2 .ssh]# more authorized_keys
ssh-rsa AAAAB3NzaC1yc2EAAAABIwAAAQEAkzNML02gXSWyiVy069TxTqSJ1kJ90Vg5FtuuWGQcUGPXM4uvkKh1kP
rq2UUw75dQfMwusbi9l1qPiGRTCgd6VSxd7bbd2vphvX6XFceWUWBWXzoiGtwjvQGjBJCKHI5uiLR5z29RnZW7y+1kf
VanfnmnjFIltHoOc8YccegurR6HJ27+nWPhNNteNqLkFoWLudhTMyhGyr6aThrf+0aE5P/otL55N+K6aPw3gFoBopH0
+a/vAXfR1BE0wXWARqRJekwzBMjwIaHgKzoD+Uyb5QZ3IP6vthzVigYR8dw8eC6eftown6v0sCk8THXTnnUrUxj+cNm
1WM72BfDYgBhuQ== root@node2
ssh-rsa AAAAB3NzaC1yc2EAAAABIwAAAQEAsFBPxnLe5JX5Dy7fhmZ0jGDR63Zax3J9oWfjm5x5gtfUVIuB3Y/QfhS
5mOgK/aZ3HDe9tn25TzOlArHZrwylGyIdm3qZFQJfEWLoLie1irxmSDQjY9htEdWDX5kqtjbHiOdRZ6JRLMcjyUpdlg
AEKMJca/tBgZAhEq7mpkqNxwzkfuQ6YCV5YbWQFOtyWU1jmY6BA3H9LXTtDuYnevghMKdYKLOyNdQIOKWypi2+iUK6p
M5s0jmZH7f67rere5TH0cxxY/5jY14k7fHJVJLUHppsoua02YVVXKxV4unzQjZuXfGpI/BjQP6pFs57gLiAvWmJVJ5dj
iWWeoYTDgrrtlQ== root@node3
ssh-rsa AAAAB3NzaC1yc2EAAAABIwAAAQEAw+WhoA+GrrOjsT3f4eUWZSd8kV6WCXM40cBo/ZiX5LFc4c++x04P3SP
WXF77a3yUtcx7JLmB/MRSkzBTuOeFirVJupacBs3L0FJ65Snx/uubchmkzUR+cm2I22Aw5bHxBkha8K9uGTOhDxgaxU
xUpp0NudLoKPdV07I+h6/sncNxeUL3zWG9x70hBUQac6MnP7bHes2jZssAbZ2fFZhuIhQ3dxYwy7/pp9E/OJ1amALQp
ZKbawm5noJXPNHJUOcajmI1LdVzQVqPiKvuHi1d6dH+zjdUphOAIoybkQ9rbZEmJy3cYVRYzuTp6UEjqWP/L4rgIxMB
7UPwbvLbXzfbdw== root@node1
ssh-rsa AAAAB3NzaC1yc2EAAAABIwAAAQEAy+23Rn1LC7dw11daG+G16Aiwmx+6WQ5agEOT8WuHPe/41WGAcgM0fX0
4kg8IX/OgvePaNnH4dFHoYyk9X9DiMEmqjUDhTCH/maoMz9Qiz07Jsx19m7iIIvTXdJng8UptOlJtMx5PxcaGnLLgPp
eEgeJB8xbyqjWAE+jDKjpvboL+nhNGxZVRHyqyb6FzdMxakajSwIWDSO3erPorpdh8ruzJVuUk4kRir5l3o0UwN8Sv0
g2VyAfIZihar/O3x1WeO5bG9pcoSP2duNIXpEU0ptAtvGHP+w3asZxq4uGwSejIIM67f9q7OijV0z0DbVB9JGHsyxF4
r0q83P7slqNg+w== root@node
```

图 2-32　Node2 节点的 authorized_keys 文件

```
[root@node2 .ssh]# scp /root/.ssh/authorized_keys node:/root/.ssh/;scp /root/.ssh/authorize
d_keys node1:/root/.ssh/;scp /root/.ssh/authorized_keys node3:/root/.ssh/
The authenticity of host 'node (192.168.10.100)' can't be established.
RSA key fingerprint is d5:24:e9:43:00:c9:54:19:78:25:d8:c2:2c:ab:2a:1d.
Are you sure you want to continue connecting (yes/no)? yes
Warning: Permanently added 'node,192.168.10.100' (RSA) to the list of known hosts.
root@node's password:
Permission denied, please try again.
root@node's password:
authorized_keys                                      100% 1567     1.5KB/s   00:00
The authenticity of host 'node1 (192.168.10.101)' can't be established.
RSA key fingerprint is d5:24:e9:43:00:c9:54:19:78:25:d8:c2:2c:ab:2a:1d.
Are you sure you want to continue connecting (yes/no)? yes
Warning: Permanently added 'node1,192.168.10.101' (RSA) to the list of known hosts.
root@node1's password:
authorized_keys                                      100% 1567     1.5KB/s   00:00
The authenticity of host 'node3 (192.168.10.103)' can't be established.
RSA key fingerprint is d5:24:e9:43:00:c9:54:19:78:25:d8:c2:2c:ab:2a:1d.
Are you sure you want to continue connecting (yes/no)? yes
Warning: Permanently added 'node3,192.168.10.103' (RSA) to the list of known hosts.
root@node3's password:
authorized_keys                                      100% 1567     1.5KB/s   00:00
```

图 2-33　远程复制 authorized_keys 文件

2.4　Hadoop 的启动和测试

本节主要讲解 Hadoop 的启动和测试过程，包括 HDFS、YARN、JobHistory Server 等的启动过程，并对集群进行验证。

2.4.1　格式化文件系统

如同新买的硬盘需要使用新技术文件系统（New Technology File System，NTFS）或者 FAT32 文件系统格式化一样，Hadoop 文件系统也需要在节点上格式化。

首先格式化 NameNode，执行命令 hdfs namenode -format，提示信息的倒数第 2 行出现 "Exiting with status 0" 表示格式化成功，如图 2-34 所示。在 Linux 中，0 表示成功，1 表示失败。因此，如果返回 "Exiting with status 1"，就应该好好分析前面的提示信息。一般来说问题出在前面的配置文件和 hosts 文件中，修改其中的问题后，将文件同步到其他节点上以保持环境相同，再接着执行格式化操作。

```
14/10/25 04:19:03 INFO util.ExitUtil: Exiting with status 0
14/10/25 04:19:03 INFO namenode.NameNode: SHUTDOWN_MSG:
```

图 2-34　格式化成功信息

> **注意**　如果使用的是 Hadoop 1.2 或者之前的版本，则习惯用 hadoop namenode -format 命令实现格式化，此时会弹出一条提示信息，警告脚本已过时，但不会影响结果，因为 Hadoop 3.2 对之前的 Hadoop 命令几乎都兼容。

格式化前也可以使用命令 hadoop namenode -format -clusterid clustername 自定义集群名字。如果未定义集群名字，则系统将自动生成。

2.4.2　启动 HDFS

执行 start-dfs.sh 脚本命令，启动 Hadoop HDFS 服务。

```
[root@node hadoop]# start-dfs.sh
Starting namenodes on [node]
node:starting namenode, logging to /home/hadoop/hadoop3.2/logs /hadoop-root-namenode-node.out
node1:starting datanode, logging to /home/hadoop/hadoop3.2/logs /hadoop-root-datanode-node1.out
node2:starting datanode, logging to /home/hadoop/hadoop3.2/logs /hadoop-root-datanode-node2.out
Node3:starting datanode, logging to /home/hadoop/hadoop3.2/logs /hadoop-root-datanode-node3.out
Starting secondary namenodes [node1]
node1:starting secondarynamenode, logging to /home/hadoop/hadoop3.2/logs/hadoop-root-secondarynamenode-node1.out
```

启动 HDFS 后，可以发现 Node 节点作为 NameNode，Node1、Node2、Node3 作为 DataNode，而 Node1 也作为辅助 NameNode（Secondary NameNode）。可以通过 jps 命令在各节点上验证 HDFS 是否启动。jps 也是 Windows 中的命令，开启的 Java 进程如果出现图 2-35 所示的结果，就表示 HDFS 启动成功。

```
[root@node hadoop]# jps
4039 NameNode
4236 Jps
```
```
[root@node1 ~]# jps
4351 Jps
4234 DataNode
4288 SecondaryNameNode
```
```
[root@node2 .ssh]# jps
3629 DataNode
3695 Jps
```
```
[root@node3 bin]# jps
3353 Jps
3288 DataNode
```

图 2-35　验证 HDFS 启动状况

同样，也可以通过网络验证 HDFS 的启动状况。例如，在 Linux 环境下，在 Web 浏览器的地址栏中输入 http://node:50070/dfshealth.jsp，按 Enter 键，结果如图 2-36 所示。当然也可以在 Windows 环境中通过该统一资源定位符（Uniform Resource Locator，URL）访问，只需在文件 C:\Windows\System32\drivers\etc\hosts 中添加 192.168.10.100 node 即可。

图 2-36　通过 Web 浏览器验证 HDFS 的启动状况

2.4.3　启动 YARN

在主节点 Node 上，执行命令 start-yarn.sh，如下所示。通过输出结果可以看到 Node 节点已经作为 ResourceManager，而其他 3 个节点分别作为 NodeManager。

```
[root@node hadoop]# start-yarn.sh
starting yarn daemons
starting resourcemanager, logging to /home/hadoop/hadoop3.2/logs/ yarm-root-
resourcemanager-node.out
   node3:starting nodemanager,  logging to /home/hadoop/hadoop3.2/logs/ yarm-root-nodemanager-
node3.out
   node2:starting nodemanager,  logging to /home/hadoop/hadoop3.2/logs/ yarm-root-nodemanager-
node2.out
   node1:starting nodemanager,  logging to /home/hadoop/hadoop3.2/logs/ yarm-root-nodemanager-
node1.out
```

和验证 HDFS 的启动状况一样，可以通过 jps 查看各个节点启动的进程来验证 YARN 是否启动，当然最方便的方法是在浏览器的地址栏中输入 http://node:8088/，按 Enter 键，结果如图 2-37 所示。

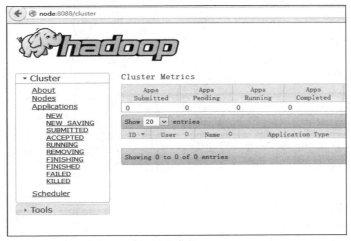

图 2-37　通过 Web 浏览器验证 YARN 的启动状况

2.4.4　启动 JobHistory Server

启动 JobHistory Server，通过 Web 浏览器的控制台查看集群计算的任务信息。执行如下命令启动历史任务管理器。

```
mr-jobhistory-daemon.sh start historyserver
```

启动成功后，访问 http://node:19888/，可以查看任务执行历史信息，如图 2-38 所示，因现在没有运行过任何任务，所以显示为空。

图 2-38　运行 JobHistory Server

JobHistory Server 是个后台进程，如果不使用，就可以将其关闭以节约资源。执行命令 mr-jobhistory-daemon.sh stop historyserver 终止 JobHistory Server。

2.4.5　集群验证

可以使用 Hadoop 自带的 WordCount 例子/share/Hadoop/mapreduce/hadoop-mapreduce-examples-3.2.2.jar 验证集群。下面的命令都会在本书后面章节讲到，可以先不理会它们的具体含义。

执行如下命令，在 HDFS 上创建目录。

```
hdfs dfs -mkdir -p /data/wordcount
hdfs dfs -mkdir -p /output/
```

目录/data/wordcount 用来存储 Hadoop 自带的 WordCount 例子的数据文件，运行这个例子的结果将输出到该目录中的/output/wordcount 文件中。

执行如下命令，将本地文件上传到 HDFS 中（这里上传一个配置文件）。

```
hdfs dfs -put /home/hadoop/hadoop3.2/etc/hadoop/core-site.xml /data/wordcount/
```

执行如下命令可以查看上传后的文件情况。

```
hdfs dfs -ls /data/wordcount
```

执行如下命令运行 WordCount 案例。

```
hadoop    jar    /home/hadoop/hadoop3.2/share/hadoop/mapreduce/hadoop-mapreduce-
examples- 3.2.2.jar wordcount /data/wordcount /output/wordcount
```

访问 http://node:8088/，可以监视节点的运行情况，如图 2-39 所示。

图 2-39　Web UI 的节点运行情况

运行结束后，可以执行命令 hdfs dfs –cat /output/wordcount/part-r-00000 查看运行结果。

2.4.6　需要了解的默认配置

在 Hadoop 3.2.2 中，YARN 框架有很多默认的参数值，但在机器资源不足的情况下，需要修改这些默认值来满足一些任务需要。例如，可以根据实际需要修改单节点所用物理内存、申请的中央处理器（Central Processing Unit，CPU）资源等。

在运行 NodeManager 和 ResourceManager 进程时，参数都是在 yarn-site.xml 文件中配置的，而在运行 MapReduce 进程时，参数是在 mapred-site.xml 中配置的。表 2-6 所示为相关的参数及其默认配置情况。

表 2-6　相关的参数及其默认配置情况

参数名称	默认值	进程名称	配置文件	说明
yarn.nodemanager.resource.memory-mb	8192	NodeManager	yarn-site.xml	从节点所在物理主机的可用物理内存总量
yarn.nodemanager.resource.cpu-vcores	8	NodeManager	yarn-site.xml	从节点所在物理主机的可用虚拟 CPU 资源总数
yarn.nodemanager.vmem-pmem-ratio	2.1	NodeManager	yarn-site.xml	使用 1 MB 物理内存，最多可以使用的虚拟内存大小
yarn.scheduler.minimum-allocation-mb	1024	ResourceManager	yarn-site.xml	一次申请分配内存资源的最小数量
yarn.scheduler.maximum-allocation-mb	8192	ResourceManager	yarn-site.xml	一次申请分配内存资源的最大数量
yarn.scheduler.minimum-allocation-vcores	1	ResourceManager	yarn-site.xml	一次申请分配虚拟 CPU 资源的最小数量
yarn.scheduler.maximum-allocation-vcores	8	ResourceManager	yarn-site.xml	一次申请分配虚拟 CPU 资源的最大数量
mapreduce.framework.name	local	MapReduce	mapred-site.xml	取值为 local、classic 或 yarn 其中之一，如果不是 yarn，则不会使用 YARN 集群来实现资源分配
mapreduce.map.memory.mb	1024	MapReduce	mapred-site.xml	每个 MapReduce 作业的 Map 任务可以申请的内存资源数量
mapreduce.map.cpu.vcores	1	MapReduce	mapred-site.xml	每个 MapReduce 作业的 Map 任务可以申请的虚拟 CPU 资源数量
mapreduce.reduce.memory.mb	1024	MapReduce	mapred-site.xml	每个MapReduce作业的Reduce 任务可以申请的内存资源数量

续表

参数名称	默认值	进程名称	配置文件	说明
yarn.nodemanager.resource. cpu-vcores	8	MapReduce	mapred-site.xml	每个MapReduce作业的Reduce任务可以申请的虚拟 CPU 资源数量

2.5 动态管理节点

本节主要解决集群中的节点管理问题。下面介绍节点的动态管理方法。

2.5.1 动态增加和删除 DataNode

管理大型集群时，有些机器可能会出现异常，这时需要把它从集群中清除，待修复好后再将它加入集群中。如果每次都是先修改 slaves 文件，再格式化集群，则不但浪费大量时间，而且会影响正在执行的任务。

总的来说，正确的做法是优先在主节点上做好配置工作，然后在具体机器上启动/停止相应的进程。HDFS 默认的超时时间为 10min+30s。这里暂且定义超时时间为 timeout，计算公式如下。

```
timeout=2*dfs.namenode.stale.datanode.interval+10*dfs.heartbeat.interval
```

Hadoop 上的心跳监控（Heartbeat Monitor）进程会定期检测已注册的数据节点的心跳包，每一次检测间隔（heartbeat.recheck.interval）默认为 5min，心跳间隔（dfs.heartbeat.interval）默认为 3s，NameNode 是根据 DataNode 上一次发送的心跳包时间和现在的时间差是否超出 timeout 来判断它是否已处于 dead 状态的。需要注意的是，hdfs-site.xml 配置文件中的 heartbeat.recheck.interval 的单位为 ms，dfs.heartbeat.interval 的单位为 s。

下面是动态增删 DataNode 的步骤。

1. 修改配置文件

在 NameNode 下修改配置文件，如果集群版本是 Hadoop 0.x，则配置存储在文件 conf/hadoop-site.xml 中；而在 Hadoop 2.x 及之后的版本中，配置存储在文件 conf/hdfs-site.xml 中。需要配置的参数为 dfs.hosts 和 dfs.hosts.exclude。

参数说明如下。

dfs.hosts 定义了允许与 NameNode 通信的 DataNode 列表文件，如果其值为空，则 slaves 文件中的所有节点都不会被加入这个许可列表。

dfs.hosts.exclude 定义了不允许与 NameNode 通信的 DataNode 列表文件，如果其值为空，则 slaves 文件中的所有节点都允许与 NameNode 通信。

例如，修改 hdfs-site.xml，添加以下语句到文件中。

```
<property>
    <name>dfs.hosts</name>
    <value>/home/hadoop/hadoop3.2/conf/datanode-allow.list</value>
</property>
<property>
    <name>dfs.hosts.exclude</name>
    <value>/home/hadoop/hadoop3.2/conf/datanode-deny.list</value>
</property>
```

如果不需要许可列表，则不需要创建对应项，即表示所有 slaves 文件中的节点都允许与 NameNode 通信。datanode-allow.list 与 datanode-deny.list 分别为许可列表和阻止列表，需要用户自己创建，创建时一行写一个主机名。后者优先级比前者大，也就是说，最重要的是 datanode-deny.list。

2. 添加一个节点

向 Hadoop 中添加一个新的节点的相关步骤如下。

（1）对新的 DataNode 做好相关配置（SSH 配置、Hadoop 配置、IP 地址配置等）工作。

（2）在主节点上的 slaves 文件列表中加入该 DataNode 的主机名（非必须，方便以后重启集群用）。

（3）若有 datanode-allow.list 文件，则在主节点的 datanode-allow.list 中加入该 DataNode 的主机名，若没有，则可以自己创建后加入。

（4）运行命令 hadoop-daemon.sh start datanode，在该 DataNode 上启动 DataNode 进程。

3. 删除一个节点

在 Hadoop 中删除一个节点的相关步骤如下。

（1）在主节点上修改 datanode-deny.list（没有的话可以自己创建），添加要删除的相应节点的主机名。

（2）在主节点上刷新节点配置情况，通过运行命令 hadoop dfsadmin –refreshNodes 实现。

（3）此时在 Web UI 上可以看到该节点的状态变为 Decommissioning 状态，之后变为 Dead 状态。也可以通过 hadoop dfsadmin -report 命令查看删除节点的操作是否成功。

（4）运行命令 hadoop-daemon.sh stop datanode，在从节点上关闭 DataNode 进程（非必须）。

4. 重新加入各个被删除的节点

下面是关于重新加入被删除的节点的操作说明。

（1）在主节点的 datanode-deny.list 中删除相应节点的主机名。

（2）在主节点刷新节点配置情况，通过运行命令 hadoop dfsadmin –refreshNodes 实现。

（3）在欲加入的节点上重启 DataNode 进程，通过运行命令 hadoop-daemon.sh start datanode 实现。

> **注意** 如果之前没有关闭 DataNode 进程，则需要先关闭该进程，再重新启动该进程。

2.5.2 动态修改 TaskTracker

下面是动态修改 TaskTracker 的操作步骤。

1. 修改配置文件

对于 Hadoop 2.0 以后的版本而言，需要在 NameNode 中修改配置文件 conf/mapred-site.xml，以及关键参数 mapred.hosts 和 mapred.hosts.exclude。下面对这两个参数进行说明。

mapred.hosts：即 mapreduce.jobtracker.hosts.filename，定义允许与 JobTracker 节点通信的节点列表文件，如果其值为空，则所有节点都不允许与之通信。

mapred.hosts.exclude：即 mapreduce.jobtracker.hosts.exclude.filename，定义不允许与 JobTracker 节点通信的节点列表文件，如果其值为空，则所有节点都允许与之通信。

如修改 mapred-site.xml，可以添加如下参数。

```xml
<property>
    <name>mapreduce.jobtracker.hosts.filename</name>
    <value>/home/hadoop/hadoop3.2/conf/tasktracker-allow.list</value>
</property>
<property>
    <name>mapreduce.jobtracker.hosts.exclude.filename</name>
    <value>/home/hadoop/hadoop3.2/conf/tasktracker-deny.list</value>
</property>
```

同 2.5.1 小节中一样，创建 value 指定的文件，一行写一个主机名。

2. 添加 TaskTracker

（1）在新的从节点上做好相关配置（SSH 配置、Hadoop 配置、IP 地址配置等）工作。

（2）在主节点上的 slaves 列表文件中加入该从节点（非必须，方便以后重启集群用）。

（3）在 tasktracker-allow.list 中加入该从节点的主机名，如果没有主机名，则可以自己创建后加入。

（4）在该从节点上启动 TaskTracker 进程，运行命令 hadoop-daemon.sh start tasktracker。

3. 删除 TaskTracker

不建议直接在从节点上通过 hadoop-daemon.sh stop tasktracker 命令关掉 TaskTracker，这会导致 NameNode 认为这些机器只是暂时失联，在超时时间内（默认为 10min 左右）依然假设它们是正常的，还会将任务发送给它们。正常的删除步骤应如下。

（1）在主节点上修改 tasktracker-deny.list（没有的话可以自己创建），添加相应机器。

（2）在主节点上刷新节点配置情况，通过执行命令 hadoop mradmin –refreshNodes 实现。

（3）在从节点上关闭 TaskTracker 进程（非必须），通过执行命令 hadoop-daemon. sh stop tasktracker 实现。

4. 重新加入各个删除的节点

（1）在主节点的 tasktracker-deny.list 中删除相应机器。

（2）在主节点上刷新节点配置情况，通过执行命令 hadoop mradmin –refreshNodes 实现。

（3）在从节点上重启 TaskTracker 进程，通过执行命令 hadoop-daemon.sh start tasktracker 实现。

注意 如果之前没有关闭该从节点上的 TaskTracker 进程，则需要先关闭该进程，再重新启动该进程。

习题

1. 请说出图 2-40 所示的全局网络拓扑图中用到了哪几种 VMware 网络工作模式，并说出其中的虚拟机 A82 处于哪种工作模式中。

2. 小君在配置集群时将其中一个节点命名为 xiaojun2，通过使用命令 hostname xiaojun2 实现，但重启之后发现节点名没有变更，有什么办法可以让这个节点重启之后变成 xiaojun2？

3. 小君配置了 NAT 模式连接的节点后，可以连接外网，但是为什么在外网上无法 ping 通该节点？

4.（1）小超给小君提供了自己的公钥。小君向小超发送报文，并使用小超的公钥加密报文，这个报文是否安全？

图 2-40　全局网络拓扑图

（2）接（1）题，小超收到报文后使用私钥解密，看到了报文内容，然后他给小君回信。他用自己的私钥将回信加密再发送给小君，这个回信报文是否安全？

5. 在 core_site.xml 配置文件中配置临时文件目录，值为/home/hadoop/tmp/hadoop -${user.name}，主机名为 Node1，当前 Hadoop 集群权限属于 trucy，那么实际生成的临时目录是什么？

第3章
HDFS技术

03

素养要点与教学目标

· 了解分布式文件系统的概念和应用场景，理解 HDFS 的特点、架构和优势，掌握 HDFS Shell 命令行的基本用法。

· 理解 Hadoop 集群的通信机制，掌握 RPC 协议的原理，了解分布式系统中常用的通信协议。

· 培养数据处理和分析的能力，理解大数据存储和处理的重要性，以及学习如何使用 HDFS 存储和管理大数据。

· 提高软件开发的能力，学习如何使用 HDFS Java API 进行数据操作，了解分布式系统中数据一致性的实现方式。

· 培养团队合作和项目管理的素养；了解 Hadoop 集群的规模和复杂性；学会如何协同工作，制定和执行项目计划，确保 Hadoop 集群稳定运行。

HDFS 是一个设计运行在普通硬件设备上的分布式文件系统，具有高容错性，能够提供高吞吐量，适用于具有大数据集的应用场合。当需要存储的数据文件大小超过一台物理计算机所能承受的最大存储容量时，就需要使用 HDFS 将一个大文件分解成为若干个小文件，并将它们分别存储在不同的物理计算机上。本章先介绍 HDFS 的特点、架构，然后介绍 Shell 命令行和 Java API 的使用，使读者在掌握 HDFS 命令的基础上更好地了解 Linux 命令。软件开发人员需要熟练运用 HDFS 中的 Java API 进行数据操作，也应该理解 Hadoop 核心技术之一的远程过程调用（Remote Procedure Call，RPC）协议通信原理。

3.1 HDFS 的特点

由于 HDFS 主要用于存储非结构化大数据，并且采用分布式存储，所以 HDFS 的所有特点都与大数据及分布式有关，可概括如下。

（1）简单一致性

HDFS 的大部分应用都是"一次写，多次读"，这意味着写入 HDFS 的文件不能修改。例如，在搜索引擎程序中，一个文件写入后就不能修改了。如果一定要修改，就只能在 HDFS 外修改好了再上传。

微课 3-1

分布式文件系统

（2）故障检测和自动恢复

企业级的 HDFS 文件由数百甚至上千个节点组成，而这些节点往往是一些廉价的硬件，这样发生故障就成了常态。HDFS 具有高容错性，能够自动检测故障并迅速修复，因此用户在使用时察觉不到明显的中断。

（3）流式数据访问

Hadoop 的访问模式是"一次写，多次读"，而因为读可以在不同节点的冗余副本上进行，读数据的时间可以非常短，所以 Hadoop 非常适用于读取大数据。因为运行在 HDFS 上的程序必须先流式访问数据集，然后长时间在大数据集上进行各类分析，所以 HDFS 的设计旨在提高数据吞吐量，而不是处理用户交互型的小数据。HDFS 放宽了对可移植操作系统接口（Portable Operating System Interface of UNIX，POSIX）规范的强制性要求，去掉一些不重要的语义，这样可以获得更高的吞吐量。

（4）支持超大文件存储

由于具有更高的访问吞吐量，HDFS 支持 GB 级甚至 TB 级的文件存储，但存储大量小文件会对主节点的内存造成很大的影响。

（5）优化读取

由于 HDFS 集群往往是建立在跨多个机架（Rack）的机器上的，而同一个机架节点间的网络带宽要优于不同机架节点间的网络带宽，所以 HDFS 集群中的读操作要转换成离读节点最近的一个节点读取数据的操作。如果 HDFS 跨越多个数据中心，那么近距离的数据中心的数据复制优先级要高于其他远程数据中心的。

（6）数据完整性

从某个 DataNode 上获取的数据块有可能是损坏的，损坏可能是由存储设备错误、网络错误或者软件 bug 造成的。HDFS 客户端软件实现了对 HDFS 文件内容的校验和（Checksum）检查，当客户端创建一个新的 HDFS 文件时，会计算这个文件每个数据块的校验和，并将校验和作为一个单独的隐藏文件保存在同一个 HDFS 命名空间下。当客户端获取到文件内容后，会对此节点获取的数据与相应文件中的校验和进行匹配。如果不匹配，则客户端可以选择从其余节点获取该数据块进行复制。

3.2 HDFS 架构

HDFS 采用典型的主从架构，包括一个主节点（NameNode 或者 MetadataNode），负责管理系统命名管理空间（NameSpace）、控制客户端文件操作、管理和分配存储任务；多个从节点（DataNode），提供真实文件数据的物理支持。HDFS 的系统架构如图 3-1 所示。

微课 3-2

HDFS 的设计目标
与 NFS 的区别

图 3-1　HDFS 的系统架构

从图 3-1 可以看出，客户端可以通过 MetadataNode 从多个 DataNode 中读取数据块，而这些文件元数据信息是各个 DataNode 自发提交给 NameNode 的，其中包含文件的基本信息。当 DataNode 的文件信息有变更时，它会把变更的文件信息传送给 NameNode，NameNode 对 DataNode 的读取操作都是通过这些元数据信息来完成的。这种重要的信息一般都会有副本存储在辅助 NameNode（Secondary MetadataNode 或 Secondary NameNode）中，但进行写文件操作时也需要知道各个节点的元数据信息，例如，哪些块有空闲、空闲块位置、离哪个 DataNode 最近、备份多少次等，然后写入。在有至少两个机架的情况下，一般除了写入本机架中的几个节点外，还会有写入外部机架的节点，这就是所谓的"机架感知"，如图 3-1 所示的 Rack1 与 Rack2。

3.2.1　数据块

在计算机中，每个磁盘都有自己的物理磁盘块，块是读写文件数据的最小单位。单机文件系统的块一般由多个物理磁盘块组成，物理磁盘块的大小一般为 512B，而文件系统块的大小可以达到几千字节，并且还有专门的磁盘管理工具（fs 和 fsck）来管理和维护文件系统块，它们直接针对文件系统块进行操作。

同理，在 HDFS 中也有块的概念，不过其中的块要比单机文件系统块大得多，默认为 64MB。HDFS 上的文件被划分成多个 64MB 的块（Block）作为独立存储单元。与单机分布式文件系统不同的是，在 HDFS 中，不满一个块大小的数据不会占据整个块空间，也就是说，这个块空间还可以给其他数据共享。

HDFS 设置这么大的块是有依据的，其目的是把寻址时间[1]占所有传输数据所用时间的比率最小化，即增加实际传输数据的时间。假如平均寻址时间为 10ms，磁盘传输速度为 100MB/s，那么为了使寻址时间所占比率达到 1%，块大小要设置为 100MB（很多企业集群设置成 128MB 甚至更大，这和磁盘驱动器的传输性能有关）。但块大小也不应该设得太大，太大了占用的数据块就少很多，而通常 MapReduce 会把一个块处理成一个 Map 任务，Map 任务数太少（少于集群节点数）体现不出并行的优势。

抽象分布式文件中的块是一种很好的设计，这种设计可以带来很多好处。例如，可以存储一个超过集群中任一磁盘容量的大文件，也就是说，集群中的节点对分布式文件系统来说是不可见的。此外，按块备份可以提高文件系统的容错能力和可靠性，将块冗余备份到其他几个节点上（系统默认共 3 个节点），当某个块损坏时，可以从其他节点读取副本，并且将其重新冗余备份到其他节点上，而这个过程是自动完成的，对用户来说是透明的。

Hadoop 的脚本命令和 UNIX 系统的一样，都是命令体加命令参数。例如，HDFS 的 fsck 命令可以用于显示块信息，检查指定目录的数据块健康状况，其具体用法可以参考 3.3.2 小节。

下面使用 fsck 命令检查 HDFS 上/input 目录下的块信息和文件名，运行结果如图 3-2 所示。

```
hdfs fsck /input -blocks -files
```

```
FSCK started by root (auth:SIMPLE) from /10.131.14.138 for path /test at Mon Mar 11 20:48:16 CST 2019
/test <dir>
/test/file 75 bytes, 1 block(s):  OK
0. BP-536124919-10.131.14.137-1547545513671:blk_1073741996_1177 len=75 repl=2

Status: HEALTHY
 Total size:    75 B
 Total dirs:    1
 Total files:   1
 Total symlinks:        0
 Total blocks (validated):      1 (avg. block size 75 B)
 Minimally replicated blocks:   1 (100.0 %)
 Over-replicated blocks:        0 (0.0 %)
 Under-replicated blocks:       0 (0.0 %)
 Mis-replicated blocks:         0 (0.0 %)
 Default replication factor:    2
 Average block replication:     2.0
 Corrupt blocks:                0
 Missing replicas:              0 (0.0 %)
 Number of data-nodes:          3
 Number of racks:               1
FSCK ended at Mon Mar 11 20:48:16 CST 2019 in 1 milliseconds


The filesystem under path '/test' is HEALTHY
```

图 3-2　使用 fsck 命令检查块信息和文件名

----

[1] 磁盘采取直接存取方式，寻址时间分为两部分，其一是磁头寻找目标磁道的找道时间［search time，t(s)］，其二是找到目标磁道后，磁头等待欲读写的磁道区段旋转到其正下方需要的等待时间［wait time，t(w)］。由于从最外圈的磁道找到最里圈的磁道和寻找相邻磁道所需时间是不等的，而且磁头等待不同区段所花的时间也不等，因此计算时取其平均值。该平均值被称作平均寻址时间 T(a)，它是平均找道时间［t（search time average），t(sa)］和平均等待时间［t（wait time average），t(wa)］之和，即 $T(a)=t(sa)+t(wa)=[t(s_{max})+t(s_{min})]/2+[t(w_{max})+t(w_{min})]/2$。

3.2.2　NameNode 与 DataNode

HDFS 集群有两种按照主/从（Master/Slave）模式划分的节点：NameNode 和 DataNode。

NameNode 负责管理整个集群的命名空间，并为所有文件和目录维护一个树状结构的元数据信息，而元数据信息被持久化到本地硬盘上分别对应两种文件：文件系统镜像文件（fsimage）和编辑日志文件（editslog）。文件系统镜像文件存储所有关于命名空间的信息，编辑日志文件存储所有事务的记录。文件系统镜像文件和编辑日志文件是 HDFS 的核心数据结构，如果这些文件损坏了，则整个 HDFS 实例都将失效，所以需要复制它们以生产副本，以防止损坏或者丢失。一般会配置两个目录来存储这两个文件，分别是本地磁盘和网络文件系统（Network File System，NFS），防止 NameNode 所在节点磁盘损坏后数据丢失。NameNode 在磁盘上的存储结构如下。

```
current
├──── rentts_0000000000000000077-0000000000000000078
├──── 0000000000000000077-0000000000000000078
├──── ......
├──── 0000000000000000077-00000000000000000000000092
├──── 0000000000000000077-00000000000000000000000092
├──── 0000000000000000077-00000000000000000000000092
├──── 0000000000000000077-00000000000000000000
├──── 0000000000000000077-00000000
├──── 00000000000000000000000000096.md5
├──── 00000000000000000000000000096
├──── 00000000000000000000000000096.md5
├──── 0000000000
└──── 00000000
```

VERSION 文件是存储在 NameNode 节点上的一个文件，它记录了当前 HDFS 的版本号，以及其他与版本相关的信息，可以通过如下命令查看版本信息。

```
[root@master current]# more VERSION
#Mon Mar 11 20:34:20 CST 2019
namespaceID=1689313380
clusterID=CID-9f975ba2-c5c8-448a-bff1-79ae412dca56
cTime=0
storageType=NAME_NODE
blockpoolID=BP-536124919-10.131.14.137-1547545513671
layoutVersion=-63
```

各参数的含义如下。

（1）namespaceID：文件系统唯一标识，是 HDFS 初次格式化时生成的。

（2）clusterID：集群 ID，在格式化文件系统之前，可以在配置文件或者格式化命令中添加。

（3）cTime：表示文件系统镜像文件创建时间。

（4）storageType：表示保存数据的类型，这里是元数据结构类型，还有一种是 DATA_NODE，表示数据结构类型。

（5）blockpoolID：一个由 blockpoolID 标识的 blockpool 属于一个单一的命名空间，违反这个规则将会发生错误，且系统必须检测这个错误并采取适当的措施。

（6）layoutVersion：是一个负整数，保存了 HDFS 的持久化在硬盘上的数据结构的格式版本号。因为目前 HDFS 集群中的 NameNode 与 DataNode 都是使用统一的 LayoutVersion，所以任何

layoutVersion 的改变都会导致 NameNode 与 DataNode 的改变。

NameNode 本质上是一个 Jetty[1]服务器，提供有关命名空间的配置服务，它包含的元数据信息包括文件的所有者、文件权限、存储文件的块 ID 和这些块所在的 DataNode（DataNode 启动后会自动上报）。

当 NameNode 启动时，文件系统镜像文件会被加载到内存，然后辅助 NameNode 对内存中的数据执行记录的操作，以确保内存保留的数据处于最新的状态。所有对文件系统元数据的访问都是从内存中获取的，而不是从文件系统镜像文件中获取的。文件系统镜像文件和编辑日志文件只用于实现元数据的持久存储功能，事实上，基于内存的存储系统大多采用这种方式，这样做的优点是加快了元数据的读取和更新操作（直接在内存中进行）。

Hadoop 集群包含大量 DataNode，DataNode 响应客户端的读写请求，还响应 NameNode 对文件块的创建、删除、移动、复制等命令。DataNode 把存储的文件块信息报告给 NameNode，而这种报文信息的传输采用心跳机制，即每隔一定时间向 NameNode 报告块映射状态和元数据信息，如果报告在一定时间内没有送达 NameNode，则 NameNode 会认为该节点失联（Uncommunicate），如果长时间没有得到心跳消息，它将直接标识该节点"死亡"（Dead），也不会再继续监听这个节点，除非该节点恢复后，手动联系 NameNode。DataNode 的文件结构如下。

```
-rw-rw-r--  1 root root    5508400 Dec  5 14:30 blk_1073741825
-rw-rw-r--  1 root root      43043 Dec  5 14:30 blk_1073741825_1001.meta
-rw-rw-r--  1 root root        114 Dec  8 21:49 blk_1073741857
-rw-rw-r--  1 root root         11 Dec  8 21:49 blk_1073741857_1033.meta
-rw-rw-r--  1 root root  134217728 Dec  8 21:53 blk_1073741859
-rw-rw-r--  1 root root    1048583 Dec  8 21:53 blk_1073741859_1035.meta
-rw-rw-r--  1 root root  134217728 Dec  5 15:23 blk_1073741860
-rw-rw-r--  1 root root    1048583 Dec  5 15:23 blk_1073741860_1036.meta
......

drwxrwxr-x  2 root root       4096 Dec  6 16:25 subdir0
drwxrwxr-x  2 root root       4096 Dec  6 16:25 subdir1
drwxrwxr-x  2 root root       4096 Dec  6 16:26 subdir10
drwxrwxr-x  2 root root       4096 Dec  6 16:26 subdir11
drwxrwxr-x  2 root root       4096 Dec  6 16:27 subdir12
drwxrwxr-x 66 root root      12288 Dec  6 16:49 subdir13
......
```

在 HDFS 中，Blk_refix 和 Blk_refix.meta 是两个特定的文件，它们与 HDFS 的数据块和故障恢复机制有关。

Blk_refix：HDFS 中的文件数据块，存储的是原始文件内容，最大占 134 217 728B，即 128MB（本系统设置块大小为 128MB）。

Blk_refix.meta：块的元数据文件，由版本和类型信息的头文件，以及一系列块的区域校验和组成，最大占 1 048 576B，即 1MB。

Subdir：存储的还是原始文件内容和块的元数据。

3.2.3 辅助 NameNode

3.2.2 小节中提到当 NameNode 启动时，文件系统镜像文件会被加载到内存中，然后辅助

---

[1] Jetty 是一个开源的 Servlet 容器，可以将 Jetty 容器实例化成一个对象，这样可以迅速地为一些独立（Stand-Alone）运行的 Java 应用提供网络和 Web 连接。

NameNode 通过编辑日志文件对内存中的数据执行记录操作。因为编辑日志文件会随着事务操作的增加而增大，所以需要把编辑日志文件合并到文件系统镜像文件中，这个操作由辅助 NameNode 完成。

辅助 NameNode 不是真正意义上的 NameNode，它的主要工作是周期性地把文件系统镜像文件与编辑日志文件合并，然后清空旧的编辑日志文件。由于这种合并操作需要消耗大量 CPU 资源和占用比较多的内存，所以往往把其配置在一个独立的节点上。如果没有辅助 NameNode 周期性的合并过程，每次重启 NameNode 就会耗费很多时间做合并操作，这种周期性的合并过程一方面减少了重启时间，另一方面保证了 HDFS 的完整性。但因为辅助 NameNode 保存的状态要滞后于 NameNode，所以 NameNode 失效后，难免会丢失一部分最新操作数据。辅助 NameNode 合并编辑日志文件的过程如图 3-3 所示，处理流程如下。

图 3-3　辅助 NameNode 合并编辑日志文件的过程

（1）辅助 NameNode 发送请求，NameNode 停止把操作信息写进 edits 文件中，转而新建一个 edits.new 文件用于写入操作信息。

（2）通过 HTTP GET 实现从 NameNode 获取旧的编辑日志文件和文件系统镜像文件。

（3）辅助 NameNode 加载硬盘上的文件系统镜像文件和编辑日志文件，在内存中合并后成为新的文件系统镜像文件，然后写到磁盘上，这个过程叫作保存检查点（CheckPoint），合并生成的文件为 fsimage.ckpt。

（4）通过 HTTP POST 将 fsimage.ckpt 发送回 NameNode。

（5）NameNode 更新文件系统镜像文件，把 edits.new 改名为 edits，并更新 fsimage 文件来记录保存检查点执行的时间。

辅助 NameNode 的文件组织结构如下。

```
${fs.checkpoint.dir}/
├──s.checkpo
│ ──s.checkpoi
│ ──s.checkp
│ ──s.checkpoi
│ ──s.checkpo
└──s.checkpoicheckpoint/
├──ckpoint/
├──ckpoin
├──ckpoint/
└──ckpoint
```

辅助 NameNode 的目录布局与 NameNode 的目录布局相同，这种设计是为了防止 NameNode 发生故障，即当没有副本或者没有 NFS 时，可以通过辅助 NameNode 恢复数据。通常采用的方法是用 -importCheckpoint 选项来重启元数据守护进程（MetadataNode Daemon），当 dfs.name.dir 没有元数据时，辅助 NameNode 可以直接通过定义的 fs.checkpoint.dir 目录载入最新检查点数据。因此在配置 Hadoop 时，NameNode 目录和辅助 NameNode 目录一般分开存储。

3.2.4 安全模式与负载均衡

HDFS 的一个关键特性是能够同时提供安全模式和负载均衡，以安全和高效的方式存储和处理大量数据。在安全模式方面，HDFS 支持各种身份验证和授权机制，这使得系统能够保护自己的数据，并确保只有经过授权的用户才能访问这些数据，只有数据安全有了保障，信息安全才有保障。在负载均衡方面，HDFS 做到了"各尽所能，按需分配"，在集群中的多个节点之间分布数据，允许系统有效地共享资源和协作，从而分散负载并提高性能。这些策略确保数据均匀地分布在集群中，并且有多个数据副本可供访问。总之，这个特性使 HDFS 成为大规模数据处理和分析工作负载的理想存储解决方案，并且它允许系统以高可用和高性能的方式安全地存储和处理大量数据。下面具体介绍 HDFS 如何执行安全模式和负载均衡。

1. 安全模式

当 NameNode 启动时，NameNode 会读取文件系统镜像文件并将其加载到内存中，然后继续读取并执行编辑日志文件中记录的各项操作，接着开始监听 RPC 和 HTTP 请求，此时会进入一种特殊状态，即安全模式（Safe Mode）状态。在此状态下，各个 DataNode 将心跳报告和块列表信息发送到 NameNode，而块列表信息保存的是数据块的位置信息，NameNode 的内存中会保留所有节点的块列表信息，当块列表信息足够时，即退出安全模式，这个过程一般需耗时 30s，所以人们往往会发现，刚启动 Hadoop 集群时，不能马上进行文件读写操作，但是可以知道文件目录信息（可以访问元数据信息）。但如果 NameNode 没有检查到足够多的块列表信息，即不满足配置文件定义的"最小复制条件"（最小副本数为 1），那么会把需要的块复制到其他 DataNode 中。实际上，这种复制过程会极大地浪费资源，因为必须耐心等待所有 DataNode 都递交完块列表信息。

查看系统是否处于安全模式可以使用如下命令。

```
[root@slave1~]$ hdfs dfsadmin -safemode get
Safe mode is OFF
```

要进入安全模式（往往在需要维护或者升级系统时，需要让文件系统处于只读状态），可以使用如下命令。

```
[root@slave1 ~]$ hdfs dfsadmin -safemode enter
Safe mode is ON
```

而离开安全模式可以使用如下命令。

```
[root@slave1 ~]$ hdfs dfsadmin -safemode leave
Safe mode is OFF
```

要让用户在执行某个脚本前先退出安全模式，可以执行如下命令。

```
hadoop dfsadmin -safemode wait
# command to read or write a file
```

2. 负载均衡

负载均衡是分布式系统中一个永恒的话题，要让各节点的任务均衡，发挥各节点的最大效能，不能让有的节点任务太多而忙不过来，而有的节点任务很少甚至没有任务，这样不但影响完成作业的时间，而且极大地浪费了资源。负载均衡也是一个复杂的问题，均衡并不等于平均。例如，分布式文件系统共有 100 个数据块，平均分配到集群中的 10 个节点，即让每个节点负责 10 个数据块，这样就均衡了吗？其实还应该考虑 HDFS 的机架感知问题。一般来说，同一个机架上节点的通信带宽要比不同机架上节点的大，而把数据块复制到其他机架上能增强数据的安全性。另外，属于同一个文件的数据块应该尽量存储在一个机架上，这样可以减小跨机架的网络带宽。所以具体怎么分配是一个比较复杂的问题。

在 HDFS 中，ReplicationTargetChooser 类负责为新分配的数据块寻找最优存储位置。总体来说，数据块的分配工作与副本的数量、申请的客户端地址、已注册的数据服务器位置密切相关。其算法的基本思路是只考量静态位置信息，优先照顾写入者的速度，把多份副本分配到不同的机架上。此外，HDFS 中的 Balancer 类是为了实现动态调整负载而存在的。Balancer 类派生于 Tool 类，这说明它是以一个独立的进程存在的，可以独立地运行和配置。它运行有 NameNodeProtocol 和 ClientProtocol 两个协议。它与主节点进行通信，获取各个数据服务器的负载状况，从而对负载进行调整。主要的调整其实就是进行一个操作——将一个数据块从一个服务器迁移到另一个服务器上。Balancer 会向相关的目标数据服务器发出一个 DataTransferProtocol.OP_REPLACE_BLOCK 消息，接收到这个消息的数据服务器，会将数据块写入本地，成功后，通知主节点，删除原先的那个数据服务器上的同一个数据块。

HDFS 自带一个均衡器脚本，该脚本用于启动 Hadoop 的一个守护进程，并执行上述操作。任何时刻，集群中只能有一个均衡器存在，它开启一次后会一直运行，直到集群变得均衡，而调整数据块时，带宽默认为 1Mbit/s，可以修改 hdfs-site.xml 文件中的 dfs.balance.bandwidthPerSec（默认该属性指定值为 1 048 576B）。

负载均衡命令格式如下。

```
hadoop balance [-threshold<threshold>]
```

其中，"[ ]"中的参数是可选项，默认阈值为 10%，代表磁盘容量的百分比。

3.2.5 垃圾回收

对于分布式文件系统而言，没有利用价值的数据块副本就是垃圾。在现实生活中提倡垃圾分类，为了更好地理解分布式文件系统的垃圾回收，实现分类也是很有必要的。基本上，所有的垃圾可以分为两类，第一类是由系统正常逻辑产生的，如某个文件被删除了，所有与它相关的数据块都沦为了垃圾，或某个数据块被负载均衡器移动了，原始数据块也不幸成了垃圾。此类垃圾的最大特点是主节点是生成垃圾的原因，也就是说，主节点完全了解有哪些垃圾需要处理。第二类是由系统的一些异常状况产生的，如某个数据服务器停机了一段时间，重启之后发现已经在其他服务器上增加了该服务器上的某个数据块的副本，它存储的副本因过期而失去了价值，就需要被当作垃圾来处理。此类垃圾与前一类垃圾的特点恰恰相反，即主节点无法直接了解到垃圾状况，这就需要换种方式处理它们。

在 HDFS 中，第一类垃圾的判定很容易，在一些正常的逻辑中产生的垃圾全部被塞进 HDFS 的最近无效集（Recent Invalidate Set）这个 Map 中，在实际工程中对应于/user/${USER}/. Trash/Current 目录，如果用户想恢复这个文件，就可以检索这个目录并在该目录中检索该文件。而对第二类垃圾的判定，则放在数据服务器发送其数据块信息的过程中，经过与本地信息的比较可以断定，此数据服务器上有哪些数据块已经不幸沦为垃圾。同样，这些垃圾也被塞到最近无效集中。在与数据服务器进行心跳交流的过程中，主节点会判断哪些数据块需要删除，数据服务器对这些沦为垃圾的数据块的态度是直接物理删除。在 GFS 的论文中，对如何删除一个数据块有着不同的理解，该论文认为应该先将这些数据块缓存起来，过几天没人想恢复它们了再删除。在 HDFS 官方提供的文档中则明确表示，在现行的应用场景中不再需要这样做，直接删除就可以了。

3.3 HDFS Shell 命令

Shell 是系统的用户界面，它提供了用户与内核进行交互操作的一种接口。它接收用户输入的命令并把命令送入内核去执行。下面介绍 HDFS 操作分布式文件系统常用的命令。

HDFS URI（Uniform Resource Identifier，统一资源标识符）格式如下。

```
scheme://authority:path
```

其中，scheme 表示文件名，可以是 File 或 HDFS，前者是本地文件，后者是分布式文件；authority 表示集群所在的命名空间；path 表示文件或者目录的路径。例如，hdfs://localhost: 9000/user/root/test.txt 表示本机的 HDFS 上的文本文件目录，如果已经在 core-site.xml 中配置了 fs.default.name = hdfs://master:9000，则仅使用/user/root/test.txt 即可。

HDFS 默认工作目录为/user/${USER}，其中，${USER}是当前的登录用户名。

如果是按照 2.2.5 小节所用的 fs.defaultFS，则此处的工作目录是 hdfs://localhost:9000，所以此处需要读者按照自己的配置方案来解读。

> **注意** 本章所用的 Hadoop 集群是由独立的、高可靠配置的 4 个节点组成的，而不是在虚拟机环境下的集群，所用的命名空间的实际配置如下。
>
> ```
> <name>fs.defaultFS</name>
> <value>hdfs://master:9000</value>
> ```

3.3.1 文件处理命令

开启 HDFS，执行命令 hdfs dfs，输出 HDFS 支持的命令列表，如图 3-4 所示。

上面很多命令与 Linux 的命令相似，有以下几条。

（1）hdfs dfs –ls：列出指定目录文件和目录。

（2）hdfs dfs –mkdir：创建文件夹。

（3）hdfs dfs –cat/text/tail：查看文件内容。

```
[root@slave1 ~]# hdfs dfs
Usage: hadoop fs [generic options]
        [-appendToFile <localsrc> ... <dst>]
        [-cat [-ignoreCrc] <src> ...]
        [-checksum <src> ...]
        [-chgrp [-R] GROUP PATH...]
        [-chmod [-R] <MODE[,MODE]... | OCTALMODE> PATH...]
        [-chown [-R] [OWNER][:[GROUP]] PATH...]
        [-copyFromLocal [-f] [-p] [-l] <localsrc> ... <dst>]
        [-copyToLocal [-p] [-ignoreCrc] [-crc] <src> ... <localdst>]
        [-count [-q] [-h] <path> ...]
        [-cp [-f] [-p | -p[topax]] <src> ... <dst>]
        [-createSnapshot <snapshotDir> [<snapshotName>]]
        [-deleteSnapshot <snapshotDir> <snapshotName>]
        [-df [-h] [<path> ...]]
        [-du [-s] [-h] <path> ...]
        [-expunge]
        [-find <path> ... <expression> ...]
        [-get [-p] [-ignoreCrc] [-crc] <src> ... <localdst>]
        [-getfacl [-R] <path>]
        [-getfattr [-R] {-n name | -d} [-e en] <path>]
        [-getmerge [-nl] <src> <localdst>]
        [-help [cmd ...]]
        [-ls [-d] [-h] [-R] [<path> ...]]
        [-mkdir [-p] <path> ...]
        [-moveFromLocal <localsrc> ... <dst>]
        [-moveToLocal <src> <localdst>]
        [-mv <src> ... <dst>]
        [-put [-f] [-p] [-l] <localsrc> ... <dst>]
        [-renameSnapshot <snapshotDir> <oldName> <newName>]
        [-rm [-f] [-r|-R] [-skipTrash] <src> ...]
        [-rmdir [--ignore-fail-on-non-empty] <dir> ...]
        [-setfacl [-R] [{-b|-k} {-m|-x <acl_spec>} <path>]|[--set <acl_spec> <path>]]
        [-setfattr {-n name [-v value] | -x name} <path>]
        [-setrep [-R] [-w] <rep> <path> ...]
        [-stat [format] <path> ...]
        [-tail [-f] <file>]
        [-test -[defsz] <path>]
        [-text [-ignoreCrc] <src> ...]
        [-touchz <path> ...]
        [-truncate [-w] <length> <path> ...]
        [-usage [cmd ...]]
```

图 3-4　HDFS 支持的命令列表

（4）hdfs dfs –touchz：新建文件。

（5）hdfs dfs –appendToFile <src><tar>：将 src 的内容写入 tar 中。

（6）hdfs dfs –put/get<src><tar>：将文件上传/下载到文件夹中。

（7）hdfs dfs –rm <src>：删除文件或目录。

（8）hdfs dfs -du <path>：显示占用的磁盘空间大小。

下面做具体介绍。

1．ls：列出指定目录文件和目录

使用方法如下。

```
hdfs dfs -ls [-d][-h][-R] <path>
```

其中，"[ ]"中的参数为可选项，–d 表示返回 paths；–h 表示按照 KMG 数据大小单位显示文件大小，如果没有单位，则默认为 B；–R 表示级联显示 paths 下的文件，这里 paths 是个多级目录。

如果参数是文件，则按照如下格式返回文件信息。

文件名 <副本数> 文件大小 修改日期 修改时间 权限 用户 ID 组 ID。

如果参数是目录，则返回它的直接子文件的一个列表，就像在 UNIX 中一样。目录返回列表信息的格式如下：目录名 <dir> 修改日期 修改时间 权限 用户 ID 组 ID。

例如，列出根目录下的文件或目录可以执行如下命令。

```
hdfs dfs -ls /
```

运行结果如图 3-5 所示。

上述命令也可以写为：

```
hdfs dfs -ls hdfs://master:9000/
```

```
[root@slave1 ~]# hdfs dfs -ls /
Found 7 items
drwxr-xr-x   - root supergroup          0 2019-03-12 20:21 /Hbase
drwxr-xr-x   - root supergroup          0 2019-03-12 20:52 /Hive
drwxrwxrwx   - root supergroup          0 2019-03-12 20:41 /Ricky
drwxr-xr-x   - root supergroup          0 2019-03-12 20:52 /data
drwxr-xr-x   - root supergroup          0 2019-03-11 21:58 /input
drwxr-xr-x   - root supergroup          0 2019-03-11 21:52 /output
drwx------   - root supergroup          0 2019-03-11 23:17 /user
```

图 3-5　运行结果

运行结果如图 3-6 所示。

```
[root@slave1 ~]# hdfs dfs -ls hdfs://master:9000/
Found 7 items
drwxr-xr-x   - root supergroup          0 2019-03-12 20:21 hdfs://master:9000/Hbase
drwxr-xr-x   - root supergroup          0 2019-03-12 20:52 hdfs://master:9000/Hive
drwxrwxrwx   - root supergroup          0 2019-03-12 20:41 hdfs://master:9000/Ricky
drwxr-xr-x   - root supergroup          0 2019-03-12 20:52 hdfs://master:9000/data
drwxr-xr-x   - root supergroup          0 2019-03-11 21:58 hdfs://master:9000/input
drwxr-xr-x   - root supergroup          0 2019-03-11 21:52 hdfs://master:9000/output
drwx------   - root supergroup          0 2019-03-11 23:17 hdfs://master:9000/user
```

图 3-6　运行结果

列出分布式目录/user/${USER}下的文件或目录，可以执行如下命令。

```
hdfs dfs -ls /user/${USER}
```

运行结果如下。

```
Found 1 items
drwx------   - root  supergroup  0  2019-03-12 20:31  /user/root/.Trash
```

当然该命令也可以写为 hdfs dfs –ls .，或者直接省略“.”，写为 hdfs dfs –ls。

运行结果如下。

```
Found 1 items
drwx------   - root  supergroup  0  2019-03-12 20:33  .Trash
```

2. mkdir：创建文件夹

使用方法如下。

```
hdfs dfs -mkdir [-p]<path>
```

接收路径指定的 URI 作为参数，创建目录。其操作结果类似于 Linux 中的 mkdir 命令，加-p 参数表示创建多级目录。

例如，在分布式主目录（/user/${USER}）下新建文件夹 dir，执行如下命令。

```
hdfs dfs -mkdir dir
hdfs dfs -ls
```

运行结果如下。

```
drwxr-xr-x   - root supergroup 0 2019-03-12 18:49 dir
```

在分布式主目录（/user/${USER}）下新建文件夹 dir0/dir1/dir2/，执行如下命令。

```
hdfs dfs -mkdir -p dir0/dir1/dir2
hdfs dfs -ls /user/${USER}/dir0/dir1/dir2
```

运行结果如下。

```
Found 1 items
drwxr-xr-x - root supergroup 0 2019-03-12 18:51 /user/root/dir0/dir1/dir2
```

3. cat/text/tail：查看文件内容

使用方法如下。

```
hdfs dfs -cat/text [-ignoreCrc] <src>
hdfs dfs -tail [-f] <file>
```

其中，“[ ]”中的参数是可选项，-ignoreCrc 表示忽略循环检验失败的文件；-f 表示动态更新显示数据，如显示某个不断增长的日志文件。

3 个命令都是在命令行窗口查看指定文件内容，它们的区别是，text 不仅可以用于查看文本文件，还可以用于查看压缩文件和 Avro 序列化的文件，其他两个不可以；tail 用于查看最后 1KB 的文件（Linux 中的 tail 命令默认用于查看最后 10 行记录）。

例如，在笔者的分布式目录/input 下有文件 file，可以用以下 3 种方法查看。执行如下命令。

```
hdfs dfs -cat /input/file
hdfs dfs -text /input/file
hdfs dfs -tail /input/file
```

运行结果如下。

```
Today is Friday!
I have two classes in the afternoon.
The weather is sunny!
```

4. touchz：新建文件

使用方法如下。

```
hdfs dfs -touchz <path>
```

在当前时间下创建大小为 0 的空文件，若文件大小不为 0，则返回错误信息。

例如，在/user/${USER}/dir 下新建文件 file，执行如下命令。

```
hdfs dfs -touchz /user/${USER}/dir/file
hdfs dfs -ls  /user/${USER}/dir/
```

运行结果如下。

```
Found 1 items
-rw-r--r--   2 root supergroup 0 2019-03-12 19:22 /user/root/dir/file
```

5. appendToFile：追写文件

使用方法如下。

```
hdfs dfs -appendToFile <localsrc> ... <dst>
```

把 localsrc 指向的本地文件内容写到目标文件 dst 中，如果目标文件 dst 不存在，则系统自动创建。如果 localsrc 对应的内容是 "-"，则表示数据通过键盘输入，按 Ctrl+C 组合键结束输入。

例如，在/user/${USER}/dir/file 文件中写入文字 "hello,HDFS!"，执行如下命令。

```
hdfs dfs -appendToFile - dir/file
hdfs dfs -text dir/file
```

运行结果如下。

```
hello,HDFS!
```

第一种方法，把 localfile 指向的本地文件内容写入目标文件。

```
[root@slave1 ~]$ hdfs dfs -appendToFile localfile dir/file
[root@slave1 ~]$ hdfs dfs -text dir/file
hello, HDFS!
```

第二种方法，在本地文件系统中新建文件 localfile，并写入文字，执行如下命令。

```
[root@slave1 ~]$ echo "hello,HDFS !" >>localfile
hello, HDFS!
```

6. put/get：上传/下载文件

使用方法如下。

```
hdfs dfs -put [-f] [-p][-l<num>] <localsrc> ... <dst>
hdfs dfs -get [-p] [-ignoreCrc] [-crc] <src> ... <localdst>
```

其中，put 用于把文件从当前文件系统上传到分式文件系统，dst 为保存的文件名，如果 dst 是目录，则把文件放在该目录下，文件名不变。

get 用于把文件从分布式文件系统复制到本地，如果有多个文件要复制，那么 localdst（local destination 的缩写）为目录，否则 localdst 就是要保存在本地的文件。

"[ ]"中的参数为可选项，−f 表示如果文件在分布式系统上已经存在，则在存储文件时覆盖它，若文件存在而不加−f，则会报错；−p 表示保持原始文件的属性（组、拥有者、创建时间、权限等）；−l <num> 表示用于指定要创建的 HDFS 文件的副本数量，<num>是一个整数值，表示要创建的副本数量。−ignoreCrc 表示忽略循环检验失败的文件。

例如，执行 put/get 操作，把上例新建的文件 localfile 放到分布式文件系统主目录上，保存时将其命名为 hfile；把 hfile 下载到本地目录，文件名不变，如图 3-7 所示。

```
[root@slave1 ~]# hdfs dfs -put localfile hfile
[root@slave1 ~]# hdfs dfs -ls .
Found 4 items
drwx------   - root supergroup          0 2019-03-12 20:23 .Trash
drwxr-xr-x   - root supergroup          0 2019-03-12 21:25 dir
drwxr-xr-x   - root supergroup          0 2019-03-12 21:06 dir0
-rw-r--r--   2 root supergroup         14 2019-03-12 21:30 hfile
[root@slave1 ~]# hdfs dfs -get hfile
[root@slave1 ~]# ls -l
total 36
-rw-------. 1 root root  1624 Dec  9 11:57 anaconda-ks.cfg
drwxr-xr-x. 2 root root    28 Feb 28 13:54 Desktop
drwxr-xr-x. 2 root root     6 Dec  9 12:12 Documents
drwxr-xr-x. 2 root root    52 Mar  7 19:41 Downloads
-rw-r--r--. 1 root root    14 Mar 12 21:31 hfile
-rw-r--r--. 1 root root   393 Dec 29 20:11 id_rsa.pub
-rw-------. 1 root root  1672 Dec  9 12:12 initial-setup-ks.cfg
-rw-r--r--. 1 root root    14 Mar 12 21:26 localfile
drwxr-xr-x. 2 root root     6 Dec  9 12:12 Music
drwxr-xr-x. 2 root root  4096 Mar 12 21:31 Pictures
drwxr-xr-x. 2 root root     6 Dec  9 12:12 Public
drwxr-xr-x. 2 root root     6 Dec  9 12:12 Templates
drwxr-xr-x. 2 root root     6 Dec  9 12:12 Videos
-rw-r--r--. 1 root root 10825 Mar  8 17:38 zookeeper.out
```

图 3-7　执行 put/get 操作后的结果

除了 get 方法，还可以用 copyToLocal，用法一致。

7. rm：删除文件或目录

使用方法如下。

```
hdfs dfs -rm [-f] [-r|-R] [-skipTrash] <src> ...
```

使用 rm 命令可以删除指定文件，功能与 Linux 中的 rm 命令类似。此外和 Linux 系统中存在回收站一样，HDFS 也为每个用户创建了一个回收站/user/${USER}/.Trash/，通过 Shell 删除的文件目录都会在这个目录下存储一个周期，这个周期可以通过配置文件指定。配置好垃圾回收机制后，NameNode 会开启一个后台线程 Emptier，这个线程专门用于管理和监控系统回收站中的所有文件/目录，它会自动删除已经超过存储周期的文件/目录。当然，用户想恢复删除的文件目录，可以直接对垃圾回收站目录下的 Current 目录执行 hadoop fs −mv 命令来恢复。

配置垃圾回收机制需要修改配置文件 core-site.xml。

```
<property>
    <name>fs.trash.interval</name>
    <value>1440</value>
</property>
```

在 rm 命令中，"[ ]"中的参数为可选项，−f 表示如果要删除的文件不存在，则不显示提示和错误信息；−r/R 表示级联删除目录下的所有文件和子目录文件；−skipTrash 表示直接删除，文件不进入回收站。

例如，执行如下命令，在分布式主目录（/user/${USER}）下删除 dir 目录和 dir0 目录。

```
[root@slave1 ~]$ hdfs dfs -rm -r dir dir0
19/03/12 13:43:29 INFO fs.TrashPolicyDefault: Namenode trash configuration: Deletion
interval = 1440 minutes, Emptier interval = 1440 minutes.
```

```
Moved:'hdfs://master:9000/user/root/dir' to trash at: hdfs://master:9000/
user/root/.Trash/Current
19/03/12 13:43:29 INFO fs.TrashPolicyDefault: Namenode trash configuration: Deletion
interval = 1440 minutes, Emptier interval = 1440 minutes.
Moved:'hdfs://master:9000/user/root/dir0' to trash at: hdfs://master:9000/
user/root/.Trash/Current
```

如果没有配置 fs.trash.interval，则系统默认它为 0，即直接删除。这里由于配置了 fs.trash.interval，所以文件会在 24h 后删除，在此期间可以恢复文件。

8. du：显示占用的磁盘空间大小

使用方法如下。

```
hafs dfs -du [-s] [-h] <path> ...
```

默认按字节显示指定目录所占磁盘空间大小。其中，"[ ]"中的参数为可选项，-s 表示显示指定目录下文件的总大小；-h 表示按照 KMG 数据大小单位显示文件的大小，如果没有单位，则默认为 B。

例如，在分布式主目录（/user/${USER}）下显示占用磁盘空间的字节数，执行如下命令。

```
[root@slave1 ~]$ hdfs dfs -du
756936    .Trash
14        hfile
[root@slave1 ~]$ hdfs dfs -du -s
756950    .
[root@slave1 ~]$ hdfs dfs -du -h
739.2K    .Trash
14        hfile
```

3.3.2 交互式命令

除了文件处理命令外，针对 HDFS 的操作还有一些交互式命令，如 dfsadmin、NameNode、fsck、pipes、job 等命令。

1. dfsadmin 命令

dfsadmin 是一个多任务客户端工具，用来显示 HDFS 运行状态和管理 HDFS，它支持的命令选项如图 3-8 所示。

```
[root@slave1 ~]# hdfs dfsadmin -help
hdfs dfsadmin performs DFS administrative commands.
Note: Administrative commands can only be run with superuser permission.
The full syntax is:

hdfs dfsadmin
        [-report [-live] [-dead] [-decommissioning]]
        [-safemode <enter | leave | get | wait>]
        [-saveNamespace]
        [-rollEdits]
        [-restoreFailedStorage true|false|check]
        [-refreshNodes]
        [-setQuota <quota> <dirname>...<dirname>]
        [-clrQuota <dirname>...<dirname>]
        [-setSpaceQuota <quota> [-storageType <storagetype>] <dirname>...<dirname>]
        [-clrSpaceQuota [-storageType <storagetype>] <dirname>...<dirname>]
        [-finalizeUpgrade]
        [-rollingUpgrade [<query|prepare|finalize>]]
        [-refreshServiceAcl]
        [-refreshUserToGroupsMappings]
        [-refreshSuperUserGroupsConfiguration]
        [-refreshCallQueue]
        [-refresh <host:ipc_port> <key> [arg1..argn]
        [-reconfig <datanode|...> <host:ipc_port> <start|status>]
        [-printTopology]
        [-refreshNamenodes datanode_host:ipc_port]
        [-deleteBlockPool datanode_host:ipc_port blockpoolId [force]]
        [-setBalancerBandwidth <bandwidth in bytes per second>]
        [-fetchImage <local directory>]
        [-allowSnapshot <snapshotDir>]
        [-disallowSnapshot <snapshotDir>]
        [-shutdownDatanode <datanode_host:ipc_port> [upgrade]]
        [-getDatanodeInfo <datanode_host:ipc_port>]
        [-metasave filename]
        [-triggerBlockReport [-incremental] <datanode_host:ipc_port>]
        [-help [cmd]]
```

图 3-8　dfsadmin 支持的命令选项

常用的 dfsadmin 命令选项的说明如表 3-1 所示。

表 3-1　常用的 dfsadmin 命令选项的说明

命令选项	说明
-report	显示文件系统的基本信息和统计信息，与 HDFS 的 Web 界面的作用一致
-safemode enter | leave | get | wait	安全模式命令。用法和功能前面已介绍
-saveNamespace	可以强制创建检查点，仅在安全模式下运行
-refreshNodes	重新读取主机并排除文件，以更新允许连接到 NameNode 的 DataNode 集，以及应解除或重新启用的 DataNode 集
-finalizeUpgrade	完成 HDFS 的升级。DataNode 删除其以前版本的工作目录，紧接着 NameNode 也删除其以前版本的工作目录，至此完成升级过程
-upgradeProgress status details force	请求当前系统的升级状态的细节，或者强制进行升级操作
-metasave filename	将 NameNode 的主要数据结构保存到由 hadoop.log.dir 属性指定的目录中的文件。如果指定的文件名存在，则将覆盖文件名。fielname 中将包含下列各项对应的内容：①DataNode 发送给 NameNode 的心跳检测信号；②等待被复制的块；③正在被复制的块；④等待被删除的块
-setQuota <quota> <dirname>...<dirname>	设置每个目录<dirname>的配额<quota>。目录配额是长整型数，强制限制目录树下的目录数。以下情况会报错：①设定的配额不是个正整数；②用户不是管理员；③这个目录不存在或者是一个文件；④目录超出新设定的配额
-clrQuota <dirname>...<dirname>	清除每个目录 dirname 的配额。以下情况会报错：①这个目录不存在或者是一个文件；②用户不是管理员
-restoreFailedStorage true | false|check	此选项将关闭自动尝试恢复故障的存储副本。如果故障的存储副本可用，则再次尝试还原检查点期间的日志编辑文件或文件系统镜像文件。"check"选项表示返回当前设置
-setBalancerBandwidth <bandwidth-in-mbps>	在 HDFS 执行均衡期间改变 DataNode 网络带宽。bandwidth 表示 DataNode 每秒传输的最大字节数，为它设置的值将会覆盖配置文件参数 dfs.balance. bandwidthPerSec
-fetchImage <local directory>	把最新的文件系统镜像文件从 NameNode 下载到本地指定目录
-help [cmd]	显示指定命令的帮助，如果没有指定，则显示默认命令的帮助

2. NameNode 命令

运行 NameNode 命令进行格式化、升级回滚等操作，NameNode 支持的命令选项如图 3-9 所示。

```
[root@slave1 ~]# hdfs namenode -help
Usage: java NameNode [-backup] |
        [-checkpoint] |
        [-format [-clusterid cid ] [-force] [-nonInteractive] ] |
        [-upgrade [-clusterid cid] [-renameReserved<k-v pairs>] ] |
        [-upgradeOnly [-clusterid cid] [-renameReserved<k-v pairs>] ] |
        [-rollback] |
        [-rollingUpgrade <rollback|downgrade|started> ] |
        [-finalize] |
        [-importCheckpoint] |
        [-initializeSharedEdits] |
        [-bootstrapStandby] |
        [-recover [ -force] ] |
        [-metadataVersion ] |
```

图 3-9　NameNode 支持的命令选项

常用的 NameNode 命令选项的说明如表 3-2 所示。

表 3-2　常用的 NameNode 命令选项的说明

命令选项	说明
-format	格式化 NameNode。先启动 NameNode，再格式化，最后关闭
-upgrade	NameNode 版本更新后，应该以 upgrade 方式启动
-rollback	回滚到前一个版本。必须先停止集群，并且分发旧版本才可用
-importCheckpoint	从检查点目录加载镜像，目录由 fs.checkpoint.dir 指定
-finalize	持久化最近的升级，并把前一系统状态删除，此时再使用 rollback 是不成功的

3. fsck 命令

fsck 命令用于运行 HDFS 检查实用程序，与 MapReduce 作业交互。fsck 支持的命令选项如下。

```
Usage: DFSck <path> [-list-corruptfileblocks | [-move | -delete | -openforwrite]
[-files [-blocks [-locations | -racks]]]]
```

常用的 fsck 命令选项的说明如表 3-3 所示。

表 3-3　常用的 fsck 命令选项的说明

命令选项	说明
-move	将找到的已损坏的文件移动到/lost+found
-delete	删除已损坏的文件
-openforwrite	输出正在打开写操作的文件
-files	输出正在检查的文件名
-blocks	输出块报告（需要和-files 一起使用）
-locations	输出每个块的位置信息（需要和-files 一起使用）
-racks	输出位置信息的网络拓扑图（需要和-files 一起使用）

4. pipes 命令

pipes 命令用于运行管道作业，pipes 支持的命令选项如图 3-10 所示。

```
[root@slave1 ~]# mapred pipes
bin/hadoop pipes
  [-input <path>] // Input directory
  [-output <path>] // Output directory
  [-jar <jar file> // jar filename
  [-inputformat <class>] // InputFormat class
  [-map <class>] // Java Map class
  [-partitioner <class>] // Java Partitioner
  [-reduce <class>] // Java Reduce class
  [-writer <class>] // Java RecordWriter
  [-program <executable>] // executable URI
  [-reduces <num>] // number of reduces
  [-lazyOutput <true/false>] // createOutputLazily
```

图 3-10　pipes 支持的命令选项

常用的 pipes 命令选项的说明如表 3-4 所示。

表 3-4　常用的 pipes 命令选项的说明

命令选项	说明
–conf <path>	配置作业
–jobconf <key=value>, <key=value>, ...	添加覆盖配置项
–input <path>	输入目录
–output <path>	输出目录
–jar <jar file>	JAR 文件名
–inputformat <class>	InputFormat 类
–map <class>	Java Map 类
–partitioner <class>	Java 的分区程序
–reduce <class>	Java Reduce 类
–writer <class>	Java RecordWriter
–program <executable>	可执行文件的 URI
–reduces <num>	分配 Reduce 任务的数量

5. job 命令

job 命令用于与 MapReduce 作业进行交互，job 支持的命令选项如图 3-11 所示。

```
[root@slave1 ~]# mapred job
Usage: CLI <command> <args>
        [-submit <job-file>]
        [-status <job-id>]
        [-counter <job-id> <group-name> <counter-name>]
        [-kill <job-id>]
        [-set-priority <job-id> <priority>]. Valid values for priorities are: VERY_HIGH HIGH NORMAL
LOW VERY_LOW
        [-events <job-id> <from-event-#> <#-of-events>]
        [-history <jobHistoryFile>]
        [-list [all]]
        [-list-active-trackers]
        [-list-blacklisted-trackers]
        [-list-attempt-ids <job-id> <task-type> <task-state>]. Valid values for <task-type> are MAP
REDUCE. Valid values for <task-state> are running, completed
        [-kill-task <task-attempt-id>]
        [-fail-task <task-attempt-id>]
        [-logs <job-id> <task-attempt-id>]
```

图 3-11　job 支持的命令选项

常用的 job 命令选项的说明如表 3-5 所示。

表 3-5　常用的 job 命令选项的说明

命令选项	说明
–submit <job-file>	提交作业
–status <job-id>	输出 Map 和 Reduce 完成百分比和作业的所有计数器（Counter）
–counter <job-id><group-name><counter-name>	输出计数器的值
–kill <job-id>	结束指定 ID 的作业进程
–events <job-id><from-event-# ><#-of-events>	输出 job-id 给定范围的接收事件细节
–history <jobHistoryFile>	输出作业细节，包括失败、结束的原因和细节提示。指定[all]选项，可以查看成功的任务和未完成的任务等作业的更多细节
–list [all]	显示仍未完成的作业

续表

命令选项	说明
–kill-task <task-attempt-id>	结束任务。结束的任务不计失败的次数
–fail-task <task-attempt-id>	使任务失败。失败的任务不计失败的次数
–set-priority <job-id><priority>	更改作业的优先级。允许的优先级值是 VERY_HIGH、HIGH、NORMAL、LOW 和 VERY_LOW

3.4 HDFS 中 Java API 的使用

Hadoop 整合了众多文件系统，其中有一个综合性的抽象文件系统，它提供了文件系统实现的各类接口。HDFS 只是这个抽象文件系统的一个实例，它提供了一个高层的文件系统抽象类 org.apache.hadoop.fs.FileSystem，这个抽象类展示了一个分布式文件系统，并有几个具体实现，如表 3-6 所示。

微课 3-3

Java API 的使用方法

表 3-6　Hadoop 的文件系统及其 Java 接口

文件系统	URI 方案	Java 实现	定义
Local	file	fs.LocalFileSystem	支持有客户端校验和的本地文件系统。带有校验和的本地文件系统在 fs.RawLocalFileSystem 中实现
HDFS	hdfs	hdfs.DistributionFileSystem	Hadoop 的分布式文件系统
HFTP	hftp	hdfs.HftpFileSystem	支持通过超文本传送协议（Hypertext Transfer Protocol，HTTP）以只读的方式访问 HDFS，distcp 经常用于在不同的 HDFS 集群间复制数据
HSFTP	hsftp	hdfs.HsftpFileSystem	支持通过超文本传输安全协议（Hypertext Transfer Protocol Secure，HTTPS）以只读的方式访问 HDFS
HAR	har	fs.HarFileSystem	构建在 Hadoop 文件系统之上，用来对文件进行归档。Hadoop 归档文件主要用来减少 NameNode 的内存使用
KFS	kfs	fs.kfs.KosmosFileSystem	KFS 是一个支持高性能应用程序的分布式文件系统。它的设计目标是为大数据处理和分析工作负载提供高吞吐量、低延迟和可靠性
FTP	ftp	fs.ftp.FtpFileSystem	由文件传送协议（File Transfer Protocol，FTP）服务器支持的文件系统
S3（本地）	s3n	fs.s3native.NativeS3FileSystem	基于 Amazon S3 的文件系统
S3（基于块）	s3	fs.s3.NativeS3FileSystem	基于 Amazon S3 的文件系统，以块格式存储解决了 S3 的 5GB 文件大小的限制

文件在 Hadoop 中表示一个 path 对象，通常会被封装成一个 URI。例如，HDFS 上有一个 test 文件，URI 表示成 hdfs://master:9000/test。

Hadoop 中的文件操作类基本封装在 org.apache.hadoop.fs 包中，这些操作类支持的操作包括打开文件、读写文件、删除文件等。

Hadoop 类库中最终面向用户提供的接口类是 FileSystem，该类是个抽象类，只能通过类的 get 方法来得到具体类。get 方法存在几个重载版本，常用的是 static FileSystem get（Configuration conf）。FileSystem 类封装了几乎所有的文件操作，如 mkdir、delete 等。综上，基本上可以得出操作文件的程序框架如下。

```
operator()
{
得到 Configuration 对象
得到 FileSystem 对象
进行文件操作
}
```

3.4.1　上传文件

通过 FileSystem.copyFromLocalFile（Path src，Path dst），可以将本地文件上传到 HDFS 指定的位置，其中，src 和 dst 均为文件的完整路径，示例如下。

```java
package org.apache.hadoop.examples;
import java.io.IOException;
import java.net.URI;
import java.net.URISyntaxException;
import org.apache.hadoop.conf.Configuration;
import org.apache.hadoop.fs.FileStatus;
import org.apache.hadoop.fs.FileSystem;
import org.apache.hadoop.fs.Path;
/**
 * @author: root
 * @Description: 本地文件上传至 HDFS
 * @time: 2019 年 3 月 12 日下午 1:19:54
 */
public class UpLocalFile {
    public static void main(String[] args) throws IOException, URISyntaxException {
            //加载集群配置文件
            Configuration conf=new Configuration();
            URI uri = new URI("hdfs://master:9000");
            FileSystem fs=FileSystem.get(uri,conf);
            //本地文件，usr 文件夹下的 file 文件
            Path src =new Path("/usr/file");
            //HDFS 存放路径，此处直接放在根目录下
            Path dst =new Path("/");
            fs.copyFromLocalFile(src, dst);
            System.out.println("Upload to "+conf.get("fs.defaultFS"));
            //以下相当于执行 hdfs dfs -ls /
            FileStatus files[]=fs.listStatus(dst);
            for(FileStatus file:files){
                System.out.println(file.getPath());
            }
        }
    }
}
```

运行结果如图 3-12～图 3-14 所示。

此处是使用 eclipse 直接连接集群的 HDFS 来查看结果的，如果读者需要，请自行搜索连接方法和下载连接插件，此处不进行赘述。

图 3-12 控制台输出结果　　　　图 3-13 在 eclipse 上浏览 HDFS 文件结果

Permission	Owner	Group	Size	Last Modified	Replication	Block Size	Name
drwxr-xr-x	root	supergroup	0 B	3/12/2019, 8:21:30 PM	0	0 B	Hbase
drwxr-xr-x	root	supergroup	0 B	3/12/2019, 8:52:07 PM	0	0 B	Hive
drwxrwxrwx	root	supergroup	0 B	3/12/2019, 10:05:54 PM	0	0 B	Ricky
drwxr-xr-x	root	supergroup	0 B	3/12/2019, 8:52:19 PM	0	0 B	data
drwxr-xr-x	root	supergroup	0 B	3/12/2019, 9:21:14 PM	0	0 B	dir
drwxr-xr-x	root	supergroup	0 B	3/12/2019, 9:05:17 PM	0	0 B	dir0
-rw-r--r--	root	supergroup	75 B	3/12/2019, 10:03:30 PM	2	128 MB	file
drwxr-xr-x	root	supergroup	0 B	3/12/2019, 9:18:47 PM	0	0 B	input
drwxr-xr-x	root	supergroup	0 B	3/11/2019, 9:52:17 PM	0	0 B	output
drwx------	root	supergroup	0 B	3/11/2019, 11:17:41 PM	0	0 B	user

图 3-14 在浏览器上查看 HDFS 文件结果

3.4.2 新建文件

通过 FileSystem.create(Path f,Boolean b)，可以在 HDFS 上创建文件，其中，f 为文件的完整路径，b 为判断是否覆盖，具体实现如下。

```java
package org.apache.hadoop.examples;
import java.net.URI;
import org.apache.hadoop.conf.Configuration;
import org.apache.hadoop.fs.FSDataOutputStream;
import org.apache.hadoop.fs.FileSystem;
import org.apache.hadoop.fs.Path;
/**
 * @author: root
 * @Description: 创建文件 hdfs_file
 * @time: 2019 年 3 月 12 日下午 1:52:12
 */
public class CreateFile {
    public static void main(String[] args) throws Exception {
        FileSystem fs=FileSystem.get(new URI("hdfs://master:9000"),new Configuration());
        //定义新文件
        Path dfs =new Path("/hdfs_file");
        //创建文件，如果已存在同名文件，则覆盖该文件，将 b 参数设置为 true
        FSDataOutputStream create = fs.create(dfs, true);
```

```
        create.writeBytes("Hello,Hadoop!");
    }
}
```

运行结果如图 3-15 所示。

图 3-15　在 HDFS 上新建文件

3.4.3　查看文件详细信息

通过 FileStatus，可以查找指定文件在 HDFS 集群上的详细信息，包括文件访问时间、文件修改时间、文件所占块大小、文件长度、文件所在用户组、文件拥有者和文件副本数等信息，具体实现如下。

```java
package org.apache.hadoop.examples;

import java.net.URI;
import java.text.SimpleDateFormat;
import java.util.Date;

import org.apache.hadoop.conf.Configuration;
import org.apache.hadoop.fs.BlockLocation;
import org.apache.hadoop.fs.FileStatus;
import org.apache.hadoop.fs.FileSystem;
import org.apache.hadoop.fs.Path;

/**
 * @author: root
 * @Description:查看文件详细信息
 * @time: 2019 年 3 月 12 日下午 2:44:34
 */
public class HDFS_FileInfo {

    public static void main(String[] args) throws Exception{
        FileSystem fs=FileSystem.get(new URI("hdfs://master:9000"),new
Configuration());
        Path fpath=new Path("/file");
        FileStatus filestatus = fs.getFileStatus(fpath);
        /* 获取文件在 HDFS 集群上的位置:
         * FileSystem.getFileBlockLocation(FileStatus file, long start, long len)
         * 可查找指定文件在 HDFS 集群上的位置，其中 file 为文件的完整路径，start 和 len 用于
```

标识查找文件的路径

```
				*/
				BlockLocation[] blkLocations = fs.getFileBlockLocations(filestatus, 0,
filestatus.getLen());
				filestatus.getAccessTime();
					for(int i=0;i<blkLocations.length;i++){
						String[] hosts = blkLocations[i].getHosts();
						System.out.println("block_"+i+"_location:"+hosts[0]);
				}
			//格式化日期输出
			SimpleDateFormat formatter = new SimpleDateFormat("yyyy-MM-dd HH:mm: ss");
			//获取文件访问时间，返回long
			long accessTime=filestatus.getAccessTime();
			System.out.println("access:"+formatter.format(new Date(accessTime)));
			//获取文件修改时间，返回long
			long modificationTime = filestatus.getModificationTime();
			System.out.println("modification:"+formatter.format(new
Date(modificationTime)));
			//获取文件所占块大小，单位为B
			long blockSize = filestatus.getBlockSize();
			System.out.println("blockSize:"+blockSize);
			//获取文件长度，单位为B
			long len = filestatus.getLen();
			System.out.println("length:"+len);
			//获取文件所在用户组
			String group = filestatus.getGroup();
			System.out.println("group:"+group);
			//获取文件拥有者
			String owner = filestatus.getOwner();
			System.out.println("owner:"+owner);
			//获取文件副本数
			short replication = filestatus.getReplication();
			System.out.println("replication:"+replication);
		}
	}
```

运行结果如图 3-16 所示。

```
<terminated> HDFS_FileInfo [Java Application] /usr/local/java/jdk1.8.0_191/bin/java (Mar 12, 2019, 10:18:29 PM)
block_0_location:slave1
access:2019-03-12 22:03:30
modification:2019-03-12 22:03:30
blockSize:134217728
length:75
group:supergroup
owner:root
replication:2
```

图 3-16　FileStatus 文件详细信息

3.4.4　下载文件

将文件从 HDFS 下载到本地非常简单，直接调用 FileSystem. copyToLocalFile(Path src, Path dst)即可。其中，src 为 HDFS 上的文件的路径，dst 为要下载到本地的文件的路径，示例如下。

```
package org.apache.hadoop.examples;
```

```
import java.net.URI;

import org.apache.hadoop.conf.Configuration;
import org.apache.hadoop.fs.FileSystem;
import org.apache.hadoop.fs.Path;

/**
 * @author: root
 * @Description: 将文件从 HDFS 下载到本地
 * @time: 2019 年 3 月 12 日下午 3:01:52
 */
public class DownLoadFile {

public static void main(String[] args) throws Exception{
    FileSystem fs=FileSystem.get(new URI("hdfs://master:9000"),
    new Configuration());
    // HDFS 上的文件
    Path src=new Path("/file");
    //下载到本地的文件
    Path dst=new Path("/usr/newfile");
    fs.copyToLocalFile(src, dst);
    }
}
```

结果在/usr 路径下会产生一个名为 newfile 的新文件，读者可自行前往查看。

3.5 RPC 通信

远程过程调用（Remote Procedure Call，RPC）是一台计算机通过跨越底层网络协议[传输控制协议（Transmission Control Protocol，TCP）、用户数据报协议（User Datagram Protocol，UDP）等]调用另一台计算机的子程序或者服务所遵守的协议标准。RPC 使得分布式网络编程变得简单，程序员不必关心底层协议。如果采用面向对象的编程，那么 RPC 亦可称作远程调用或远程方法调用（Remote Method Invocation，RMI），如 Hadoop 采用的 Java 远程方法调用（Java Remote Method Invocation，Java RMI）。

1. RPC 特点

RPC 的主要特点如下。

（1）透明性：通过 RPC 远程调用其他机器上的程序，对用户来说就像是调用本地方法一样。

（2）高性能：RPC Server 能够并发处理多个来自客户端的请求。

（3）可控性：JDK 中已经提供了一个 RPC 框架——RMI，但是该 RPC 框架过于重量级并且可控之处比较少，所以 Hadoop RPC 实现了自定义的 RPC 框架。

2. 实现 RPC 机制需要的技术

Hadoop 中的 NameNode 与 DataNode 之间的通信、客户端与 NameNode 或 DataNode 之间的通信都基于 RPC 机制。总的来说，这种机制的实现需要以下 4 种技术。

（1）代理模式：RPC 机制在 Java 中的实现其实遵守了软件开发的一个重要设计模式。

（2）反射机制：Java 的一个重要特性。

（3）Sequence：Hadoop 的序列化技术，Hadoop 改写了 Java 基本数据类型，用于在客户端与服务器端数据之间传输简单的二进制流。

（4）NI/O：非阻塞输入/输出（Input/Output，I/O）技术。

NI/O 技术的实现基于反应堆（Reactor）模式，或者说是观察者（Observer）模式。以前在对端口进行访问操作时，往往在打开一个 I/O 通道后，read 进程将一直等待直到内容全部进来，这会影响程序做其他的事情，并造成阻塞。改进进程即让服务器端线程监听事件，如果事件发生，则通知服务器端，从外界看实现了流畅的 I/O 读写，也就是不阻塞了。下面主要讲解 Java 的反射机制和代理模式。

3.5.1　反射机制

根据 JDK 文档说明，Java 中的反射机制可以定义为：在运行状态中，对于任意一个类，用户都能够知道这个类的所有属性和方法；对于任意一个对象，用户都能够调用它的任意一个方法。也就是说，可以将这种动态获取信息，以及动态调用对象的方法的功能称为 Java 语言的反射机制。

Java 程序在运行时，Java 运行时系统（Java Runtime System）一直对所有的对象进行所谓的运行时类型标识。这项类型标识记录了每个对象所属的类。虚拟机通常使用运行时类型信息来选择正确的方法执行，用来保存这些类型信息的类是 java.lang.Class。也就是说，当类加载器（ClassLoader）找到了需要调用的类时，就会加载它，然后根据 .class 文件内记载的类信息来产生一个与该类相联系的独一无二的 Class 对象。该 Class 对象记载了该类的字段、方法等信息。以后 Java 虚拟机（Java Virtual Machine，JVM）要产生该类的实例，就可以根据堆内存中存在的该类记载的信息来进行。

Class 类有以下几个重要方法。

（1）getName()

一个 Class 对象描述了一个特定类的特定属性，该方法就是对返回 String 形式的类进行简要描述。

（2）newInstance()

该方法可以根据某个 Class 对象产生其对应类的实例。需要强调的是，newInstance() 方法调用的是此类的默认构造方法，示例如下。

```
MyObject x = new MyObject();
MyObject y = x.getClass().newInstance();
```

（3）getClassLoader()

该方法返回 Class 对象对应的类的类加载器。

（4）getComponentType()

该方法针对数组对象的 Class 对象，可以得到该数组的组成元素对应对象的 Class 对象，示例如下。

```
int[] ints = new int[]{1,2,3};
Class class1 = ints.getClass();
Class class2 = class1.getComponentType();
```

而示例中得到的 class2 对象对应的就是 int 这个基本类型的 Class 对象。

（5）getSuperClass()

该方法返回某子类的直接父类对应的 Class 对象。

（6）isArray()

该方法判定 Class 对象对应的是否是一个数组对象。

Java 反射机制代码示例如下。

```
interface people{
    public void study();
```

```java
}
public class Student implements people{
    private String name;   //学生姓名
    private int age;
    //构造方法 1
    public Student(){}
    //构造方法 2
    public Student(String name,int age){
        this.name=name;
        this.age=age;
    }
    //set 和 get 方法
    public String getName() {
        return name;
    }
    public void setName(String name) {
        this.name = name;
    }
    public int getAge() {
        return age;
    }
    public void setAge(int age) {
        this.age = age;
    }
    public void study(){
        System.out.println("正在学习");
    }
    //程序的主方法
    public static void main(String[] args) {
    //
    Class<? extends Student> tmp=Student.class;
    String cName=tmp.getName();
    System.out.println("类的名字是"+cName);
    try {
    //动态加载指定类名
        Class c=Class.forName(cName);
        //得到类中的方法
        java.lang.reflect.Method[] ms=c.getMethods();
        for(java.lang.reflect.Method m:ms){
            System.out.println("方法的名字是"+m.getName());
            System.out.println("方法的返回值类型是"+
                    m.getReturnType().toString());
            System.out.println("方法的参数类型是"
                    +m.getParameterTypes());
        }
        //得到属性
        java.lang.reflect.Field[] fields=c.getFields();
        for(java.lang.reflect.Field f:fields){
            System.out.println("参数类型是"+f.getType());
        }
        //得到父接口
```

```
        Class[] is=c.getInterfaces();
        for(Class s:is){
            System.out.println("父接口的名字是"+s.getName());
        }
        //判断是否是数组
        System.out.println("数组:"+c.isArray());
        String CLName=c.getClassLoader().getClass().getName();
        System.out.println("类加载器:"+CLName);
        //实例化构造器
        java.lang.reflect.Constructor cons=c.getConstructor(String.class,int.class);
        Student stu=(Student) cons.newInstance("hadoop",23);
        System.out.println(stu.getName()+":"+stu.getAge());
    } catch (Exception e) {
        e.printStackTrace();
    }
}
}
```

运行结果如图 3-17 所示。

```
类的名字是:org.apache.hadoop.examples.Student
方法的名字是:getAge
方法的返回值类型是:int
方法的参数类型是:[Ljava.lang.Class;@7852e922
方法的名字是:setAge
方法的返回值类型是:void
方法的参数类型是:[Ljava.lang.Class;@4e25154f
方法的名字是:study
方法的返回值类型是:void
方法的参数类型是:[Ljava.lang.Class;@70dea4e
方法的名字是:main
方法的返回值类型是:void
方法的参数类型是:[Ljava.lang.Class;@5c647e05
方法的名字是:getName
方法的返回值类型是:class java.lang.String
方法的参数类型是:[Ljava.lang.Class;@33909752
方法的名字是:setName
方法的返回值类型是:void
方法的参数类型是:[Ljava.lang.Class;@55f96302
方法的名字是:wait
方法的返回值类型是:void
方法的参数类型是:[Ljava.lang.Class;@3d4eac69
方法的名字是:wait
方法的返回值类型是:void
方法的参数类型是:[Ljava.lang.Class;@42a57993
方法的名字是:wait
方法的返回值类型是:void
方法的参数类型是:[Ljava.lang.Class;@75b84c92
方法的名字是:equals
方法的返回值类型是:boolean
方法的参数类型是:[Ljava.lang.Class;@6bc7c054
方法的名字是:toString
方法的返回值类型是:class java.lang.String
方法的参数类型是:[Ljava.lang.Class;@232204a1
方法的名字是:hashCode
方法的返回值类型是:int
方法的参数类型是:[Ljava.lang.Class;@4aa298b7
方法的名字是:getClass
方法的返回值类型是:class java.lang.Class
方法的参数类型是:[Ljava.lang.Class;@7d4991ad
方法的名字是:notify
方法的返回值类型是:void
方法的参数类型是:[Ljava.lang.Class;@28d93b30
方法的名字是:notifyAll
方法的返回值类型是:void
方法的参数类型是:[Ljava.lang.Class;@1b6d3586
父接口的名字是:org.apache.hadoop.examples.people
数组:false
类加载器:sun.misc.Launcher$AppClassLoader
hadoop:23
```

图 3-17　Java 反射机制示例运行结果

3.5.2　代理模式与动态代理

代理模式的作用是为真实对象提供代理，让代理来控制对对象的访问。有时，客户不想或者不能够直接引用一个对象，而代理对象可以在客户端和目标对象之间起到类似中介的作用。代理模式类图如图 3-18 所示。

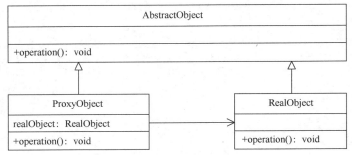

图 3-18　代理模式类图

1. 代理模式角色

代理模式中的角色如下。

（1）抽象对象（AbstractObject）角色：声明真实对象和代理对象的共同接口，这样在任何可以使用目标对象的地方都可以使用代理对象。

（2）真实对象（RealObject）角色：定义代理对象代表的目标对象。

（3）代理对象（ProxyObject）角色：代理对象内部含有对目标对象的引用，从而可以在任何时候操作目标对象；代理对象提供一个与目标对象相同的接口，以便可以在任何时候替代目标对象。代理对象通常会在客户端调用传递给目标对象之前或之后，附加其他操作，相当于对真实对象进行封装，而不是单纯地将调用传递给目标对象。

2. Java 动态代理

在实际使用时，一个真实对象角色必须对应一个代理对象角色，因此大量使用真实对象角色会导致类急剧膨胀。此外，如果事先不知道真实对象，该如何使用代理呢？这个问题可以通过 Java 的动态代理类来解决。所谓动态，就像 C 语言中的动态内存分配函数 malloc()一样，只有在使用时，JVM 才分配资源，即用到前面介绍的反射机制。

Java 动态代理类位于 Java.lang.reflect 包中，主要涉及以下接口和类。

（1）InvocationHandler：该接口仅定义了一个方法 invoke()，invoke(Object proxy,Method method,Object[] args)。在实际使用时，第一个参数 proxy 一般是指代理类，method 是被代理的方法。这个抽象方法在代理类中动态实现。

（2）Proxy：该类为动态代理类，作用类似于 ProxyObject，其中主要包含以下内容。

① Protected Proxy(InvocationHandler h)：构造函数，用于给内部的 h 赋值。

② Static Class getProxyClass(ClassLoader loader, Class[] interfaces)：用于获得一个代理类，其中 loader 是类装载器，interfaces 是包含真实类拥有的全部接口的数组。

③ Static Object newProxyInstance(ClassLoader loader, Class[] interfaces, InvocationHandler h)：用于返回代理类的一个实例，返回后的实例可以被当作代理类使用（可使用被代理类在 Subject 接

口中声明过的方法）。动态代理模式类图如图 3-19 所示。

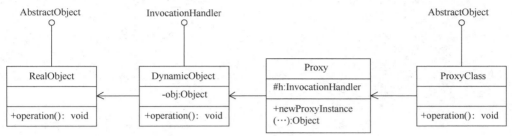

图 3-19　动态代理模式类图

代码示例如下。

```
//抽象角色
public interface AbstractObject {
public void operation();
}
//真实对象
public class RealObject  implements AbstractObject{
    public RealObject(){
    }
    @Override
    Public void operation() {
        System.out.println("这是个真实对象。");
    }
}
//动态代理对象角色
public class DynamicObject implements InvocationHandler{
    private Object obj;
    public DynamicObject() {
    }
    //用真实代理对象初始化
    public DynamicObject(Object obj) {
        this.obj=obj;
    }
    @Override
    /*↓*InvocationHandler 接口中的唯一方法，这个方法在代理类中动态实现
     * @param proxy 代理类
     * @param method 被代理的方法
     * @param args 调用的方法参数
     */
    public Object invoke(Object proxy, Method method, Object[] args)
            throws Throwable {
        System.out.println("before calling " + method);
        method.invoke(obj,args);
        System.out.println("after calling " + method);
        return null;
    }
}
//客户端调用
public class Client {
    public static void main(String[] args) throws Exception {
```

```
        InvocationHandler dobj=new DynamicObject(new RealObject());
        Class<RealObject> cls=RealObject.class;
    /*↓*以下是分解步骤
     * Class proxyClass=Proxy.getProxyClass(cls.getClassLoader(), cls.getInterfaces());
        Constructor ct=proxyClass.getConstructor(new Class[]{InvocationHandler.
class});
        AbstractObject aobj=(AbstractObject) ct.newInstance(new Object[]{dobj});
    */
    //相当于如下一行
    AbstractObject aobj=(AbstractObject) Proxy.newProxyInstance(cls.getClassLoader(),
cls.getInterfaces(),dobj);
        aobj.operation();
        }
}
```

动态代理示例运行结果如图 3-20 所示。

```
before calling public abstract void org.apache.hadoop.examples.AbstractObject.operation()
这是个真实对象。
after calling public abstract void org.apache.hadoop.examples.AbstractObject.operation()
```

图 3-20　动态代理示例运行结果

3.5.3　Hadoop RPC 机制与源码分析

RPC 源码放在 org.apache.hadoop.ipc 中，其中主要包含以下几个类。

（1）Client：客户端，用于连接服务器端、传递函数名和相应的参数、等待结果。

（2）Server：服务器端，主要用于接收客户端的请求、执行相应的函数、返回运行结果。

（3）VersionedProtocol：通信双方遵循契约的父接口。

（4）RPC：通信机制，主要用于为通信的服务方提供代理。

所有涉及 RPC 架构层次的协议如图 3-21 所示。

图 3-21　所有涉及 RPC 架构层次的协议

VersionedProtocol 是所有 RPC 协议接口的父接口，其中只有一个方法，即 getProtocolVersion()。
下面介绍几个重要的协议。

1. HDFS 相关

ClientDatanodeProtocol：一个客户端和 DataNode 之间的协议接口，用于数据块恢复。

ClientProtocol：客户端与 NameNode 交互的接口，所有控制流的请求均需通过该接口实现。

DatanodeProtocol：DataNode 与 NameNode 交互的接口，如发送心跳报告、块列表信息等。

NamenodeProtocol：备用 NameNode（Secondary NameNode）与 NameNode 交互的接口。

2. MapReduce 相关

InterDatanodeProtocol：DataNode 内部交互的接口，用来更新块的元数据。

InterTrackerProtocol：TaskTracker 与 JobTracker 交互的接口，功能与 DatanodeProtocol 相似。

JobSubmissionProtocol：JobClient 与 JobTracker 交互的接口，用来进行提交作业、获得作业等与作业相关的操作。

TaskUmbilicalProtocol：Task 中子进程与母进程交互的接口，子进程即 Map、Reduce 等操作，母进程即 TaskTracker，该接口可以汇报子进程的运行状态。（umbilical：脐带的，关系亲密的。）

用户可以对 TaskTracker 与 JobTracker 的通信过程进行剖析，以获取所需信息。

```
this.jobClient = (InterTrackerProtocol)
    UserGroupInformation.getLoginUser().doAs(
new PrivilegedExceptionAction<Object>() {
public Object run() throws IOException {
return RPC.waitForProxy(InterTrackerProtocol.class,
        InterTrackerProtocol.versionID,
        jobTrackAddr, fConf);
    }
});
```

它调用 RPC 类中的静态方法（waitForProxy()）得到了 InterTrackerProtocol 的一个代理，借助这个代理，TaskTracker 就可以与 JobTracker 通信了。

```
VersionedProtocol proxy =
        (VersionedProtocol) Proxy.newProxyInstance(
        protocol.getClassLoader(), new Class[] { protocol },
new Invoker(protocol, addr, ticket, conf, factory, rpcTimeout));
```

跟踪 Hadoop 的源码，可以发现 RPC.waitForProxy() 最终是调用 Proxy.NewProxy Instance() 来创建代理对象的，其中的第一个参数是类加载器（代理类在运行的过程中动态生成），第二个参数是要实现的代理类的接口，第三个参数是 InvocationHandler 接口的子类，最终调用的也就是 InvocationHandler 中的 invoke() 方法。

```
private static class Invoker implements InvocationHandler {
    private Client.ConnectionId remoteId;
    private Client client;
    ......
    public Object invoke(Object proxy, Method method, Object[] args)
      throws Throwable {
      finalboolean logDebug = LOG.isDebugEnabled();
      long startTime = 0;
      if (logDebug) {
        startTime = System.currentTimeMillis();
      }
      ObjectWritable value = (ObjectWritable)
        client.call(new Invocation(method, args), remoteId);
      if (logDebug) {
        long callTime = System.currentTimeMillis() - startTime;
        LOG.debug("Call: " + method.getName() + " " + callTime);
      }
      return value.get();
```

```
        }
    ......
    }
```

从代码中可以看到，InvocationHandler 的实现类 Invoker 中主要包括两个成员变量，即 remoteId（唯一标识 RPC 的服务器端）、client（通过工厂模式得到的客户端）。invoke()方法中最重要的就是下面的语句。

```
ObjectWritable value = (ObjectWritable)client.call(new Invocation(method, args), remoteId);
```

从上面代码可以看到，call()方法的第一个参数封装调用方法和参数并实现 Writable 接口的对象，以便于在分布式环境中传输，第二个参数用于唯一标识 RPC 服务器端，也就是与指定的服务器端进行通信。call()方法的核心代码如下。

```
public Writable call(Writable param, ConnectionId remoteId) throws
InterruptedException, IOException {
    Call call = new Call(param);
    Connection connection = getConnection(remoteId, call); connection.sendParam
(call); // 将参数封装成一个 call 对象发送给服务器端
    boolean interrupted = false;
    synchronized (call) {
      while (!call.done) {
        try {
          call.wait();// 等待服务器端发送的内容
        } catch (InterruptedException ie) {
          // 保存结果
          interrupted = true;
        }
      }
......
      return call.value;
    }
```

在上述代码运行后，会出现一个类型为 Call 的对象，可以看到此方法返回的结果是 Call 对象的一个成员变量，也就是说，Call 封装了客户端的请求以及服务器端的响应，synchronized 的使用会同步客户端的请求以及服务器端的响应。通过 Connection 对象的 sendParam()方法可以将请求发送给服务器端，那么 Connection 又是什么呢？

```
class Connection extends Thread {
    private ConnectionId connectionId;
    private boolean running;
    public Connection(ConnectionId connectionId) {
        this.connectionId = connectionId;
        this.running = false;
    }

    private Connection getConnection(ConnectionId remoteId, Call call) throws
IOException, InterruptedException {
    Connection connection;
    synchronized (connections) {
        connection = connections.get(remoteId);
        if (connection == null) {
            connection = new Connection(remoteId);
            connections.put(remoteId, connection);
            connection.start();
        }
    }
```

从上面的代码可知，Connection 是扩展 Thread 得到的一个线程，最终把所有的 Connection 对象都放入一个哈希表（Hash-table）中，使得同一个 ConnectionId 的 Connection 可以复用，降低了创建线程的开销。connection.setupIOstreams()用于真正建立连接，并将 RPC 的 header 写入输出流中，通过 run()方法启动线程，其核心代码如下。

```
public void run() {
    while (waitForWork()) {         //等到可以读响应时返回 true
        receiveResponse();
    }
}
```

receiveResponse()方法主要是从输入流反序列化出 value，并将其封装在 Call 对象中，这样客户端就得到了服务器端的响应。该方法的核心代码如下。

```
private void receiveResponse() {
try {
int id = in.readInt();                // 读取连接 id，以便从 calls 中取出相应的 call 对象
Call call = calls.get(id);
int state = in.readInt();             // 读取输入流的状态
if (state == Status.SUCCESS.state) {
        Writable value = ReflectionUtils.newInstance(valueClass, conf);
        value.readFields(in);       // 读 value
        call.setValue(value);
        calls.remove(id);
    }
……
    }
```

到此，Hadoop RPC 机制分析完毕，整个 RPC 架构如图 3-22 所示。远程的对象拥有固定的接口，这些接口对调用者也是可见的，真正的实现只在服务器端。用户如果想使用某个接口实现的话，则调用接口实现的过程如下：先根据某个接口动态代理生成一个代理对象，调用这个代理对象时，用户的调用请求被 RPC 客户端捕捉到，然后 RPC 客户端包装调用请求，将调用请求序列化成数据流发送到 RPC 服务器端；RPC 服务器端从数据流中解析出调用请求，然后调用用户希望调用的接口，真正实现对象，再把调用结果返回给 RPC 客户端。

图 3-22　RPC 架构

//////// 习题

1. HDFS 上默认的数据块（Block）为多大？

2. 在 Windows 中检测磁盘可以使用命令 chkdsk，那么在 HDFS 集群上检测块信息应该使用什么命令？

3. 在 HDFS 中删除的文件会先放入"回收站"，并在删除的文件状态没有变更的情况下，在一定时效内彻底删除该文件。假如用户 trucy 删除了 HDFS 上的 test.dat 文件，但马上就后悔了，他应该检索什么路径找到这个文件，并将其取回本地当前目录？请用 Shell 命令实现。

4. 启动集群后马上通过 Web 端口登录到 Hadoop 界面，但是单击"FileSystem"无法进入并浏览分布式文件，这是为什么？

5. 画出 HDFS 的基础架构。

第4章
YARN技术

04

素养要点与教学目标

· 理解分布式计算平台的重要性，掌握 Hadoop 资源管理器调度平台——YARN 的基本框架。

· 理解 YARN 中资源管理器、节点管理器、应用程序管理器和容器等组件的作用和相互协作关系，培养对分布式计算架构的理解和运用能力。

· 能够应用 YARN 实现分布式任务的调度和管理，掌握 YARN 的实际应用场景和案例，增强实际工作中的技能和应用能力。

YARN 是一个通用的 Hadoop 资源管理器调度平台。本章主要介绍 YARN 基本框架，讲解什么是 YARN。YARN 的基本框架采用主/从结构，主要由资源管理器（Resources Manager，RM）、节点管理器（NodeManager，NM）、应用程序管理器（Applications Master，AM）和容器（Container）等几个组件构成。然后介绍 YARN 的 3 种资源调度器，分别是先进先出调度器（First In First Out Scheduler，FIFO 调度器）、容量调度器（Capacity Scheduler，Capacity 调度器）和公平调度器（Fair Scheduler，Fair 调度器）。最后介绍 YARN 的工作流程以及 YARN 的实战案例。

4.1 YARN 概述

Apache Hadoop 的另一种资源协调者（Yet Another Resource Negotiator，YARN）是一种通用的 Hadoop 资源管理器调度平台。YARN 的基本思想是将作业跟踪器（JobTracker）的两个主要功能（资源管理和作业调度/监控）分离，主要方法是创建一个全局的 RM 和若干个针对应用程序的 AM。这里的应用程序是指传统的 MapReduce 作业或作业的有向无环图（Directed Acyclic Graph，DAG）。

4.1.1 YARN 产生的背景——MRv1 的局限性

YARN 是在 MapReduce 版本 1（MapReduce Version 1，MRv1）的基础上演化而来的，它克服了 MRv1 的各种局限性。在正式介绍 YARN 之前，先要了解 MRv1 的局限性，它的局限性可以概括为以下几个方面。

（1）扩展性差。在 MRv1 中，JobTracker 同时兼备了资源管理和作业调度/监控两个功能，这成为系统最大的一个瓶颈，严重制约了 Hadoop 集群的扩展性。

（2）可靠性差。MRv1 采用了主/从结构，其中，主节点存在单点故障问题，一旦它出现故障，将导致整个集群不可用。

（3）资源利用率低。MRv1 采用了基于槽位的资源分配模型。槽位是一种粗粒度的资源分配单位，

微课 4-1

Hadoop 1.0 与 2.0
资源调度的区别

通常一个任务不会用完槽位对应的资源，但其他任务也无法使用这些空闲资源。此外，Hadoop 将槽位分为 Map Slot 和 Reduce Slot 两种，且不允许它们之间共享资源，这常常会导致一种槽位资源紧张而另外一种闲置（如一个作业刚提交时，只会运行 Map Task，此时 Reduce Slot 闲置）。

（4）无法支持多种计算框架。随着互联网的高速发展，MapReduce 这种基于磁盘的离线计算框架已经不能满足应用要求，从而出现了一些新的计算框架，包括内存计算框架、流式计算框架和迭代式计算框架等，而 MRv1 不支持多种计算框架并存。

为了克服以上几个方面的局限性，Apache 开始尝试对 Hadoop 进行升级改造，进而开发了更加先进的下一代 MapReduce 计算框架——MapReduce 版本 2（MapReduce Version 2，MRv2）。正是由于 MRv2 将资源管理功能抽象成了一个独立的通用系统 YARN，所以直接导致下一代 MapReduce 的核心从单一的计算框架 MapReduce 转换为通用的资源管理系统 YARN。为了让读者更进一步理解以 YARN 为核心的软件栈，下面将其与以 MapReduce 为核心的软件栈进行对比。如图 4-1 所示，在以 MapReduce 为核心的软件栈中，资源管理系统 YARN 是可插拔替换的，如选择 Mesos 替换 YARN，一旦 MapReduce 接口改变，所有的资源管理系统的实现均需要跟着改变；但以 YARN 为核心的软件栈则不同，所有框架都需要实现 YARN 定义的对外接口，以运行在 YARN 之上，这意味着 Hadoop 2.0 及以后版本可以打造一个以 YARN 为核心的生态系统。

图 4-1　以 MapReduce 为核心和以 YARN 为核心的软件栈对比

4.1.2　YARN 的通信协议

RPC 是连接各个组件的"大动脉"，在 YARN 中，任何两个相互通信的组件之间都需要有一个 RPC，而对于任何一个 RPC，通信双方有一端是客户端，另一端为服务器端，且客户端总是主动连接服务器端，因此，YARN 实际上采用的是拉式（Pull-Based）通信模型。YARN 的通信协议组成如图 4-2 所示。图 4-2 中箭头指向的组件是 RPC 服务器端，箭头尾部的组件是 RPC 客户端。

图 4-2　YARN 的通信协议组成

（1）作业提交客户端（JobClient）与 RM 之间的通信协议是 ApplicationClientProtocol，JobClient 通过该 RPC 协议提交应用程序、查询应用程序状态等。

（2）管理员（Admin）与 RM 之间的通信协议是 ResourceManagerAdministrationProtocol，Admin 通过该 RPC 协议更新系统配置文件，如节点黑白名单、用户队列权限等。

（3）AM 与 RM 之间的通信协议是 ApplicationMasterProtocol，AM 通过该 RPC 协议向 RM 注册和撤销自己，并为各个任务申请资源。

（4）AM 与 NM 之间的通信协议是 ContainerManagementProtocol，AM 通过该 RPC 协议要求 NM 启动或者停止 Container，获取各个 Container 的使用状态等信息。

（5）NM 与 RM 之间的通信协议是 ResourceTracker，NM 通过该 RPC 协议向 RM 注册，并定时发送心跳信息汇报当前节点的资源使用情况和 Container 运行情况。

4.2 YARN 基本框架

YARN 采用主/从结构，在整个资源管理框架中，RM 为主，NM 为从。RM 负责对各个 NM 上的资源进行统一管理和调度。当用户提交一个应用程序时，需要提供一个用于跟踪和管理这个程序的 AM，它负责向 RM 申请资源，并允许 NM 在启动时占用一定资源的任务。由于不同的 AM 被分布到不同的节点上，所以它们之间不会相互影响。YARN 基本框架如图 4-3 所示。

图 4-3　YARN 基本框架

RM 是主节点上一个独立运行的进程，负责集群统一的资源管理、调度、分配等；NM 是从节点上一个独立运行的进程，负责上报节点的状态；AM 和 Container 是运行在从节点上的组件，Container 是 YARN 中分配资源的一个单位，包含内存、CPU 等资源。

客户向 RM 提交的每一个应用程序都必须有一个 AM，它经过 RM 分配资源后，运行于某一个从节点的 Container 中，用于完成具体任务（Task），同样也运行于某一个从节点的 Container 中。RM、NM、AM 乃至普通的 Container 之间的通信都采用 RPC 机制。YARN 的架构设计使其越来越像一个云操作系统及数据处理操作系统。

1. RM 进程

RM 全局管理计算程序的资源分配与调度，即这个实体控制整个集群并管理应用程序向基础计算资源的分配，处理客户端请求，启动并监控 AM、NM 资源的分配与调度。它主要由两个组件构成：调度器（Scheduler）和应用程序管理器（Applications Manager，AM）。RM 将各个资源部分（计算、内存、带宽等）精心安排给基础 NM（YARN 的节点代理）。RM 还与 AM 一起分配资源，与 NM 一起启动和监视它们的基础应用程序。在此过程，AM 扮演了以前的任务跟踪器（TaskTracker）的一些角色，RM 扮演了 JobTracker 的角色。总的来说，RM 有以下作用：①处理客户端请求；②启动或监控 AM；③监控 NM；④进行资源分配与调度。

（1）调度器

调度器根据容量、队列等限制条件（如每个队列分配一定的资源、最多执行一定数量的作业等），将系统中的资源分配给正在运行的各个应用程序。需要注意的是，该调度器是一个"纯调度器"，它不再从事任何与具体应用程序相关的工作，如不负责监控或者跟踪应用的执行状态，也不负责重新启动因应用执行失败或者硬件故障产生的任务，这些均交由应用程序相关的 AM 完成。调度器仅根据各个应用程序的资源需求进行资源分配，而资源分配单位用一个抽象概念——资源容器（Resource Container）表示。Container 是一个动态资源分配单位，它将内存、CPU、磁盘、网络等资源封装在一起，从而限定每个任务使用的资源量。此外，该调度器是一个可插拔的组件，用户可根据自己的需要设计新的调度器，YARN 提供了多种直接可用的调度器，如 Fair Scheduler 和 Capacity Scheduler 等。

（2）应用程序管理器

应用程序管理器负责管理整个系统中的所有应用程序，包括应用程序提交、与调度器协商资源以启动 AM、监控 AM 运行状态并在失败时重新启动它等。

2. NM 进程

NM 管理 YARN 集群中的每个节点。它提供针对集群中每个节点的服务，从对 Container 全生命周期管理到监视资源和跟踪节点健康状态。它定时向 RM 汇报本节点上的资源使用情况和各个 Container 的运行状态（CPU 和内存等资源的分配情况）。MRv1 通过插槽管理 Map 和 Reduce 任务的执行，而 NM 管理抽象 Container，这些 Container 代表着可供一个特定应用程序使用的针对每个节点的资源。NM 的功能为：①管理单个节点上的资源；②处理来自 RM 的命令；③处理来自 AM 的命令。

3. AM 进程

AM 管理 YARN 内运行的应用程序的每个实例。AM 负责协调来自 RM 的资源，通过 NM 监视 Container 的执行，以及资源的使用和分配情况（CPU、内存等资源的分配和使用），并在任务运行失败时，为任务申请资源来重启任务。请注意，尽管目前的资源（CPU、内存等）更加传统，但未来会带来基于手头任务的新资源类型（如图形处理单元或专用处理设备）。从 YARN 的角度来看，AM 执行的是用户代码，因此存在潜在的安全问题。YARN 会假设 AM 存在错误甚至是恶意代码，因此将它们当作无特权的代码对待。总的来说，AM 有以下作用：①切分数据；②为应用程序申请资源并分配给内部的任务；③对任务进行监控与容错。

4. YARN 的资源表示模型 Container

Container 是 YARN 中的资源抽象，它封装了某个节点上的多维度资源，如内存、CPU、磁盘、网络等，当 AM 向 RM 申请资源时，RM 向 AM 返回的资源是用 Container 表示的。YARN 会为每个任务分配一个 Container，且该任务只能使用该 Container 中描述的资源。需要注意的是，Container 不

同于 MRv1 中的槽位，它是一个动态资源分配单位，是根据应用程序的需求动态生成的。目前为止，YARN
仅支持 CPU 和内存两种资源，且使用了轻量级资源隔离机制 Cgroups 对其进行资源隔离。Container
的功能为：①对任务环境进行抽象；②描述一系列信息；③整合任务运行资源（CPU、内存、I/O 等）；
④优化任务的运行环境。

要使用一个 YARN 集群，首先需要有来自包含一个应用程序的客户请求。RM 协商一个 Container
的必要资源，启动一个 AM 来表示已提交的应用程序。通过使用一个资源请求协议，AM 协商每个节点
上供应用程序使用的 Resource Container。执行应用程序时，AM 监视 Container 直到完成使用。应
用程序完成时，AM 从 RM 注销其 Container，执行周期就结束了。

4.3 YARN 资源调度器

资源调度器是 Hadoop YARN 中最核心的组件之一，它是 RM 中的一个插拔
式服务组件，负责整个集群资源的管理和分配。多用户资源调度器的设计思路主要
有两种。一种是在一个物理集群上虚拟多个 Hadoop 集群，这些集群各自拥有全套
独立的 Hadoop 服务，典型的代表是 HOD（Hadoop On Demand）调度器
（Hadoop 2.0 及以后版本不再使用）。另一种是扩展 YARN 调度器，使之支持多个
队列的多用户。YARN 有 3 种资源调度器，分别是 FIFO 调度器、Capacity 调度
器和 Fair 调度器。

微课 4-2

3 种调度器的对比

1. FIFO 调度器

Hadoop 1.x 使用的默认调度器是 FIFO 调度器。FIFO 调度器采用队列方式对一个一个作业按照
到达时间先后顺序进行服务，如图 4-4 所示。例如，排在最前面的作业需要若干个 MapTask 和若干
个 ReduceTask，当发现有空闲的服务器节点时就分配给该作业，直到该作业执行完毕。

图 4-4　FIFO 调度器

2. Capacity 调度器

Hadoop 2.x 使用的默认调度器是 Capacity 调度器。该调度器有以下优点。

（1）支持多个队列，每个队列可配置一定量的资源，每个队列采用 FIFO 的方式调度。

（2）为了防止同一个用户的任务独占队列中的资源，调度器会对同一用户提交的任务所占资源进行
限制。

（3）分配新的任务时，调度器首先计算每个队列中正在运行的任务数与其队列应该分配的资源量的

比值，然后选择比值最小的队列。图 4-5 所示的队列 A 有 15 个任务，20% 的资源量，由于 15÷0.2=75，队列 B 是 25÷0.5=50，队列 C 是 25÷0.3≈83，所以选择比值最小的队列 B。

（4）按照任务的优先级和时间顺序，并考虑用户的资源量和内存的限制，排序执行队列中的任务。

（5）如果有多个队列，就按照任务队列内的先后顺序同时执行一次任务。图 4-5 所示的 job11、job21、job31 在各自队列中顺序比较靠前，3 个任务就同时执行。

图 4-5　Capacity 调度器

3. Fair 调度器

Fair 调度器支持多个队列，每个队列可以配置一定的资源，且每个队列中的任务公平共享其所在队列的所有资源，如图 4-6 所示。队列中的任务都按照优先级分配资源，任务的优先级越高，分配的资源就越多，但是为了确保公平，每个任务都会分配到资源。优先级是由每个任务的理想获取资源量与实际获取资源量的差值（即缺额）决定的，差值越大，优先级越高。

图 4-6　Fair 调度器

假设有 3 个队列，在资源有限的情况下，每个任务理想情况下获得的计算资源与实际获得的计算资源存在差值，这个差值称为缺额。在同一个队列中，任务资源的缺额越大，任务就可以越先获得资源并执行，作业是按照缺额的大小来先后执行，而且可以多个作业同时执行。

4.4　YARN 的工作流程

运行在 YARN 上的应用程序主要分为两类：短应用程序和长应用程序。短应用程序是指一定时间内可运行完成并正常退出的应用程序，如 MapReduce 作业、Spark DAG 作业等。长应用程序是指不出意外，永不终止运行的应用程序，通常是一些服务，如 Storm Service（包括 Nimbus 和 Supervisor 两类服务）、HBase Service（包括 HMaster 和 RegionServer 两类服务）等，而它们本身将作为一种框架提供编程接口给用户使用。尽管这两类应用程序作业不同，一类直接运行数据处理程序，另一类用于部署服务（服务之上再运行数据处理程序），但在 YARN 上的工作流程是相同的。

当用户向 YARN 提交一个应用程序后，YARN 将分两个阶段运行该应用程序。第一阶段是启动 AM。第二阶段是由 AM 创建应用程序，为它申请资源，并监控它的整个运行过程，直到它运行完成。YARN 的工作流程如图 4-7 所示，具体执行过程如下。

图 4-7　YARN 的工作流程

（1）作业提交

客户端调用 job.waitForCompletion()方法，向整个集群提交 MapReduce 作业（第 1 步）。新的作业 ID（Application ID）由资源管理器分配（第 2 步）。作业的客户端核实作业的输出，计算输入的分片，将作业的资源（包括 JAR 包、配置文件、分片信息）复制给 HDFS（第 3 步）。最后调用资源管理器的 submitApplication()来提交作业（第 4 步）。

（2）作业初始化

当资源管理器收到 submitApplication()的请求时，将该请求发给调度器，调度器再分配 Container，然后资源管理器在该 Container 内启动应用管理器进程，由节点管理器监控该进程（第 5a 步和第 5b 步）。MapReduce 作业的应用管理器是一个主类为 MRAppMaster 的 Java 应用。其通过创造一些 bookkeeping 对象来监控作业的进度，得到任务的进度和完成报告（第 6 步）。其通过分布式文件系统得到由客户端计算好的输入分片（第 7 步）。然后它为每个输入分片创建一个 Map 任务，根据 mapreduce.job.reduces 创建 Reduce 任务对象。

（3）任务分配

如果作业很小，则应用管理器会选择在其自己的 JVM 中运行任务。如果不是小作业，那么应用管理器向资源管理器请求 Container 来运行所有的 Map 和 Reduce 任务（第 8 步）。这些请求是通过心跳来传输的，请求信息包括每个 Map 任务的数据位置，如存放输入分片的主机名和机架。调度器利用这些信息来调度任务，尽量将任务分配给存储数据的节点，或者退一步分配给与存放输入分片的节点处于相同机架的节点。

（4）任务运行

当一个任务由资源管理器调度分配给一个 Container 后，应用管理器联系节点管理器来启动 Container（第 9a 步和第 9b 步）。任务由一个主类为 YarnChild 的 Java 应用来执行。在运行任务之前，首先本地化任务需要的资源，如作业配置、JAR 文件，以及分布式缓存的所有文件（第 10 步）。最后运行 Map 或 Reduce 任务（第 11 步）。

YarnChild 运行在一个专用的 JVM 中，但是 YARN 不支持 JVM 重用。

（5）进度和状态更新

YARN 中的任务将其进度和状态（包括计数器）返回给应用管理器，客户端每隔一段时间（通过 mapreduce.client.progressmonitor.pollinterval 设置时间间隔）通过应用管理器进行更新，并展示给用户。

（6）作业完成

除了向应用管理器请求作业进度外，客户端每隔 5min 就调用 waitForCompletion() 来检查作业是否完成。时间间隔可以通过 mapreduce.client.completion.pollinterval 设置。作业完成后，应用管理器和 Container 会清理工作状态，OutputCommiter 的作业清理方法也会被调用。作业的信息被作业历史服务器存储以备用户之后核查。

4.5 YARN 的实战案例

本节利用 YARN 自带的简单应用程序编程实例——DistributedShell 来带领读者体验 YARN 的使用。DistributedShell 可以看作 YARN 编程中的"hello world"程序，它的主要功能是并行执行用户提供的 Shell 命令或者 Shell 脚本。下面主要介绍 DistributedShell 的实现方法。

DistributedShell 的源码在路径 src\hadoop-yarn-project\hadoop-yarn\hadoop -yarn-applications\hadoop-yarn-applications-distributedshell 中。

1. DistributedShell 客户端源码分析

DistributedShell 客户端源码的入口函数 main() 如下。

```
public static void main(String[] args) {
......
Client client = new Client();
booleandoRun = client.init(args);
if (!doRun) {
System.exit(0);
}
result = client.run();
......
}
```

DistributedShell 客户端源码中最重要的函数为 run()，该函数的实现过程如下。

（1）构造 RPC 句柄

利用 Hadoop RPC 接口创建一个可以直接与 RM 交互的 RPC Client 句柄 applicationsManager，

代码如下。

```
private void connectToASM() throws IOException {
YarnConfigurationyarnConf = new YarnConfiguration(conf);
InetSocketAddressrmAddress = yarnConf.getSocketAddr(
YarnConfiguration.RM_ADDRESS,
YarnConfiguration.DEFAULT_RM_ADDRESS,
YarnConfiguration.DEFAULT_RM_PORT);
LOG.info("Connecting to ResourceManager at " + rmAddress);
applicationsManager = ((ClientRMProtocol) rpc.getProxy(
ClientRMProtocol.class, rmAddress, conf));
}
```

（2）获取 application id

与 RM 通信，请求 application id，代码如下。

```
GetNewApplicationRequest
request= Records.newRecord(GetNewApplicationRequest.class);
GetNewApplicationResponse
response= applicationsManager.getNewApplication(request);
```

（3）构造 ContainerLaunchContext

构造一个用于运行 AM 的 Container，Container 的相关信息被封装到 ContainerLaunchContext 对象中，代码如下。

```
ContainerLaunchContext
amContainer= Records.newRecord(ContainerLaunchContext.class);
//添加本地资源
//填充 localResources
amContainer.setLocalResources(localResources);
//添加运行 ApplicationMaster 所需的环境变量
Map<String, String> env = new HashMap<String, String>();
//填充 env
amContainer.setEnvironment(env);
//添加启动 ApplicationMaster 的命令
//填充 commands;
amContainer.setCommands(commands);
//设置 ApplicationMaster 所需的资源
amContainer.setResource(capability);
```

（4）构造 ApplicationSubmissionContext

构造一个用于提交 AM 的 ApplicationSubmissionContext，代码如下。

```
ApplicationSubmissionContext
appContext =Records.newRecord(ApplicationSubmissionContext.class);
//设置 Application Id，调用 GetNewApplicationResponse#getApplicationId()
appContext.setApplicationId(appId);
//设置 Application 名称为 DistributedShell
appContext.setApplicationName(appName);
//设置前面创建的 Container
appContext.setAMContainerSpec(amContainer);
//设置 application 的优先级，默认是 0
pri.setPriority(amPriority);
//设置 application 的所在队列，默认是""
appContext.setQueue(amQueue);
```

```
//设置 application 的所属用户，默认是""
appContext.setUser(amUser);
```

（5）提交 ApplicationMaster

将 AM 上的信息提交到 RM 上，从而完成作业提交功能，代码如下。

```
applicationsManager.submitApplication(appRequest);
```

（6）显示应用程序运行状态

为了让用户知道应用程序的进度，Client 每隔几秒就在 Shell 终端上输出一次应用程序运行状态，代码如下。

```
while (true) {
Thread.sleep(1000);
GetApplicationReportRequest
reportRequest =Records.newRecord(GetApplicationReportRequest.class);
reportRequest.setApplicationId(appId);
GetApplicationReportResponse
reportResponse =applicationsManager.getApplicationReport(reportRequest);
ApplicationReport report = reportResponse.getApplicationReport();
//输出 report 内容
......
YarnApplicationState state = report.getYarnApplicationState();
FinalApplicationStatus dsStatus = report.getFinalApplicationStatus();
if (YarnApplicationState.FINISHED == state) {
if (FinalApplicationStatus.SUCCEEDED == dsStatus) {
return true;
} else {
return false;
}
} else if (YarnApplicationState.KILLED == state
|| YarnApplicationState.FAILED == state) {
return false;
}
}
```

2. DistributedShellApplicationMaster 源码分析

DistributedShellApplicationMaster 的实现过程如下。

步骤 1，ApplicationMaster 由 RM 分配的一个 Container 启用，之后它与 RM 通信，并告知 RM 自己所在的节点（host: port）、trackingurl（客户端可通过该 URL 直接查询 AM 运行状态）等。

```
RegisterApplicationMasterRequest
appMasterRequest =Records.newRecord(RegisterApplicationMasterRequest.class);
appMasterRequest.setApplicationAttemptId(appAttemptID);
appMasterRequest.setHost(appMasterHostname);
appMasterRequest.setRpcPort(appMasterRpcPort);
appMasterRequest.setTrackingUrl(appMasterTrackingUrl);
return resourceManager.registerApplicationMaster(appMasterRequest);
```

步骤 2，ApplicationMaster 周期性地向 RM 发送心跳信息，以告知 RM 自己仍然"活着"，这是通过周期性地调用 AMRMProtocol#allocate 实现的。

步骤 3，为了完成计算任务，ApplicationMaster 需要向 RM 发送一个 ResourceRequest 描述对资源的需求，包括 Container 数、期望资源所在的节点、需要的 CPU 和内存等，而 ResourceManager 则为 ApplicationMaster 返回一个 AllocateResponse 结构，以告知新分配到的 Container 列表、运行完成的 Container 列表和当前可用的资源量等信息。

```
while (numCompletedContainers.get() <numTotalContainers>
      && !appDone) {
Thread.sleep(1000);
List<ResourceRequest>resourceReq = new ArrayList&lt;ResourceRequest&gt;();
if (askCount> 0) {
ResourceRequest containerAsk = setupContainerAskForRM(askCount);
resourceReq.add(containerAsk);
}
//如果 resourceReq 为 null，则可看作心跳信息，否则就是申请资源
AMResponseamResp =sendContainerAskToRM(resourceReq);
}
```

步骤 4，对于每个新分配到的 Container，ApplicationMaster 将创建一个 Container LaunchContext 对象，该对象包含 Container id、启动 Container 所需的环境、启动 Container 的命令，然后它会与对应的节点通信，以启动 Container。

```
LaunchContainerRunnable
runnableLaunchContainer =new LaunchContainerRunnable(allocatedContainer);
//每个 Container 由一个线程启动
Thread launchThread = new Thread(runnableLaunchContainer);
launchThreads.add(launchThread);
launchThread.start();
```

步骤 5，ApplicationMaster 通过 AMRMProtocol#allocate 获取各个 Container 的运行状况，一旦发现某个 Container 运行失败了，就重新向 RM 发送资源请求，以重新运行失败的 Container。

步骤 6，作业运行失败后，ApplicationMaster 向 RM 发送 Finish ApplicationMasterRequest 请求，以告知自己运行结束。

```
FinishApplicationMasterRequest
finishReq =Records.newRecord(FinishApplicationMasterRequest.class);
finishReq.setAppAttemptId(appAttemptID);
booleanisSuccess = true;
if (numFailedContainers.get() == 0) {
finishReq.setFinishApplicationStatus(FinalApplicationStatus.SUCCEEDED);
}
```

习题

1. YARN 的基本框架主要由哪几个组件组成？
2. ResourceManager 组件的作用是什么？
3. MRv1 的局限性有哪些？
4. YARN 主要由哪几个 RPC 协议组成？
5. YARN 资源调度器包括哪 3 种？
6. 分别概括 3 种资源调度器的工作流程。
7. 概括 YARN 的工作流程。
8. 练习 YARN 的应用程序编程实例——DistributedShell。

第5章
MapReduce技术

素养要点与教学目标

- 理解 MapReduce 的基本思想和编程模型，知道如何使用 MapReduce 处理大规模数据。
- 掌握 MapReduce 的数据处理流程和核心 Shuffle 过程，了解 MapReduce 的数据处理细节。
- 熟悉 MapReduce 编程模型和数据流程，能够使用 Java 编写简单的 MapReduce 程序。
- 掌握 MapReduce 的任务流程，能够独立开发并优化 MapReduce 应用程序。

　　MapReduce 的编程模型可简单分为简单编程模型和复杂编程模型，它们最大的区别在于是否使用 Reducer 进行归约处理。本章首先介绍 MapReduce 的编程思想，然后介绍 MapReduce 的编程模型和数据流；MapReduce 的数据流详细说明 MapReduce 处理数据的细节，其中 Shuffle 过程为核心流程；再介绍 Streaming 和 Pipe，让不熟悉 Java 语言的用户能够使用其他语言编写 MapReduce 程序；最后是 MapReduce 实战，讲解基本的 MapReduce 程序开发流程。通过本章的学习，读者可以掌握 MapReduce 的基础理论知识、MapReduce 的任务流程和数据处理过程，并能够开发简单的 MapReduce 应用。

5.1　什么是 MapReduce

　　简单来说，MapReduce 是一种思想，或一种编程模型。对于 Hadoop 来说，MapReduce 是一个分布式计算框架，是它的一个基础组件。当配置好 Hadoop 集群时，MapReduce 已包含在内。下面先举个简单的例子来帮助读者理解什么是 MapReduce。

　　如果某班级要组织一次春游活动，班主任需要向学生收取春游的费用，那么班主任会告诉班长，让他收取春游费用，班长把任务分给各组组长，让他们把各自组员的费用收上来并交给他，最后班长把收上来的钱交给老师。这就是一个典型的 MapReduce 过程，在这个例子中，班长把任务分给各组组长的过程称为 Map 过程；各组组长把费用收齐后再交给班长进行汇总的过程就是 Reduce 过程。

　　简而言之，MapReduce 采用的是一种"分而治之"的思想，即把一个大而重的任务拆解开来，分成一系列小而轻的任务并行处理，这样就使任务得以快速解决。从业界使用分布式系统的变化趋势和 Hadoop 框架的长远发展来看，MapReduce 的 JobTracker/TaskTracker 机制需要大规模的调整来修复它在可扩展性、内存消耗、线程模型、可靠性和性能上的缺陷。在过去的几年中，Hadoop 开发团队修复了一些 bug，但是近几年 bug 修复的成本越来越高，这表明对原框架做出改变的难度越来越大。

　　为了从根本上解决旧 MapReduce 框架存在的性能瓶颈问题，促使 Hadoop 框架得到更长远的发展，从 0.23.0 版本开始，Hadoop 的 MapReduce 框架完全重构，发生了根本的变化。新的 Hadoop

MapReduce 框架出现了，从初期的 MRv1 到 MRv2（MRv2 增加了 YARN，YARN 是资源管理和任务调度的框架，很好地减轻了 MRv1 的 JobTracker 的压力，关于 YARN 的具体内容详见第 4 章）。

5.2 MapReduce 编程模型

MapReduce 编程模型是一种分布式计算框架，能够有效处理大规模数据集并加速计算。MapReduce 模型通过将数据分成多个部分，并在多个计算节点上并行执行数据处理，提高计算效率。该模型的核心思想是将计算分为两个阶段：Map 阶段和 Reduce 阶段。在 Map 阶段，数据被划分成多个小块，并在各个计算节点上进行映射处理，以生成键值对。在 Reduce 阶段，相同键的值被汇总在一起，并在各个计算节点上进行归约处理，以生成最终的输出结果。MapReduce 编程模型已经被广泛应用于大规模数据处理领域，如搜索引擎、社交网络、日志分析等。

5.2.1 MapReduce 模型简介

Hadoop MapReduce 编程模型主要由两个抽象类构成，即 Mapper 和 Reducer。Mapper 用于处理切分过的原始数据，Reducer 用于对 Mapper 的结果进行汇总，得到最后的输出。MapReduce 编程模型如图 5-1 所示。

图 5-1　MapReduce 编程模型

在数据格式上，Mapper 接收<key,value>格式的输入数据流，并产生一系列同样是<key,value>形式的输出数据流，这些输出数据流经过相应处理，形成<key,<value list>>形式的中间结果；然后将这些中间结果传给 Reducer 作为输入数据流，对相同 key 值的{value list}做相应处理，最终生成<key,value>形式的输出数据流，再将其写入 HDFS 中，如图 5-2 所示。

图 5-2　MapReduce 简易数据流处理

当然，上面说的只是 Mapper 和 Reducer 的处理过程，还有一些其他的处理流程并没有提到。例如，如何把原始数据解析成 Mapper 可以处理的数据，Mapper 的中间结果如何分配给相应的 Reducer，Reducer 产生的结果数据以何种形式存储到 HDFS 中，这些过程都需要相应的实例进行处理，所以 Hadoop 还提供了其他基本 API，如 InputFormat（分片并格式化原始数据）、Partitioner（处理分配 Mapper 产生的结果数据）、OutputFormat（按指定格式写入文件），并且提供了很多可行的默认处理方式，它们可以满足大部分使用需求。所以很多时候，用户只需要实现相应的 Mapper() 函数和 Reducer() 函数，即可实现基于 MapReduce 的分布式程序的编写，涉及 InputFormat、Partitioner、OutputFormat 的处理，直接调用它们即可，如后面讲到的 WordCount 程序就是这样的。

5.2.2　MapReduce 模型分类

MapReduce 编程模型可分为简单编程模型和复杂编程模型，下面详细介绍这两种类型。

1. MapReduce 简单编程模型

对于某些任务来说，可能并不一定需要 Reduce 过程。例如，如果只需要对文本的每一行数据做简单的格式转换，那么只需要由 Mapper 处理就可以了。所以 MapReduce 也有简单的编程模型，该模型只有 Mapper 过程，由 Mapper 产生的数据直接写入 HDFS，如图 5-3 所示。

图 5-3　MapReduce 简单编程模型

2. MapReduce 复杂编程模型

对于大部分任务来说，都是需要 Reduce 过程的，并且由于任务繁重，会启动多个 Reducer（Reducer 数量默认为 1，根据任务量可由用户自己设定合适的 Reducer 数量）来进行汇总，如图 5-4 所示。如果只用一个 Reducer 计算所有 Mapper 的结果，就会导致单个 Reducer 负载过于繁重，形成性能瓶颈，大大增加任务的运行周期。

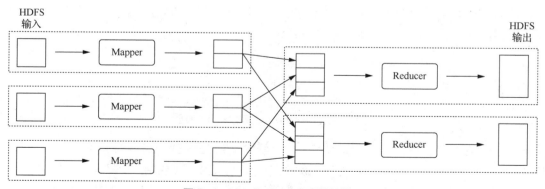

图 5-4　MapReduce 复杂编程模型

如果一个任务有多个 Mapper，由于输入文件的不确定性，由不同 Mapper 产生的输出会有 key 值相同的情况；而 Reducer 是最后的处理过程，其结果不会进行第二次汇总，为了使 Reducer 输出结果的 key 值具有唯一性（同一个 key 只出现一次），由 Mapper 产生的所有具有相同 key 的输出都会集中到一个 Reducer 中进行处理。图 5-5 所示的 MapReduce 过程包含两个 Mapper 和两个 Reducer，其中两个 Mapper 产生的结果均含有 k1 和 k2，这里把所有含有<k1,v1 list>的结果分配给上面的 Reducer 接收，所有含有<k2,v2 list>的结果分配给下面的 Reducer 接收，这样由两个 Reducer 产生的结果不会有相同的 key 值出现。值得一提的是，上面所说的只是一种分配情况，根据实际情况，所有的<k1,v1 list>和<k2,v2 list>也可能都会分配给同一个 Reducer，但是无论如何，一个 key 值只会对应一个 Reducer。

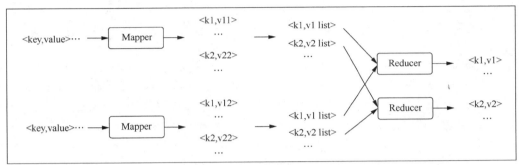

图 5-5　key 值归并模型

5.2.3　MapReduce 编程实例——WordCount

掌握 MapReduce 编程模型后，本小节用编程实例 WordCount 来展示 MapReduce 过程。WordCount 意为"词数统计"，这个程序的作用是统计文本文件中各单词出现的次数，其特点是以"空字符"为分隔符将文本内容切分成一个一个的单词，但并不检测这些单词是不是真的正确的单词，其输入文件可以有多个，但输出文件只有一个。

微课 5-1

WordCount 的执行

可以先简单地写两个小文件，内容如下。

```
File: text1.txt            File: text2.txt
hadoop is very good        hadoop is easy to learn
mapreduce is very good     mapreduce is easy to learn
```

然后可以把这两个小文件存入 HDFS 并用 WordCount 进行处理（处理过程请参考 5.7 节），最终结果会存储在指定的输出目录中，打开结果文件可以看到如下内容。

```
easy      2
good      2
hadoop    2
is        4
learn     2
mapreduce     2
to        2
very      2
```

从上述结果可以看出，每一行有两个值，它们之间以一个缩进符相隔，第一个值是 key，即 WordCount 找到的单词；第二个值为 value，为各个单词出现的次数。细心的读者可能会发现，整体结果是按 key 值升序排列的，这其实也是 MapReduce 过程进行了排序的一种体现。

实现 WordCount 的伪代码如下。

```
mapper(String key, String value) //key 表示偏移量，value 表示字符串内容
```

```
{
    words = SplitInTokens(value);        //切分字符串
    for each word w in words            //遍历字符串中的每一个单词
        Emit(w, 1);                     //输出键值对
}
reducer(string key, value_list)         //key 表示单词，value_list 表示值列表
{
    int sum = 0;
    for each value in value_list        //遍历列表中的每一个值
        sum += value;                   //加到变量 sum 中
    Emit(key, sum);                     //输出 key、sum
}
```

上述伪代码显示了 WordCount 的 Mapper 和 Reducer 处理过程。在实际处理中，根据输入的具体情况，一般会有多个 Mapper 实例和 Reducer 实例，并且它们运行在不同的节点上。首先，各 Mapper 对自己的输入进行分词，以<word, 1>的形式输出中间结果，并把结果存储在各自节点的本地磁盘上；之后，Reducer 对这些结果进行汇总，不同的 Reducer 汇总分配给各自的部分，计算每一个单词出现的总次数，最后以<word, counts>的形式输出最终结果，并将结果写入 HDFS 中。

可以发现，MapReduce 编程模型处理的问题有一定的局限性，它适用于大问题分解而成的小问题，并且小问题之间没有依赖关系。就如本例中，计算 text1.txt 中各单词出现的次数对计算 text2.txt 中各单词出现的次数而言没有任何影响，反过来也是如此。所以，使用 MapReduce 编程模型处理数据是有其适用场景的。

5.3 MapReduce 数据流

Mapper 处理的是<key, value>形式的数据，并不能直接处理文件流，那么它的数据源是怎么来的呢？由多个 Mapper 产生的数据是如何分配给多个 Reducer 的呢？这些操作都是由 Hadoop 提供的基本 API（InputFormat 和 OutputFormat）实现的，这些 API 类似于 Mapper 和 Reducer，它们属于同一层次，不过完成的是不同的任务，并且它们本身已实现了很多默认的操作，这些默认的实现已经可以满足用户的大部分需求。当然，如果默认实现不能满足用户的需求，则用户也可以继承并覆盖这些基本类实现特殊的处理。本节将以 5.2.3 小节中的 WordCount 为例，详细讲解 MapReduce 的数据处理流程。

5.3.1 分片并格式化原始数据（InputFormat）

InputFormat 主要有两个任务：一个任务是对源文件进行分片，并确定 Mapper 的数量；另一个任务是对各分片进行格式化，将其处理成<key, value>形式的数据流并传给 Mapper。

1. 分片操作

分片操作是根据源文件的情况，按特定的规则划分一系列的 InputSplit，每个 InputSplit 都将由一个 Mapper 进行处理。

注意，因为对文件进行的分片操作，不是把文件切分开来形成新的文件分片副本，而是形成一系列 InputSplit，InputSplit 中含有各分片的数据信息，如文件块信息、起始位置、数据长度、所在节点列表等，所以只需要根据 InputSplit 就可以找到分片的所有数据。

分片过程中最主要的任务就是确定参数 splitSize，即分片数据大小，该值一旦确定，就会依次将源

文件按该值进行划分，如果文件大小小于该值，那么这个文件会成为一个单独的 InputSplit；如果文件大小大于该值，则按 splitSize 划分后，剩下不足 splitSize 的部分成为一个单独的 InputSplit。

在 YARN 中，splitSize 由 3 个值确定，即 minSize、maxSize 和 blockSize。

（1）minSize：splitSize 的最小值，由参数 mapred.min.split.size 确定，可在 mapred-site.xml 中配置，默认为 1MB。

（2）maxSize：splitSize 的最大值，由参数 mapreduce.jobtracker.split.metainfo. maxsize 确定，可在 mapred-site.xml 中配置，默认为 10MB。

（3）blockSize：HDFS 中文件存储的块大小，由参数 dfs.block.size 确定，可在 hdfs-site.xml 中修改，默认为 64MB。

确定 splitSize 值的语法如下。

```
splitSize= max{minSize, min{maxSize, blockSize}}
```

可见 splitSize 的值一般介于 minSize 和 blockSize 之间，用户也可以设定 minSize 的值使得 splitSize 的值大于 blockSize，不过，splitSize 的值不大于 blockSize 是有其道理的。大家都知道，文件在 HDFS 中是按块存储的，如果一个文件大小大于设定的 blockSize，它就会被分成多个块，这些块一般不会存储在一个节点上，一个足够大的文件，其分块甚至会遍布整个集群。如果 splitSize 的值大于 blockSize，那么在切分大文件时，一个 InputSplit 会包含多个文件块，执行 Map 任务时，需要从其他节点下载不存在于当前节点的数据块，这样不仅会增加网络负载，还会使得 Map 任务不能实现完全数据源本地性。

但在有些场景中，必须使 splitSize 的值比 blockSize 大才会更好，如果一个文件过大，则其分块不仅遍布于集群，而且在每个 DataNode 上都有几十个甚至上百个分块，在大数据时代的今天，这是完全有可能的。如果 splitSize 的值仍然只有 blockSize 那么大，那么最终切分的 InputSplit 将会非常多，相应地将会产生成千上万的 Mapper，这会给整个集群的调度、网络负载、内存等都造成极大的压力。

2. 数据格式化（Format）

这一步是将划分好的 InputSplit 格式化成<key,value>形式的数据，其中 key 为偏移量，value 为每一行的内容。在执行 Map 任务的过程中，会不停地执行上述操作，每生成一个<key,value>数据，便会调用一次 Map()函数，同时把值传递过去，所以，这部分的操作不是先把 InputSplit 全部解析成<key,value>形式的数据，再整体调用 Map()函数，而是每解析出一个数据元，便交给 Mapper 处理一次，如图 5-6 所示。

图 5-6　每产生一个<key,value>数据，便调用一次 Map()函数

3. 实例分析

在 5.2.3 小节的实例 WordCount 中，因为输入文件只是很小的两个文本文件，远远没有达到要将单个文件划分为多个 InputSplit 的程度，所以，每个文件本身会被划分成一个单独的 InputSplit。划分好后，InputFormat 会对 InputSplit 执行格式化操作，形成<key, value>形式的数据流，其中 key 为偏移量，从 0 开始，每读取一个字符（包括空格）增加 1；value 则为一行字符串，如图 5-7 所示。

图 5-7　InputFormat 处理演示

5.3.2　Map 过程

Mapper 接收 <key, value> 形式的数据，并将其处理成 <key, value> 形式的数据，具体的处理过程可由用户定义。在 WordCount 中，Mapper 会解析传过来的 key 值，并以 "空字符" 为输出的标识符，即如果碰到 "空字符"，就会把之前累计的字符串作为输出的 key 值，并以 "1" 作为当前 key 的 value 值，形成 <word, 1> 的形式，如图 5-8 所示。

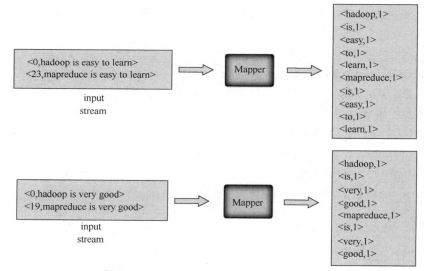

图 5-8　WordCount 中的 Mapper 处理演示

5.3.3　Shuffle 过程

Shuffle 过程是指 Mapper 产生的直接输出结果，经过一系列的处理，成为最终的 Reducer 直接输入数据的整个过程，如图 5-9 所示，这一过程也是 MapReduce 的核心过程。

图 5-9　Shuffle 过程

整个 Shuffle 过程可以分为两个阶段：Mapper 端的 Shuffle 和 Reducer 端的 Shuffle。由 Mapper 产生的数据并不会直接写入磁盘，而是先将其存储在内存中，当内存中的数据达到设定阈值时，再把数据写到本地磁盘，并同时进行排序（Sort）、合并（Combine）、分区（Partition）等操作。排序操作是把 Mapper 产生的结果按 key 值排序；合并操作是把 key 值相同的相邻记录合并；分区操作涉及如何把数据均衡地分配给多个 Reducer，它直接关系到 Reducer 的负载均衡。其中，合并操作不一定会进行，因为它在某些场景中不适用，但为了使 Mapper 的输出结果更加紧凑，大部分情况下都会使用它。

一般来说，Mapper 和 Reducer 是运行在不同的节点上的，或者说，Mapper 和 Reducer 运行在同一个节点上的情况很少，并且因为 Reducer 的数量总是比 Mapper 的数量少，所以 Reducer 端总是要从其他多个节点下载 Mapper 的结果数据，这些数据也要进行相应的处理才能更好地被 Reducer 处理，这个处理过程就是 Reducer 端的 Shuffle 过程。

1. Mapper 端的 Shuffle

Mapper 产生的数据不直接写入磁盘，因为这样会产生大量的磁盘 I/O 操作，直接制约 Map 任务的运行，所以设计将 Mapper 产生的数据先写入内存中，当内存中的数据达到设定阈值时，再按轮询方式写入磁盘（位置由 mapreduce.cluster.local.dir 属性指定），这样不仅可以减少磁盘 I/O，内存中的数据在写入磁盘时还能对其进行适当的操作。

那么，Mapper 产生的数据从内存到磁盘是经何种机制处理的呢？每一个 Map 任务在内存中都有一个输出缓存（默认为 100MB，可由参数 mapreduce.task.io.sort.mb 设定），并且有一个写入阈值（默认为 0.8，即 80%，可由参数 mapreduce.map.sort.spill.percent 设定），当写入缓存的数据占比达到这一阈值时，Mapper 会继续向剩下的缓存写入数据，但它也会在后台启动一个新线程，对前面 80% 的缓存数据进行排序，然后将其写入本地磁盘中，这一操作称为 spill 操作，写入磁盘的文件被称为 spill 文件，或者溢写文件，如图 5-10 所示。如果剩下的 20% 缓存已被写满，而前面的 spill 操作还没完成，Map 任务就会阻塞，直到 spill 操作完成再继续向缓存写数据。Mapper 向缓存写入数据时使用的方法是循环写入，循环写入是指写到缓存尾时，继续写入会从缓存头开始，这里必须等待 spill 操作完成，以使前面占用的缓存空闲出来，这也是 Map 任务阻塞的原因。在进行 spill 操作时，如果定义了 combine() 函数，那么在排序操作之后，先对数据进行合并操作，再将其写入磁盘。

图 5-10　spill 操作

（1）缓存数据排序

排序过程是指根据数据源将数据按 key 值进行二次快速排序，排序之后，含有相同 key 值的数据被有序地集中到一起，这样，不管是对后面的合并操作，还是归并排序（Merge Sort）操作，都具有非常大的意义。合并操作是将具有相同 key 值的数据合并成一行数据，它必须在排序操作完成之后进行，如图 5-11 所示。合并其实是 Reducer 的一个实现，不过它在 Mapper 端运行，对要交给 Reducer 处理的数据进行一次预处理，使 Map 之后的数据更加紧凑，更少的数据被写入磁盘和传送到 Reducer 端，这不仅降低了 Reducer 的任务量，还减少了网络负载。

图 5-11　排序和合并过程

（2）文件归并

当某个 Map 任务完成后，一般会有多个 spill 文件，并且每个 spill 文件本身的数据是有序的，但它们并不是整体全局有序的，那么如何把这些数据尽量均衡地分配给多个 Reducer 呢？这里会采用归并排序的方式将所有 spill 文件归并成一个文件，并在合并的过程中提供一种基于区间的分区方法，该方法将合并后的文件按大小进行分区，保证后一分区的数据在 key 值上均大于前一分区的数据，每一个分区会分配给一个 Reducer，所以最后除了得到一个很大的数据文件外，还会得到一个 index 文件，里面存储的是各分区数据位置偏移量。spill 文件的归并排序过程如图 5-12 所示。注意，这里的数据均存储在本地磁盘中。

图 5-12　spill 文件的归并排序过程

归并排序是一个多路归并过程，其同时打开的文件数由参数 mapreduce.task.io.sort.factor 控制，默认是 10，图 5-12 所示为 3 路归并。并不是同时打开的文件越多，归并的速度就越快，用户要根据实际情况判断。

各 spill 是基于自身有序的，由于不同 spill 很大程度上会有相同的 key 值，所以如果用户设定了合并，那么在此处也会运行合并操作，用于压缩数据，其条件是归并路数必须大于某一个值（默认为 3，由参数 min.num.spills.for.combine 设定）。其实为了使 Map 任务完成后写入磁盘的数据更小，一般会采用压缩（而不是合并）这一操作，该操作需要用户手动配置才能启用（覆盖参数 mapreduce.map.output.compress 的值为 true 即可）。

归并过程完成后，Mapper 端的任务就告一段落，Mapper 会删除临时的 spill 文件，并通知 TaskTracker 任务已完成。这时，Reducer 就可以通过 HTTP 从 Mapper 端获取对应的数据。一般来说，一个 MapReduce 任务会有多个 Mapper，它们被分配在不同的节点上，并且往往不会同时完成，但是只要有一个 Map 任务完成，Reducer 端就会开始复制数据。

2. Reducer 端的 Shuffle

从 Mapper 端的归并任务完成开始，到 Reducer 端从各节点上复制数据并完成复制任务，均是由 MRApplicationMaster 调度完成的。在 Reducer 取走所有数据之后，Mapper 端的输出数据并不会立即删除，因为 Reduce 任务可能会失败，并且推测执行（当某一个 Reducer 执行过慢影响任务的整体进度时，会启动另一个相同的 Reducer）时，也需要利用这些数据。下面根据图 5-13 讲解 Reducer 端的 Shuffle 过程。

图 5-13　Reducer 端的 Shuffle 过程

（1）Reducer 端会启用多个线程通过 HTTP 从 Mapper 端复制（Copy）数据。线程数可由参数 mapreduce.reduce.shuffle.parallelcopies 设定，默认为 5，该值很重要，因为如果 Mapper 产生的数据量很大，有时候会发现 Map 任务进度早就到 100% 了，而 Reduce 任务进度还一直处于 1%、2%……。这时就要考虑适当增加复制的线程数，但不推荐过多增加线程数，因为这样容易造成网络拥堵，用户需要根据实际情况对其进行权衡。

（2）Reducer 通过线程复制过来的数据不会直接写入磁盘，而是存储在 JVM 的堆内存中，当 JVM

堆内存的最大值确定以后，会通过一个阈值来决定 Reducer 占用的大小，该阈值由变量 mapreduce. reduce.shuffle.input.buffer.percent 设定，默认为 0.7，即 70%，通常情况下，该比例就可以满足需要，不过考虑到大数据的情况，最好还是适当将它增加到 0.8 或 0.9。

（3）内存中当然是无法无限写入数据的，所以当接收的数据达到一定指标时，会对内存中的数据进行排序并将其写入本地磁盘，其处理方式和 Mapper 端的 spill 过程类似，只不过 Mapper 端的 spill 进行的是简单二次排序，Reducer 端由于内存中是多个已排好序的数据源，所以采用的是归并排序。这里涉及两个阈值，一个是 mapred.job.shuffle.merge. percent，默认值是 0.66，当接收的 Mapper 端的数据在 Reduce 缓存中的占比达到这一阈值时，将启用后台线程进行归并排序；另一个是 mapreduce. reduce.merge.inmem.threshold，默认值为 1000，当从 Mapper 端接收的文件数达到这一阈值时，也进行归并排序。从实际经验来看，第一个值的默认值明显偏小，完全可以将第一个值设置为 0.8～0.9；而第二个值需根据 Mapper 输出的文件大小而定，如果 Mapper 输出的文件分区很大，缓存中基本存不了多少个，那么 1000 显然是太大了，应当调小一些，如果 Mapper 输出的文件分区很小，对应轻量级的小文件，如 10KB～100KB 大小的文件，就可以把该值设置得大一些。

因为 Mapper 端的输出数据可能是经过压缩的，所以 Reducer 端接收该数据并将其写入内存时会自动解压，方便后面的归并排序操作；并且如果用户设置了需要进行合并操作，则在进行归并排序操作时，也会进行合并操作。

（4）内存总是有限的，如果 Mapper 产生的输出文件整体很大，每个 Reducer 端也被分配了足够大的数据，那么可能需要对内存经过很多次的归并排序之后才能接收完所有的 Mapper 端的数据，这时会产生多个 spill 本地文件，如果这些本地文件的数量超过一定阈值（由 mapreduce.task.io. sort.factor 设定，默认为 10，该值也用于设定 Mapper 端对 spill 文件的归并路数，后文称归并因子），就需要把这些本地文件进行归并排序（使用磁盘到磁盘模式），以减少文件的数量，而且有时候这项工作会重复多次。该操作并不是要把所有的数据归并为一个文件，而是当归并后的文件数量减少到归并因子以下或与之相同时就停止了，因为这时候剩下的所有文件可以在一起进行归并排序，输出结果将直接传给 Reducer 处理，其效果和把所有文件归并为一个文件之后再传给 Reducer 处理的效果一样，但是减少了文件合并及再读取的过程，效率更高。

（5）有时候，数据接收完毕，从内存进行归并排序得到的本地文件并不多，这时候会把这些本地文件和内存中的数据一起进行归并排序，并将输出结果直接传给 Reducer 处理。

所以，从宏观上看，Reducer 的直接输入数据其实是归并排序的输出流。在实际处理中，归并排序对每一个排序好的 key 值都调用一次 reduce() 函数，以实现数据传递。

3. 实例分析

在 5.2.3 小节中，由 Mapper 产生的数据会先整体写入内存（数据比较小），然后按 key 值进行排序，之后把含有相同 key 值的数据合并，最后每个 Map 输出（Map Output）形成一个单独的分区，如图 5-14 所示。因为本实例的数据较小，所以数据可能不会 spill 到本地磁盘，而是直接在内存完成所有操作。

Mapper 端的操作完成，Reducer 端通过 HTTP 将 Mapper 端的输出分区复制到缓存中，待复制完成，进行归并排序，即将相同 key 值的数据排序并集中到一起，如图 5-15 所示。注意这里的输出会以流（Stream）的形式传递给 Reducer。

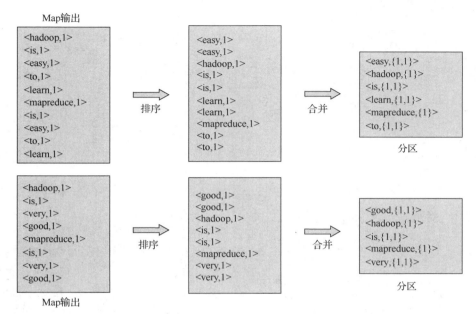

图 5-14 Mapper 端的 Shuffle

图 5-15 Reducer 端的 Shuffle

5.3.4 Reduce 过程

Reducer 接收<key, {value list}>形式的输入数据流（Input Data Stream），形成<key, value>形式的输出数据流（Output Data Stream），输出数据直接写入 HDFS，具体的处理过程可由用户定义。在 WordCount 中，Reducer 会将具有相同 key 值的 value list 累加，得到这个单词出现的总次数，然后输出，其处理过程如图 5-16 所示。

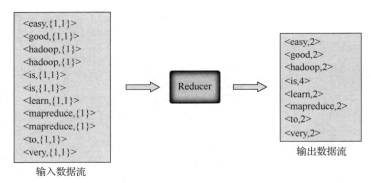

图 5-16　Reduce 过程

5.3.5　按指定格式写入文件（OutputFormat）

OutputFormat 描述数据的输出形式，并生成相应的类对象，调用相应的 write() 方法将数据写入 HDFS 中，用户也可以修改这些方法实现想要的输出格式。在任务执行时，MapReduce 框架自动把 Reducer 生成的 <key,value> 传入 write() 方法，write() 方法可以实现文件的写入。在 WordCount 中，调用的是默认的文本写入方法，该方法把 Reducer 的输出数据按 [key\tvalue] 的形式写入文件（其中 \t 表示相隔一个制表符的距离），如图 5-17 所示。

图 5-17　OutputFormat 处理过程

5.4　MapReduce 任务流程

MapReduce 任务流程是从客户端提交任务开始，到任务运行结束的一系列流程，在 MRv2（Hadoop 2.0 中的 MapReduce）中，因为该 MapReduce 运行时的环境由 YARN 提供，所以需要 MapReduce 相关服务和 YARN 相关服务进行协同工作。

MRv2 相比于 MRv1，舍弃了 MRv1 中的 JobTracker 和 TaskTracker，而采用一种新的 MapReduce 应用程序主节点（MRAppMaster）进行单一任务管理，并与 YARN 中的 RM 和 NM 进行协同调度与控制任务，避免了由单一服务（MRv1 中的 JobTracker）管理和调度所有任务而产生的负载过重问题。

YARN 架构中的 MapReduce 任务运行流程主要分为两个部分：一是客户端向 RM 提交任务，RM 通知相应的 NM 启动 MRAppMaster；二是 MRAppMaster 启动成功后，由 MRAppMaster 调度整个任务的运行，直到任务完成，如图 5-18 所示。其详细步骤如下。

图 5-18　MapReduce 任务运行流程

（1）客户端向 RM 提交任务。

（2）RM 分配该任务的第一个 Container，并通知相应的 NM 启动 MRAppMaster。

（3）NM 接收命令后，开辟一个 Container 资源空间，并在 Container 中启动相应的 MRAppMaster。

（4）MRAppMaster 启动之后，先向 RM 注册，这样用户可以直接通过 MRAppMaster 监控任务的运行状态；之后直接由 MRAppMaster 调度任务运行，重复步骤 5～步骤 8，直到任务完成。

（5）MRAppMaster 以轮询的方式向 RM 申请运行任务所需的资源。

（6）一旦 RM 分配了资源，MRAppMaster 便与相应的 NM 通信，让它划分 container 并启动相应的任务（MapTask 或 ReduceTask）。

（7）NM 准备好运行环境，启动任务。

（8）各任务运行，并定时通过 RPC 协议向 MRAppMaster 汇报自己的运行状态和进度。MRAppMaster 也会实时监控任务的运行，当发现某个任务假死或失败时，便"杀死"该任务并重新启动任务。

（9）任务完成，MRAppMaster 向 RM 通信，注销并关闭自己。

5.5　MapReduce 的 Streaming 和 Pipe

Streaming 和 Pipe 是 Hadoop 提供的两种工具，这两种工具可以让不熟悉 Java 语言的用户使用其他语言开发 MapReduce 程序。

5.5.1　Hadoop Streaming

Hadoop Streaming 可以将任何可执行的脚本或二进制文件封装成 Mapper 或 Reducer，大大提高 MapReduce 程序的开发效率。因为 Streaming 启动的 MapReduce 使用标准 I/O 与用户的 MapReduce 进行数据传递，所以要求用户编写的程序必须以标准输入作为数据入口，标准输出作为数据出口。

使用 Streaming 时，用户需要提供两个可执行文件，一个用于 Mapper，另一个用于 Reducer，当一个可执行文件被用于 Mapper 或 Reducer 时，在初始化时，它会作为一个单独的进程启动，而 Mapper 和 Reducer 则充当封装传递角色，把输入切分成行，传给相应的可执行文件处理，同时收集这个可执行文件的标准输出，并把每一行转化为<key, value>的形式作为相应的 Mapper 输出和 Reducer 输出，Reducer 输出会直接写入 HDFS。

注意，因为使用 Streaming 运行的 MapReduce 程序只有在所有 Mapper 执行完之后才会启动 Reducer，所以在实际运行中会感觉使用 Streaming 运行的 MapReduce 的运行速度比使用 Java 编写且运行的 MR 任务慢一些。

下面使用一个 WordCount 实例演示如何使用 Hadoop Streaming。使用 Linux 下的 Shell 脚本分别实现 Mapper 和 Reducer（只是最简单的实现，并没有考虑异常情况）。

在 Shell 脚本中编写 Mapper 任务程序~/streaming/Mapper.sh。

```
#! /bin/bash
while read LINE; do
for word in $LINE
do
echo "$word 1"
done
done
```

在 Shell 脚本中编写 Reducer 任务程序~/streaming/Reducer.sh。

```
#! /bin/bash
count=0
started=0
word=""
while read LINE;do
newword='echo $LINE | cut -d ' ' -f 1'
if [ "$word" != "$newword" ];then
[ $started -ne 0 ] && echo -e "$word\t$count"
word=$newword
count=1
started=1
else
count=$(( $count + 1 ))
fi
done
echo -e "$word\t$count"
```

因为 Streaming 的数据传输模式类似于 Linux 中的管道命令"|"，所以可以先使用 Linux 的管道命令对上述脚本进行测试，示例如下。

```
echo "测试内容" | sh mapper.sh | sort | sh reducer.sh
```

测试结果如图 5-19 所示。

图 5-19　测试结果

下面可以通过相应的命令，使用 Streaming 工具提交 MapReduce 作业，Streaming 工具存储于 $HADOOP_HOME/bin/hadoopjar./hadoop-streaming-3.2.2.jar\下，为了使命令更加简单，先把相应的 JAR 包复制到测试文件夹~/streaming/下，再使用下面的命令提交任务。

```
$HADOOP_HOME/bin/hadoop jar ./hadoop-streaming-3.2.2.jar \
-files mapper.sh,reducer.sh \
-input [指定 HDFS 中的输入文件夹]\
-output[指定 HDFS 中的输出文件夹] \
-mapper mapper.sh \
-reducer reducer.sh
```

5.5.2　Hadoop Pipe

Pipe 是专为 C/C++用户设计的 MapReduce 编程工具，它的设计思想是把相关的 C/C++代码（包括 Map 和 Reduce）封装在一个单独的进程中，运行时通过套接字（Socket）与 Java 端进行数据传递。下面是 Pipe 的 C++ WordCount 实例。

```cpp
#include "/home/trucy/hadoop/include/Pipes.hh"
#include "/home/trucy/hadoop/include/TemplateFactory.hh"
#include "/home/trucy/hadoop/include/StringUtils.hh"

const std::string WORDCOUNT = "WORDCOUNT";
const std::string INPUT_WORDS = "INPUT_WORDS";
const std::string OUTPUT_WORDS = "OUTPUT_WORDS";
//重写 Mapper
class WordCountMap: public HadoopPipes::Mapper{
   public:
       HadoopPipes::TaskContext::Counter* inputWords;

   WordCountMap(HadoopPipes::TaskContext& context){
       inputWords = context.getCounter(WORDCOUNT, INPUT_WORDS);
   }

void map(HadoopPipes::MapContext& context){
       std::vector<std::string> words =
           HadoopUtils::splitString(context.getInputValue(), " ");
       for(unsigned int i=0; i < words.size(); ++i){
           context.emit(words[i], "1");
       }
       context.incrementCounter(inputWords, words.size());
   }
};
//重写 Reducer
class WordCountReduce: public HadoopPipes::Reducer {
   public:
       HadoopPipes::TaskContext::Counter* outputWords;

       WordCountReduce(HadoopPipes::TaskContext& context) {
           outputWords = context.getCounter(WORDCOUNT, OUTPUT_WORDS);
       }

       void reduce(HadoopPipes::ReduceContext& context) {
```

```
            int sum = 0;
            while (context.nextValue()) {
                sum += HadoopUtils::toInt(context.getInputValue());
            }
            context.emit(context.getInputKey(), HadoopUtils::toString(sum));
            context.incrementCounter(outputWords, 1);
        }
    };

    int main(int argc, char *argv[]) {
        return HadoopPipes::runTask(
                    HadoopPipes::TemplateFactory<WordCountMap, WordCountReduce>());
    }
```

使用 C++ 开发的代码和使用 Java 开发的代码在结构上很相似，都是重写相应的 Mapper/Reducer()
函数。Hadoop 提供了相应的 C++ 接口头文件（$HADOOP_HOME/include/Pipes.h），在使用时需要
重写 HadoopPipes 名字空间下的 Mapper() 和 Reducer() 函数（代码中的粗体部分），使用
context.getCounter() 获取 key、value，使用 context.emit() 输出 key、value。程序入口为 main() 函
数，因为由代码生成的可执行文件会作为一个单独的进程启动，所以必须有程序入口。main() 函数调用
HadoopPipes::runTask() 方法运行 Map 和 Reduce 作业[Map 和 Reduce 作业由 TemplateFactory
（实例工厂）创建]。之后需要对上述代码进行编译，得到相应的可执行文件。因为 Hadoop 在创建
MapReduce 任务时，需要将上述文件分发到相应的运算节点，所以该执行文件还必须上传到 HDFS 中。
之后可以使用下面的命令在 Hadoop 中提交 Pipe 任务。

```
$HADOOP_HOME/bin/hadoop pipes \
-D hadoop.pipes.java.recordreader=true \
-D hadoop.pipes.java.recordwriter=true \
-input [指定 HDFS 中的输入文件夹] \
-output [指定 HDFS 中的输出文件夹] \
-program [指定 HDFS 中的 WordCount 可执行文件]
```

5.6 MapReduce 性能调优

在执行 MapReduce 任务时，由于数据的差异性，使用默认的配置往往并不能完全发挥集群的运算
性能，所以需要对参数进行相应的调整或者适当预处理，以提高任务的运行效率。但是不当的调整反而
会影响任务的执行，所以用户必须对自己的集群和要处理的数据比较熟悉，这样进行的配置调整才会有
价值。但在大部分情况下，进行某一项优化之后，往往会影响另一项执行流程，因此，如何在尽量不影
响其他执行流程的情况下优化某一项配置，是用户需要慎重考虑的问题。综上所述，这是一个权衡与妥
协的过程，并没有所谓的最优解。

1. 合并小文件和合理设置 Mapper 数量

MapReduce 并不适用于处理大量小文件。因为数量少的大文件往往更具有优势，所以一般在
提交 MapReduce 任务之前，先对源数据进行预处理，将小文件合并成大文件，这样可以提高处理
效率。

如果对上述方式有疑虑，则可以通过 MapTask 的执行时间进行考虑，如果发现一个 MapTask 从
启动到完成只需要几秒，就应该增加单个 MapTask 要处理的数据量，反之，则减少数据量。通常而言，
一个 MapTask 执行任务的时间在 1min 左右比较合适。

因为在任务对源数据进行分片时，FileInputFormat 一般会将一个块划分成一个单独的 InputSplit，所以合理设置块的大小也是一个重要的设置方式。

2. 推测执行

执行 MapReduce 作业时，会有多个任务分配到不同的节点中运行，由于节点性能差异（硬件老化程度不同、配置差异）、资源分配不均和网络拥堵（远程调用数据）等因素的影响，在某些节点上的任务运行效率可能会非常低，甚至会直接影响整个任务的执行进度。

推测执行即在运行某个 MapReduce 任务时，监控所有子任务的执行进度，当发现某一个子任务有严重拖后腿的行为时，就在其他节点再运行一个与该任务相同的副本任务，先执行完的任务会"杀死"另一个。

在 YARN 中，并不会立即启动副本任务，而是先做预判，即经过某种规则计算副本任务运行需花费的时间，如果发现副本任务并不能在原任务之前完成，则不启动副本任务。

可以将下面的变量设置为 true（默认为 false）启用推测执行。

mapreduce.map.speculative 用于设定是否启用 Map 任务的推测执行。

mapreduce.reduce.speculative 用于设定是否启动 Reduce 任务的推测执行。

注意，如果某一任务进度延后是代码造成的，那么启用推测执行并不能解决问题，反而会加重集群负担。

3. 优化每个节点同时运行的任务数

设置每个节点能同时运行的任务数的目的是让节点上的所有任务都能够并行执行。因为当节点同时运行的任务数超过节点的 CPU 核心数时，多出来的任务并没有实时执行，而会和其他正在运行的任务抢占资源，这样并不能提高任务的执行效率，反而会产生一定的负面影响。推荐设置节点同时运行的任务数为节点的 CPU 核心数。

mapreduce.tasktracker.map.tasks.maximum 用于设定同时运行的 Map 任务上限，默认为 2。mapreduce.tasktracker.reduce.tasks.maximum 用于设定同时运行的 Reduce 任务上限，默认为 2。

这里其实还涉及一个概念：Map 和 Reduce 的任务槽位，当上述两个变量设定之后，任务槽数也就确定了。例如，有 100 个 DataNode，设置每台机器最多可以同时运行 10 个 Map 任务、6 个 Reduce任务，那么这个集群的 Map 任务槽数是 1000，Reduce 任务槽数是 600。

4. 合理设置 Reducer 数量

MapReduce 任务的默认 Reducer 数量为 1，在数据量过大时，一个 Reducer 并不能很好地完成任务，因为所有的数据都要汇总到一个 Reducer 中处理，这会导致 Reducer 负载过重，成为运行的性能瓶颈。这时就需要增加 Reducer 的数量（由变量 mapreduce.job.reduces 设置，用户需要根据具体情况设置）。如果一个任务复杂到需要使用整个集群的运算资源，则 Reducer 数量有以下两个推荐值：$0.95 \times$ Reduce 任务槽数和 $1.75 \times$ Reduce 任务槽数。

这里主要基于两种考虑：若设置 Reducer 数量为 $0.95 \times$ Reduce 任务槽数，那么即使所有 Reducer都已运行，也还有空闲的任务槽未使用，如果某一个 Reducer 运行失败，就可以很快找到一台空闲机器重启这个 Reducer，并且在使用 Reduce 任务的推测执行时，也可能会用到任务槽；若设置 Reducer数量为 $1.75 \times$ Reduce 任务槽数，那么在分配任务时，性能较高的节点能分配到更多的 Reducer，使集群的负载更加均衡。

5. 压缩 Map 任务的输出

采用压缩的方式将 Map 任务的输出写入本地磁盘，不仅能减少磁盘的 I/O 操作，还能在 Reducer

接收 Mapper 的结果数据时，减小网络压力。这样虽然会消耗更多的 CPU 资源，但是在复杂的集群环境中，应该优先考虑减小网络传输压力。

用户可以通过设置变量 mapreduce.map.output.compress 为 true 启用 Map 压缩，还可以配合 mapreduce.map.output.compress.codec 使用，根据需求选择合适的压缩方式，默认的压缩方式为 org.apache.hadoop.io.compress.DefaultCodec。

6. JVM 重用

所有的 MapReduce 作业都运行在 JVM 中，每当有 MapTask 或 ReduceTask 需要运行时，NM 会先启动相应的 JVM，任务运行完毕再关闭它。但是 JVM 的启动和关闭是需要时间的，如果有一个 MapReduce 作业的数目非常多且轻量级的任务（很短时间内便可完成），那么在执行任务时，会频繁地启动和关闭 JVM，这不仅花费了大量的时间，还会让系统产生极大不必要的开销，有时候花费在 JVM 启动/关闭上的时间会比执行所有任务花费的时间还多，因此采用 JVM 重用来解决这个问题。

JVM 重用是指在 JVM 执行完作业中的一个任务（作业可分为多个任务）后，不立即将其关闭，而是直接把还未执行的同一个作业中的相似任务放到 JVM 中执行，达到 JVM 重用的目的。这种处理方式不仅可以减少启动/关闭 JVM 花费的时间和开销，还可以实现前后任务之间的静态数据共享，使处理速度加快。当然，JVM 重用也会带来一个问题，那就是同一个 JVM 执行多个任务之后，内存碎片会大大增加，这在某种程度上给任务运行带来一定影响。

变量 mapred.job.reuse.jvm.num.tasks 的值即 JVM 重用的次数，默认为 1，即 JVM 运行一个任务后便关闭，当其值设置为-1 时，表示可以无限复用 JVM。

7. JVM 内存

MapReduce 的任务均运行在 JVM 中，而其中的 Shuffle 过程尤其消耗内存。在默认配置中，JVM 的内存大小被设置为 200MB，在机器性能大幅度提升的今天，在内存大小动辄为 8GB、16GB 的情况下，这个值确实有点小了，所以应适当提升 JVM 的运行内存。用户可以通过变量 mapred.child.java.opts 来设置内存，推荐值为 0.9×(内存大小/CPU 核心数)，因为前面已经说过，设置节点同时运行的任务数为 CPU 核心数，所以把 JVM 重用按 CPU 核心数分配即可，还因为考虑到节点中还会有其他服务运行，所以乘一个系数 0.9。

5.7 MapReduce 实战

本节依然以前面的 WordCount 为例，编写相应的 MapReduce 程序（使用 Java 开发），并将其部署到 Hadoop 集群中运行，让读者对 MapReduce 程序的开发流程有直观的认识。

在 Linux 和 Windows 中均能开发 MapReduce 程序，开发流程相差也不大，因为大部分用户对 Windows 的界面和操作比较熟悉，所以本节的测试选择在 Windows 中进行。

5.7.1 快速入门

1. 相关文件准备

（1）Java JDK for Windows。这里选择的版本是 JDK 1.8，读者可以到 Oracle 官网下载相应的 JDK 版本。注意，Hadoop 3.2 之后的版本需要的 JDK 最低为 JDK 1.8，Hadoop 3.2 之前的版本要求

JDK 最低为 JDK 1.7。

（2）Hadoop 3.2.2 源文件。这里的源文件并不是源码文件，而是编译后的安装文件 hadoop-3.2.2. tar.gz，使用前面配置 Hadoop 集群时使用的安装源即可将其解压到 Windows 系统中，这是为了方便后面在 Windows 系统中进行 MapReduce 编码和导入 JAR 包。

（3）Eclipse "JavaEE" 版，如图 5-20 所示。Eclipse 为 Java 项目最常用的集成开发环境，这里选择最新的 Eclipse 版本即可。读者可以到 Eclipse 官网下载相应的软件。

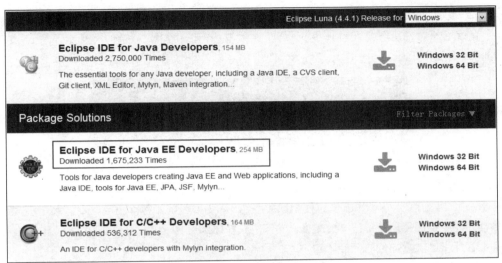

图 5-20　Eclipse 版本的选择

2. 环境准备

步骤 1，安装 Java 并配置环境。

双击下载的安装包，即可安装。建议在安装过程中直接选择默认的设置，安装好的 Java 文件位置为 C:\Program Files\Java\jdk1.8.0_211。

相应的 bin 目录为 C:\Program Files\Java\jdk1.8.0_211\bin。bin 目录中存储了常用的 Java 命令工具，需要添加到环境变量中才能使用。可依次进行下面的操作添加环境变量。

在 "此电脑" 单击鼠标右键，在弹出的快捷菜单中选择 "属性" → "高级系统设置" → "高级"（选项卡）→ "系统变量"，找到 "PATH" 并双击，即可进入路径设置，在 "变量值" 文本框的最前面添加上述 bin 目录并使用 ";" 将它与原变量值分隔，这里的 ";" 为英文标点符号，如图 5-21 所示。

图 5-21　添加 Java 的 bin 目录到 PATH

一般按上述方法即可配置好 Java 环境，如需要完整配置，则可按表 5-1 所示的方式设置环境变量（PATH 对应的内容仍然是要添加的内容，不要覆盖 PATH 原变量值）。

表 5-1　完整 Java 环境变量配置

配置项	值
JAVA_HOME	C:\Program Files\Java\ jdk1.8.0_211
PATH	%JAVA_HOME%\bin;%JAVA_HOME%\jre\bin;
CLASSPATH	.;%JAVA_HOME%\lib;%JAVA_HOME%\lib\tools.jar

步骤 2，测试 Java 环境。

执行步骤 1 中的操作后，Java 环境配置就完成了，但是以防万一，还需要对其进行测试。可以在 Windows 的命令行窗口执行 java　–version，如果能够输出正确的 Java 版本，则表示 Java 环境配置成功，如图 5-22 所示。

```
C:\Users\lenovo>java -version
java version "1.8.0_211"
Java(TM) SE Runtime Environment (build 1.8.0_211-b12)
Java HotSpot(TM) Client VM (build 25.211-b12, mixed mode)

C:\Users\lenovo>
```

图 5-22　Java 环境测试

步骤 3，解压 Hadoop 3.2.2 源文件。

Hadoop 3.2.2 源文件在整个开发过程中都会用到，因为很多依赖包都出自其中，用户可按自己的喜好选择解压位置，但路径层次最好不要太多，本节将其解压到 E 盘根目录下（ E:\ ）。要记住解压的位置，因为在后续使用 Eclipse 插件时还会用到。

步骤 4，安装 Eclipse。

Eclipse 的安装非常简单，只需要把 Eclipse 源文件解压即可，之后双击 Eclipse 文件夹下的 eclipse.exe，即可运行 Eclipse 集成开发环境，每次运行时，都会让用户设置 workspace（工作目录，用户建立的所有工程文件都会默认保存在这个目录中），设置之后就可以进入 Eclipse 工作界面。

3. 使用 Eclipse 创建一个 Java 工程

下面演示使用 Eclipse 创建一个 WordCount 的 Java 工程。首先，打开 Eclipse 集成开发环境，进入软件界面后，菜单栏区域如图 5-23 所示，选择"File"→"New"→"Project"命令，进入工程创建向导。随后弹出工程类型选择框，如图 5-24 所示，选择所创建工程的类型，这里选择"Java Project"，然后单击"Next"按钮。

```
File  Edit  Source  Refactor  Navigate  Search  Project  Run  Window  Help
```

图 5-23　菜单栏区域

打开工程创建对话框，如图 5-25 所示，配置工程的各项属性，主要有以下几项。

（1）Project name：所要创建的工程名称，这里输入 WordCount。

（2）Use default location：所要创建的工程的存储位置，默认为选中状态，意为将工程文件存储在默认的工作空间下（启动 Eclipse 时可以设置），工程文件夹将以前面输入的工程名称命名；用户也可以将其存储在自己想要的位置。这里使用默认位置。

（3）JRE（Java Runtime Environment，Java 运行环境）：指定新建工程要使用的 JRE 版本，选定后，将使用最适合选定版本的编译器进行编译，这里有 3 个选项（选择默认的第一个）。

图 5-24　工程类型选择框

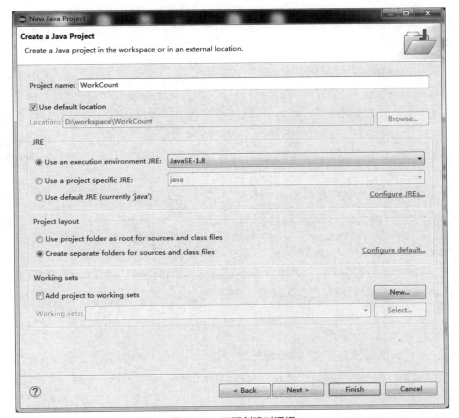

图 5-25　工程创建对话框

① Use an execution environment JRE：使用操作系统配置的 JRE，该 JRE 也是启动 Eclipse
用到的 JRE，这里的版本为 JavaSE-1.8，即前面配置的版本。

② Use a project specific JRE：在新建的工程中明确指定所使用的 JRE。

③ Use default JRE：使用 Eclipse 工具自带的 JRE。

（4）Project layout：项目规划选项，即指定如何组织项目文件，Eclipse 提供了两个选项（选择默认的第二个）。

① Use project folder as root for sources and class files：该选项意为将工程目录作为所有源码文件（.java 文件）和可执行文件（.class 文件）的存储目录，不单独进行归类整理。

② Create separate folders for sources and class files：为源码文件和可执行文件创建单独的文件夹进行存储，若选择该选项，则创建工程时，自动在工程目录下创建一个 src 文件夹作为源码的存储目录；编译时，在工程目录下建立 bin 文件夹作为.class 文件的存储目录，并根据包的层次自动建立相应的文件夹。

用户在选择两选项中的任意一项后，单击"Finish"按钮，相应的 WordCount 工程便创建好了；之后在 Eclipse 的包浏览器中可以看到 WordCount 工程，如图 5-26 所示。

图 5-26　WordCount 工程

4. 导入 Hadoop 的相关 JAR 包

因为在编写 MapReduce 代码时，需要用到 Hadoop 源文件中的部分 JAR 包（就像在编写纯 Java 代码时需要使用 Java 自带的依赖包一样），所以这里需要把相应的 Hadoop 依赖包导入工程。

先在工程"WordCount"上单击鼠标右键，在弹出的快捷菜单中选择 "New"→"Folder"命令，将新文件夹命名为 lib；然后把以下目录下的 JAR 包复制到 lib 文件夹下（之前把 Hadoop 源文件解压到 E 盘根目录下），如图 5-27 所示。

```
E:\hadoop-3.2.2\share\hadoop\common
E:\hadoop-3.2.2\share\hadoop\common\lib
E:\hadoop-3.2.2\share\hadoop\mapreduce
E:\hadoop-3.2.2\share\hadoop\hdfs\hadoop-hdfs-3.2.2.jar
E:\hadoop-3.2.2\share\hadoop\yarn\hadoop-yarn-*.jar
```

导入 JAR 包后，还需要把这些 JAR 包添加到工程的构建路径中，否则工程不能识别它们。操作如下：选择所有 JAR 包文件，然后单击鼠标右键，选择"Build Path"→"Add to Build Path"命令，如图 5-28 所示。

5. MapReduce 代码的实现

MapReduce 代码的实现并不难，需要编写 3 个类，分别是 WordMapper 类、WordReducer 类和 WordMain 驱动类，前面两个类分别实现相应的 Map 和 Reduce 方法，后面一个类是对任务的创建进行部分配置。

（1）新建 WordMapper 类

在工程"WordCount"上单击鼠标右键，选择"New"→"Class"命令，在弹出的"New Java Class"对话框的"Name"文本框中输入"WordMapper"，勾选"public static void main(String[] args)"复选框，单击"Finish"按钮即可，如图 5-29 所示，结果如图 5-30 所示。

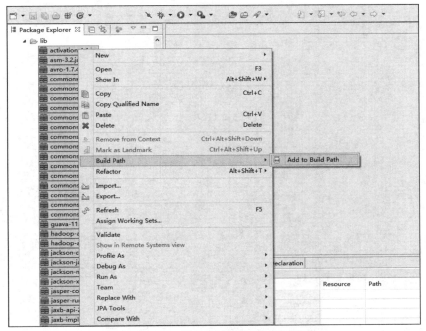

图 5-27　导入依赖的
　　Hadoop JAR 包

图 5-28　把 JAR 包添加到构建路径中

图 5-29　创建 WordMapper 类

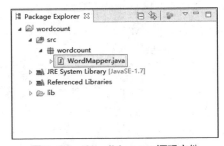

图 5-30　WordMapper 源码文件

双击"WordMapper.java"即可编辑代码。在其中插入以下代码。

```
package wordcount;

import java.io.IOException;
import java.util.StringTokenizer;
```

```
import org.apache.hadoop.io.IntWritable;
import org.apache.hadoop.io.Text;
import org.apache.hadoop.mapreduce.Mapper;

//创建一个 WordMapper 类，该类继承于 Mapper 抽象类
public class WordMapper extends Mapper<Object, Text, Text, IntWritable>
{
    private final static IntWritable one = new IntWritable(1);
    private Text word = new Text();
    // Mapper 抽象类的核心方法，其中包含 3 个参数
    public void map( Object key,       // 首字符偏移量
                     Text value,       // 文件的一行内容
                     Context context)  // Mapper 端的上下文，其功能与 OutputCollector
                                       //和 Reporter 的功能类似
                     throws IOException, InterruptedException
    {
        StringTokenizer itr = new StringTokenizer(value.toString() );
        while ( itr.hasMoreTokens() )
          {
                word.set(itr.nextToken());
                context.write(word, one);
          }
    }
}
```

在上述代码中，首先创建了一个 WordMapper 类，它继承于 Mapper<Object,Text,Text,IntWritable> 抽象类，并在其中实现如下方法。

```
public void map( Object key, Text value, Context context )
throws IOException, InterruptedException{}
```

该方法中有 3 个参数：Object key、Text value、Context context。代码中已对它们做了相应注释，前面两个参数很好理解，这里着重说明第三个参数。在旧的 API（Hadoop 0.19 以前版本）中，map() 函数的形式如下。

```
void map(K1 key, V1 key, OutputCollector<K2,V2> output, Reporter reporter) throws
IOException{}
```

可以看出，旧的 API 中有 4 个参数，前面两个参数的作用和新 API 中的其实是一样的，关键是后两个参数，OutputCollector 用于输出结果，Reporter 用于修改计数器的值，因为在新 API 中，仍然要完成相应的功能，所以新 API 其实是把 OutputCollector 和 Reporter 集成到了 Context 中，当然 Context 还提供了一些其他的功能。

map() 函数中实现了对传入值的解析，即将 value 解析成<key, value>的形式，然后使用 context.write(word, one)将其输出。

（2）新建 WordReducer 类

新建 WordReducer 类的操作方式和新建 WordMapper 类的类似。可以在 WordReducer.java 中插入以下代码。

```
package wordcount;

import java.io.IOException;
import org.apache.hadoop.io.IntWritable;
import org.apache.hadoop.io.Text;
import org.apache.hadoop.mapreduce.Reducer;
```

```
//创建一个 WordReducer 类, 该类继承于 Reducer 抽象类
public class WordReducer extends Reducer<Text, IntWritable, Text, IntWritable>
{
        private IntWritable result = new IntWritable(); //记录词频
        // Reducer 抽象类的核心方法, 其中包含 3 个参数
        public void reduce( Text key,               // Mapper 端输出的 key 值
                        Iterable<IntWritable>values, // Mapper 端输出的 values 集合
                        Context context)
                        throws IOException, InterruptedException
        {
                int sum = 0;
                for (IntWritable val : values) //遍历 values 集合, 并把值相加
                {
                        sum += val.get();
                }
                result.set(sum);               //得到最终词频数
                context.write(key, result);    //写入结果
        }
}
```

在上述代码中, 首先创建 WordReducer 类, 它继承于 Reducer<Text,IntWritable,Text,IntWritable>抽象类, 并在其中实现 reduce()方法。

```
public void reduce( Text key, Iterable<IntWritable> values, Context context) throws
IOException, InterruptedException{}
```

在 reduce()方法中, 将获取的 values 遍历并累加, 得到相应 key 出现的次数, 最后将结果写入 HDFS。

（3）新建 WordMain 驱动类

WordMain 驱动类主要用于在作业中设定相应的 Mapper 类和 Reducer 类（用户编写的类）, 这样任务在运行时才知道使用相应类进行处理; WordMain 驱动类还可以用于对 MapReduce 程序进行相应配置, 让任务在 Hadoop 集群中按定义的配置运行。创建 WordMain 驱动类需要勾选 "public static void main(String[] args)" 复选框, 其余操作类似。其代码如下。

```
package wordcount;

import org.apache.hadoop.conf.Configuration;
import org.apache.hadoop.fs.Path;
import org.apache.hadoop.io.IntWritable;
import org.apache.hadoop.io.Text;
import org.apache.hadoop.mapreduce.Job;
import org.apache.hadoop.mapreduce.lib.input.FileInputFormat;
import org.apache.hadoop.mapreduce.lib.output.FileOutputFormat;
import org.apache.hadoop.util.GenericOptionsParser;

public class WordMain
{
public static void main(String[] args) throws Exception
{
  // Configuration 类: 用于读取 Hadoop 的配置文件, 如 core-site.xml...
  // 也可用 set()方法重新设置（会覆盖）: conf.set("fs.default.name", //"hdfs://xxxx:9000")
Configuration conf = new Configuration();
```

```
//将命令行中的参数自动设置到变量 conf 中
String[] otherArgs = new GenericOptionsParser(conf,
args).getRemainingArgs();

if(otherArgs.length != 2)
{
    System.err.println("Usage: wordcount <in><out>");
    System.exit(2);
}

Job job = new Job(conf, "word count");          // 新建一个 job，传入配置信息
job.setJarByClass(WordMain.class);              // 设置主类
job.setMapperClass(WordMapper.class);           // 设置 Mapper 类
job.setCombinerClass(WordReducer.class);        // 设置作业合成类
job.setReducerClass(WordReducer.class);         // 设置 Reducer 类
job.setOutputKeyClass(Text.class);              // 设置输出数据的关键类
job.setOutputValueClass(IntWritable.class);     // 设置输出值类
FileInputFormat.addInputPath(job, new Path(otherArgs[0])); // 文件输入
FileOutputFormat.setOutputPath(job, new Path(otherArgs[1])); // 文件输出
System.exit(job.waitForCompletion(true) ? 0 : 1); // 等待完成并退出
}
```

该类中的 main()函数就是 MapReduce 程序的入口。在 main()函数中，首先创建一个 Configuration 类对象 conf 用于保存所有配置信息，该对象在创建时会读取需要的配置文件，如 core-site.xml、hdfs-site.xml 等，根据配置文件中的变量信息进行初始化，当然，配置文件中的配置有时候并不是人们想要的，这时候可以调用 Configuration 类中的 set()方法覆盖其中的配置，如果想修改 Reducer 的数量，则可以使用如下方式。

```
conf.set("mapreduce.job.reduces", "2");
```

也不是所有的配置都可以修改，有时候集群管理员并不希望用户在应用程序中修改某变量的值，这时候会在相应变量后面添加 final 属性，如下面粗体所示。

```
<property>
    <name>mapreduce.task.io.sort.factor</name>
    <value>10</value>
    <final>true</final>
</property>
```

这时候，Configuration 类中的 set()方法将不再起作用。

main()函数使用 otherArgs 获取命令行参数，并对其进行判断，检查命令中是否正确指定了输入/输出位置。

main()函数创建一个 Job 类对象 job，并传入保存了配置信息的 conf 和作业名称，之后对 job 对象进行相关设置，如设置 Mapper 类、Reducer 类和作业合成类等。job 对象就是最终的作业对象，它包含一个作业需要的所有信息。

至此，一个 MapReduce 程序便开发完成了。

6. 将工程打包为 JAR 包

WordCount 代码编写完成后，该工程并不能直接在 Hadoop 中运行，还需要将其打包成 JVM 能执行的二进制文件，即打包成 JAR 文件，才能被 Hadoop 所用。

在工程"WordCount"上单击鼠标右键，在弹出的快捷菜单中选择"Export"命令，在弹出的"Export"对话框中单击"JAR file"选项，如图 5-31 所示，单击"Next"按钮，进入"JAR Export"对话框，这里只选择"src"即可，取消选中 lib 文件夹，因为 lib 中的依赖包本来就是复制的 Hadoop 的源文件，集群中已经包含，这样做可以进行依赖包过滤。之后选择一个保存位置，这里将其保存到桌面上，单击"Finish"按钮，如图 5-32 所示。

图 5-31　选择"JAR file"　　　　　　图 5-32　JAR 依赖包过滤

7．部署并运行

部署其实就是把前面生成的 WordCount.jar 包放入集群中运行。Hadoop 一般有多个节点，包括一个 NameNode 和多个 DataNode，这里只需要把 JAR 包放入 NameNode 中，并使用相应的 Hadoop 命令即可，Hadoop 集群自己会把任务传送给需要运行任务的节点。WordCount.jar 运行时需要有输入文件，这里依然使用前面使用的两个简单测试文本，读者可以选择使用其他复杂的测试文本。

（1）创建测试文本文件并上传相关文件到 NameNode 中

为了方便，在 Windows 桌面上创建测试文本文件 file1.txt、file2.txt。其中的内容分别如下。

```
File: file1.txt                    File: file2.txt
hadoop is very good                hadoop is very good
mapreduce is very good             mapreduce is very good
```

然后使用 WinSCP 工具把上述 .txt 文件和 WordCount.jar 包一起上传到 NameNode 的 Hadoop 用户目录下的 hadoop 安装目录下。Hadoop 用户是指安装并运行 Hadoop 集群的用户，由于第 2 章安装 Hadoop 集群使用的用户为 root 用户，所以本节使用的用户名为 root。

上传完毕，使用 ll 命令查看是否上传成功，如图 5-33 所示。

图 5-33　查看文件及目录是否上传成功

（2）上传测试文件到 HDFS 中

在执行本步骤前，需要先打开 Hadoop 集群。

为了使集群中的文件有较好的规划，在 HDFS 中建立单独的文件夹保存测试文件。

在 HDFS 中建立文件夹的命令如下。

```
hadoop fs -mkdir [文件夹名称]
```

从本地上传文件到 HDFS 的命令如下。

```
hadoop fs -put [本地文件] [HDFS目标位置]
```

按照上述操作，先在 HDFS 根目录下建立 user 文件夹；然后在 user 文件夹下建立 hadoop 文件夹；再在 hadoop 文件夹下建立 input 文件夹；之后上传两个.txt 文件（file1.txt 和 file2.txt）到 HDFS 中，命令中的 file*为正则表达式，表示一切以 file 开头的文件；最后列出 HDFS 中/user/hadoop/input/文件夹下的文件。具体的操作如图 5-34 所示。

注意，Hadoop 脚本命令位于$HADOOP_INSTALL/bin 目录下，如要直接使用，就必须把$HADOOP_INSTALL/bin 目录添加到环境变量 PATH 中,也可以临时使用命令 export PATH=$PATH:[Hadoop 安装位置]/bin 实现。

```
[root@master hadoop]# hadoop fs -mkdir /user
[root@master hadoop]# hadoop fs -mkdir /user/hadoop
[root@master hadoop]# hadoop fs -mkdir /user/hadoop/input
[root@master hadoop]# hadoop fs -put file* /user/hadoop/input/
[root@master hadoop]# hadoop fs -ls /user/hadoop/input
Found 2 items
-rw-r--r--   1 root supergroup          43 2019-04-04 15:37 /user/hadoop/input/file1.txt
-rw-r--r--   1 root supergroup          43 2019-04-04 15:37 /user/hadoop/input/file2.txt
```

图 5-34　上传测试文件到 HDFS 中

（3）在 Hadoop 集群中运行 WordCount

测试文件已经准备完毕，现在要把任务提交到 Hadoop 集群中。在 Hadoop 中运行 java 任务需要使用如下命令。

```
hadoop  jar [JAR文件位置] [JAR主类] [HDFS输入位置] [HDFS输出位置]
```

① hadoop：Hadoop 脚本命令，和前面一样，如要直接使用，就必须添加相应 bin 路径到环境变量 PATH 中，也可直接使用$HADOOP_INSTALL/bin/hadoop 代替。

② JAR：表示要运行的是一个基于 java 的任务。

③ JAR 文件位置：提供所要运行任务的 JAR 文件位置，如果在当前操作目录下，则可直接使用文件名。

④ JAR 主类：提供入口函数所在的类，格式为[包名.]类名。

⑤ HDFS 输入位置：指定输入文件在 HDFS 中的存储位置。

⑥ HDFS 输出位置：指定输出文件在 HDFS 中的存储位置，该位置必须不存在，否则任务不会运行，该机制是为了防止原有的文件被覆盖，出现意外丢失的情况。

本例的操作命令如图 5-35 所示。

```
[root@master hadoop]# hadoop jar WordCount.jar  WordCount.WordMain /user/hadoop/input/file*
/user/hadoop/output/
```

图 5-35　提交任务到 Hadoop 集群

提交任务后，Hadoop 集群便开始执行任务，在任务的执行过程中，会出现一系列任务提示或进度信息，如下所示（由于篇幅所限，这里只显示部分）。

```
……
19/04/07 17:20:59 INFO mapreduce.Job: Running job: job_1554362964993_0002
```

```
19/04/07 17:21:14 INFO mapreduce.Job: Job job_1554362964993_0002 running in uber mode : false
19/04/07 17:21:14 INFO mapreduce.Job:  map 0% reduce 0%
19/04/07 17:21:24 INFO mapreduce.Job:  map 50% reduce 0%
19/04/07 17:21:26 INFO mapreduce.Job:  map 100% reduce 0%
19/04/07 17:21:34 INFO mapreduce.Job:  map 100% reduce 100%
19/04/07 17:21:34 INFO mapreduce.Job: Job job_1554362964993_0002 completed
successfully
19/04/07 17:21:34 INFO mapreduce.Job: Counters: 49
    File System Counters
        FILE: Number of bytes read=126
        FILE: Number of bytes written=368192
        FILE: Number of read operations=0
        FILE: Number of large read operations=0
        FILE: Number of write operations=0
        HDFS: Number of bytes read=308
        HDFS: Number of bytes written=40
        HDFS: Number of read operations=9
        HDFS: Number of large read operations=0
        HDFS: Number of write operations=2
    Job Counters
        Launched map tasks=2
        Launched reduce tasks=1
        Data-local map tasks=2
        Total time spent by all maps in occupied slots (ms)=18173
        Total time spent by all reduces in occupied slots (ms)=7378
        Total time spent by all map tasks (ms)=18173
        Total time spent by all reduce tasks (ms)=7378
        Total vcore-milliseconds taken by all map tasks=18173
        Total vcore-milliseconds taken by all reduce tasks=7378
        Total megabyte-milliseconds taken by all map tasks=18609152
        Total megabyte-milliseconds taken by all reduce tasks=7555072
    Map-Reduce Framework
        Map input records=4
        Map output records=16
        Map output bytes=150
        Map output materialized bytes=132
        Input split bytes=222
        Combine input records=16
        Combine output records=10
        Reduce input groups=5
        Reduce shuffle bytes=132
        Reduce input records=10
        Reduce output records=5
        Spilled Records=20
        Shuffled Maps =2
        Failed Shuffles=0
        Merged Map outputs=2
        GC time elapsed (ms)=422
        CPU time spent (ms)=2900
        Physical memory (bytes) snapshot=475488256
        Virtual memory (bytes) snapshot=6234497024
        Total committed heap usage (bytes)=264380416
    Shuffle Errors
        BAD_ID=0
        CONNECTION=0
```

```
        IO_ERROR=0
        WRONG_LENGTH=0
        WRONG_MAP=0
        WRONG_REDUCE=0
    File Input Format Counters
        Bytes Read=86
    File Output Format Counters
        Bytes Written=40
```

如果出现上面的结果，就说明任务运行成功。

（4）查看运行结果

任务运行结果保存在设定的输出目录中，如图 5-36 所示。任务运行结果一般由两类文件组成。

```
[root@master hadoop]# hadoop fs -ls /user/hadoop/output
Found 2 items
-rw-r--r--   1 root supergroup          0 2019-04-04 15:41 /user/hadoop/output/_SUCCESS
-rw-r--r--   1 root supergroup         40 2019-04-04 15:41 /user/hadoop/output/part-r-00000
[root@master hadoop]# hadoop fs -text /user/hadoop/output/part-r-00000
good    4
hadoop  2
is      4
mapreduce       2
very    4
```

图 5-36　任务运行结果

① _SUCCESS：该文件中无任何内容，生成它主要是为了使 Hadoop 集群检测并停止任务。

② part-r-00000：由 Reducer 生成的结果文件。一般来说一个 Reducer 生成一个结果文件，因为本例只有一个 Reducer 运行，所以结果文件只有一个。可以使用 hadoop　fs 中的-text 命令直接输出结果文件内容。

至此，一个 MapReduce 程序的开发过程就结束了。

微课 5-2

在 Eclipse 中查看
MapReduce 结果

5.7.2　简单使用 Eclipse 插件

在 5.7.1 小节中，开发完成的 JAR 包需要上传到集群并使用相应命令才能执行，这对于不熟悉 Linux 的用户来说仍具有一定的困难，而使用 Hadoop Eclipse 插件能很好地解决这一问题。Hadoop　Eclipse 插件不仅能让用户直接在本地（Windows 下）将任务提交到 Hadoop 集群上，还能调试代码、查看出错信息和结果、使用图形化的方式管理 HDFS 文件。

Eclipse 插件需要单独从网上获取，获取后，可以自己重编译，也可以直接使用编译好的 release 版本。经过测试，发现从网上获取的插件可以直接使用。下面介绍如何获取和简单使用 Eclipse 插件。

1. 获取 Eclipse 插件

在 Hadoop Eclipse 官网可以找到 Hadoop Eclipse 插件。进入对应页面后，单击"Download ZIP"按钮即可下载 Eclipse 插件包集合 hadoop2x-eclipse- plugin-master.zip，如图 5-37 所示。

Eclipse 插件包下载完毕，可在如下位置找到 3 种版本的 Hadoop Eclipse 插件。

```
hadoop2x-eclipse-plugin-master.zip\hadoop2x-eclipse-plugin-master\release
```

因为本书用的是 Hadoop 3.2.2，所以使用的插件包版本为 hadoop-eclipse-plugin- 2.6.0.jar。

2. 使用 Hadoop Eclipse 插件

在 Eclipse 中使用插件非常简单，只需要关闭 Eclipse，把上述插件包解压并复制到 Eclipse\plugins 目录下，再重新打开 Eclipse 即可。其他版本的 Eclipse 可能需要复制到 Eclipse\dropins 才能使用。

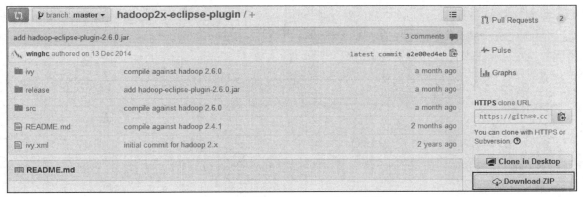

图 5-37　获取 Hadoop Eclipse 插件

（1）查找 Eclipse 插件

启动 Eclipse 后，选择"Window"→"Show View"→"Other"命令，如图 5-38 所示。在弹出的"Show View"对话框中找到"Map/Reduce Locations"，选中后单击"OK"按钮，如图 5-39 所示。

图 5-38　查找 Eclipse 插件　　　　　　　图 5-39　选择 Map/Reduce Locations

单击"OK"按钮后，在 Eclipse 下面的视窗中会多出一栏"Map/Reduce Locations"，如图 5-40 所示；选择"Window"→"Show View"→"Project Explorer"命令，在 Eclipse 左侧视窗中显示项目浏览器，项目浏览器最上面出现"DFS Locations"，如图 5-41 所示。Map/Reduce Locations 用于连接 Hadoop 集群，如果连接成功，则 DFS Locations 中会显示相应 Hadoop 集群的 HDFS 中的文件。Map/Reduce Locations 可以一次连接到多个 Hadoop 集群。

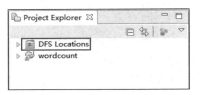

图 5-40　Map/Reduce Locations　　　　　　图 5-41　DFS Locations

在 Map/Reduce Locations 下侧的空白处单击鼠标右键，在弹出的快捷菜单中选择"New Hadoop location"命令，新建一个 Hadoop 连接，如图 5-42 所示。之后会弹出"Edit Hadoop location"对话框，如图 5-43 所示，对各项的解释如下。

图 5-42　新建一个 Hadoop 连接　　　　图 5-43　"Edit Hadoop location"对话框

① Location name：为当前建立的 Hadoop location 命名。

② Map/Reduce Host：设置集群中 NameNode 的 IP 地址，这里为 192.168.159.135。

③ Map/Reduce Port：设置 MapReducer 任务运行的通信端口号，对应 mapred.site.xml 中定义的 mapreduce.jobtracker.address 参数中的端口值，一般为 9001。

④ DFS Master Use M/R Master host：勾选表示采用和 Map/Reduce Host 一样的主机 IP 地址。

⑤ DFS Master Host：设置集群中 NameNode 的 IP 地址。

⑥ DFS Master Port：设置 HDFS 的端口号，对应 core-site.xml 中定义的 fs.defaultFS 参数中的端口值，一般为 9000。

⑦ User name：设置集群的用户名，这里可以任意填写。

配置完成后，单击"Finish"按钮就完成了 Hadoop location 的配置。在"Advanced parameters"选项卡中还可以配置更多细节，但是在实际使用中比较烦琐，相应的设置在代码中也可以进行，这里只需要配置"General"选项卡的内容即可。这时，右侧"Project Explore"中的"DFS Locations"会多出一个子栏目，如图 5-44 所示，其名字为上面设置的 Hadoop location 名称。

（2）使用 Eclipse 插件管理 HDFS

如果前面的配置参数没有问题，Hadoop 集群也已启动，那么 Eclipse 插件会自动连接 Hadoop 集群的 HDFS，并获取 HDFS 的文件信息。单击栏目前的 ❯ 即可向下展开并查看 HDFS 文件目录树，如图 5-45 所示。

在图 5-45 中，可以看到之前创建的测试文件以及 WordCount 的运行结果，直接双击"part-r-00000"，即可在 Eclipse 中查看结果内容，如图 5-46 所示。

在文件夹或者文件上单击鼠标右键，在弹出的快捷菜单中选择相应的命令即可进行相应的操作，如图 5-47 所示。图 5-47（a）为 hadoop 文件夹的快捷菜单，图 5-47（b）为 input 文件夹的快捷菜单。

图 5-44　DFS Locations

图 5-45　查看 HDFS 文件目录树

图 5-46　双击打开文件

图 5-47　快捷菜单

（a）　　　　　　　　　　　　（b）

需要注意的是，上面快捷菜单中的"Refresh"只对选中的项目有效，即如果是文件，则只刷新该文件的相关信息；如果是文件夹，则只刷新该文件夹下的内容。

值得一提的是，为了安全，HDFS 的权限检测机制默认是打开的，只有关闭该机制之后，才能使用 Eclipse 插件将文件上传到 DFS 或从 DFS 中删除文件（夹）。如要关闭 HDFS 的权限检测机制，则只需在 hdfs-site.xml 中添加如下变量，然后重启 Hadoop 集群即可。

```
<property>
    <name>dfs.permissions</name>
    <value>false</value>
</property>
```

3. 在 Eclipse 中将任务提交到 Hadoop

使用 Eclipse 插件可以直接在 Eclipse 环境下采用图形操作的方式提交任务，这可以极大简化开发人员提交任务的操作步骤。5.7.1 小节已经建立了一个 WordCount 工程，这里直接拿来演示，不过在提交任务前，还需要进行适当的配置。

（1）配置本地 Hadoop 目录和输入/输出目录

在 Eclipse 中设置本地 Hadoop 目录，在 Eclipse 界面中选择"Window"→"Preferences"命令，弹出设置界面，在设置界面中找到 Hadoop Map/Reduce，在"Hadoop installation directory"文本框中输入 Hadoop 源文件所在的位置。

在向 Hadoop 集群提交任务时，还需要指定输入/输出目录，在 Eclipse 中，可按如下操作进行设置：双击打开工程的某代码文件，在代码编辑区单击鼠标右键，在弹出的快捷菜单中选择"Run As"→"Run Configurations"，如图 5-48 所示。

在弹出的"Run Configurations"对话框中找到"Java Application"，单击鼠标右键，在弹出的快捷菜单中选择"New Configuration"命令，单击"WordMain"进入设置界面，单击"Arguments"选项卡，在"Program arguments"文本框中指定输入/输出目录，如图 5-49 所示，第 1 行为输入目录，第 2 行为输出目录，格式为 hdfs://[namenode_ip]:[端口号][路径]。

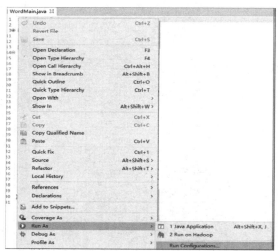

图 5-48　选择"Run Configurations"

图 5-49　指定输入/输出目录

因为输出目录不能重复，所以这里把输出目录的路径改为/user/hadoop/output2。

（2）修改 WordCount 驱动类

修改 WordCount 驱动类主要是为了添加配置信息，这是因为前面配置的 Hadoop Location 并没有完全起作用，Eclipse 获取不到集群环境下的配置信息，导致提交任务时加载的配置信息为默认值。

当然，不修改 WordCount 驱动类也能提交任务，只不过任务不会提交到集群中，而是尝试在本地（Windows）建立文件，运行任务，任务运行完之后，再把结果文件上传到 HDFS 中，本地运行时的残留文件可在以下位置查看。

```
eclipse_wokspace\wordcount\build\test\mapred\local\localRunner\username
```

修改的 WordCount 驱动类代码如下，添加的部分用粗体标识。

```java
public class WordMain
{
    public static void main(String[] args) throws Exception
    {
        Configuration conf = new Configuration();
            String[] otherArgs = new GenericOptionsParser(conf,
            args).getRemainingArgs();
            conf.set("fs.defaultFS", "hdfs://192.168.159.135:9000");
            conf.set("hadoop.job.user","ROOT");
            conf.set("mapreduce.framework.name","yarn");
            conf.set("mapreduce.jobtracker.address","192.168.159.135:9001");
            conf.set("yarn.resourcemanager.hostname", "192.168.159.135");
            conf.set("yarn.resourcemanager.admin.address", "192.168.159.135:8033");
            conf.set("yarn.resourcemanager.address", "192.168.159.135:8032");
            conf.set("yarn.resourcemanager.resource-tracker.address",
            "192.168.159.135:8036");
            conf.set("yarn.resourcemanager.scheduler.address",
            "192.168.159.135:8030");

            if(otherArgs.length != 2)
            {
            System.err.println("Usage: wordcount <in><out>");
            System.exit(2);
            }

            Job job = new Job(conf, "word count");
            job.setJar("WordCount.jar");                    // 设置运行的 JAR 文件
            job.setJarByClass(WordMain.class);
            job.setMapperClass(WordMapper.class);
            job.setCombinerClass(WordReducer.class);
            job.setReducerClass(WordReducer.class);
            job.setOutputKeyClass(Text.class);
            job.setOutputValueClass(IntWritable.class);
            FileInputFormat.addInputPath(job, new Path(otherArgs[0]) );
            FileOutputFormat.setOutputPath(job, new Path(otherArgs[1]) );
            System.exit(job.waitForCompletion(true) ? 0 : 1 );
    }
}
```

注意，因为在建立 Job 类对象后也新增了一行代码：

```java
job.setJar("WordCount.jar");
```

以告诉 Hadoop 集群所要运行的 JAR 文件，所以需要先将 WordCount 项目导出为 JAR 文件，位置为项目根目录下（因为上面代码 job.setJar("WordCount.jar")查找目标的相对路径为 WordCount 项目根目录）。

（3）提交任务

提交任务非常简单，直接在代码编辑区单击鼠标右键，在弹出的快捷菜单中选择"Run As"→"Run on Hadoop"命令即可。任务运行时，会在控制台输出运行状况信息，如图 5-50 所示。运行完毕，在 DFS Locations 中刷新 Hadoop 文件夹，会发现多出一个 output2 文件夹，展开该文件夹后双击"part-r-00000"，即可直接查看结果文件，如图 5-51 所示。

图 5-50　输出运行状况信息

图 5-51　查看结果文件

4．建立 Map/Reduce 项目

在应用 Hadoop Eclipse 插件之后，可以直接在 Eclipse 中建立 Map/Reduce 项目，因为该项目会自动引用相应的 JAR 包，路径为设置的本地 Hadoop 目录，所以在项目中不用再进行建立 lib 文件夹、复制 JAR 包等操作。

和前面建立 Java 项目类似，在 Eclipse 中选择"File"→"New"→"Project"命令，弹出"New Project"对话框，选择"Map/Reduce Project"，单击"Next"按钮，如图 5-52 所示。

在弹出的"New MapReduce Project Wizard"对话框的"Project name"文本框中填写项目名称，单击"Finish"按钮，如图 5-53 所示。之后在项目中建立一个 wordcount2 类，插入如下代码。

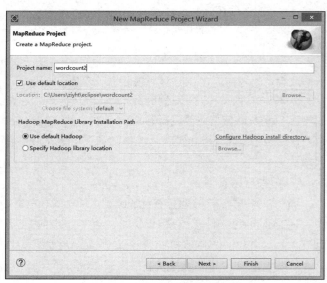

图 5-52　选择"Map/Reduce Project"　　　　图 5-53　填写项目名称

```java
package wordcount2;

import java.io.IOException;
import java.util.StringTokenizer;

import org.apache.hadoop.conf.Configuration;
import org.apache.hadoop.fs.Path;
import org.apache.hadoop.io.IntWritable;
import org.apache.hadoop.io.Text;
import org.apache.hadoop.mapreduce.Job;
import org.apache.hadoop.mapreduce.Mapper;
import org.apache.hadoop.mapreduce.Reducer;
import org.apache.hadoop.mapreduce.lib.input.FileInputFormat;
import org.apache.hadoop.mapreduce.lib.output.FileOutputFormat;
import org.apache.hadoop.util.GenericOptionsParser;

public class WordCount2
{
        public static class TokenizerMapper extends Mapper<Object, Text, Text,
IntWritable>
        {
                privatefinalstatic IntWritable one = new IntWritable(1);
                private Text word = new Text();
                public void map(Object key, Text value, Context context) throws IO
Exception, InterruptedException
                {
                        StringTokenizer itr = new StringTokenizer(value.toString());
                        while (itr.hasMoreTokens())
                        {
                                word.set(itr.nextToken());
                                context.write(word, one);
                        }
                }
        }

        public static class IntSumReducer extends Reducer<Text, IntWritable, Text,
IntWritable>
        {
                private IntWritable result = new IntWritable();
                public void reduce(Text key, Iterable<IntWritable>values, Context
                context) throws IOException, InterruptedException
                {
                    int sum = 0;
                    for (IntWritable val : values)
                    {
                            sum += val.get();
                    }
                    result.set(sum);
                    context.write(key, result);
                }
        }
        public static void main(String[] args) throws Exception
        {
            Configuration conf = new Configuration();
            conf.set("fs.defaultFS", "hdfs://192.168.159.135:9000");
            conf.set("hadoop.job.user","root");
```

```
        conf.set("mapreduce.framework.name","yarn");
        conf.set("mapreduce.jobtracker.address","192.168.159.135:9001");
        conf.set("yarn.resourcemanager.hostname", "192.168.159.135");
        conf.set("yarn.resourcemanager.admin.address", "192.168.159.135:8033");
        conf.set("yarn.resourcemanager.address", "192.168.159.135:8032");
        conf.set("yarn.resourcemanager.resource-tracker.address", "192.168.159.
135:8036");
        conf.set("yarn.resourcemanager.scheduler.address", "192.168.159.135:8030");

        String[] otherArgs = new GenericOptionsParser(conf, args).getRemainingArgs();
        if (otherArgs.length != 2)
        {
            System.err.println("Usage: wordcount <in><out>");
            System.exit(2);
        }

        Job job = new Job(conf, "word count2");
        job.setJar("WordCount2.jar");
        job.setJarByClass(WordCount2.class);
        job.setMapperClass(TokenizerMapper.class);
        job.setCombinerClass(IntSumReducer.class);
        job.setReducerClass(IntSumReducer.class);
        job.setOutputKeyClass(Text.class);
        job.setOutputValueClass(IntWritable.class);
        FileInputFormat.addInputPath(job, new Path(otherArgs[0]));
        FileOutputFormat.setOutputPath(job, new Path(otherArgs[1]));
        boolean flag = job.waitForCompletion(true);
        System.out.print("SUCCEED!" + flag);  // 任务完成提示
        System.exit(flag ? 0 : 1);
        System.out.println();
    }
}
```

之后在 Eclipse 设置输入/输出目录，将项目导出到 JAR 包，存储到工程根目录下，即可提交任务 Run on Hadoop。

注意，因为使用 Map/Reduce 插件建立的项目在运行时，控制台并没有日志输出，所以在上面的代码最后添加了一行输出 System.out.print("SUCCEED!" + flag);，当控制台最后输出"SUCCEED!true"时，表明任务运行成功，这时刷新 DFS Locations 会看到结果已经输出了。

可以看出，使用插件直接建立 Map/Reduce 项目使 Map/Reduce 程序的开发变得更加方便和容易，不需要进行另外导入依赖包等相关操作，提交任务也变得更加快捷。

习题

1. 简述 MapReduce 基本思想，想想在生活中有没有相似的例子。

2. MapReduce 有哪些编程模型？

3. MapReduce 如何保证结果文件中 key 的唯一性？

4. MapReduce 的分区（Partition）操作是怎样实现的？

5. 用自己熟悉的语言编写 Mapper 和 Reducer 的可执行脚本或文件，然后使用 Hadoop 的 Streaming 将任务提交到集群运行。

第6章
Hadoop I/O操作

06

素养要点与教学目标

· 理解 Hadoop 的 I/O 知识，包括不同写入变量和数据类型，如 IntWritable、LongWritable、Text 和 NullWritable 等。

· 了解 Hadoop 自带用于 I/O 的原子操作和序列化操作，利用其保障海量数据集的完整性和压缩性。

· 掌握 Hadoop 对大数据的压缩和解压机制，利用其减少存储空间占用和加速数据在网络上的传输。

· 熟悉 Hadoop 中自定义序列化系统实现 Writable 接口的方式，利用其实现对数据的二进制流发送和反序列化。

· 学习基本文件类型 SequenceFile 和 MapFile 的读写操作，利用其实现更高效的数据处理。

在学习 MapReduce 编程之后，接下来就开始学习 Hadoop 的 I/O 知识了。对于在第 5 章学习 MapReduce 编程过程中遇到的不同写入变量 IntWritable（整型变量）、LongWritable（长整型变量）、Text 和 NullWritable 等概念，本章将详细说明。Hadoop 自带用于 I/O 的原子操作。原子操作是指不会被线程调度机制打断的操作。这种操作一旦开始，就会一直运行到任务结束，中间不会有任何上下文切换（Context Switch）。它都是基于如何保障海量数据集的完整性和压缩性展开的。Hadoop 还提供了用于开发分布式系统的 API，如一些序列化操作和基于磁盘的底层数据结构。

Hadoop 对大数据的压缩和解压机制，可以减少存储空间占用和加速数据在网络上的传输。在 Hadoop 中，通过序列化将消息编码为二进制流发送到远程节点，此后在接收端接收的二进制流被反序列化为消息。Hadoop 没有采用 Java 序列化（因为 Java 序列化比较复杂，且不能深度控制），而是引入了自己的序列化系统，实现了 Writable 接口。本章介绍 HDFS 数据完整性、基本文件类型 SequenceFile 和 MapFile 的读写操作、压缩和解压、序列化。

6.1 HDFS 数据完整性

Hadoop 用户希望系统在存储和处理数据时，数据不会有任何损失或损坏。Hadoop 提供了两种校验数据的方式：第一种称为校验和，如常用的循环冗余校验（Cyclic Redundancy Check，CRC）；第二种是运行一个后台进程来检测数据块。

微课 6-1

数据节点验证

6.1.1 校验和

文件第一次被引入系统时计算校验和，可以判断数据是否损坏，如果计算所得的新校验和与原来的校验和不匹配，就认为数据已损坏。但这样做并不能修复数据。系统针对每个由

io.bytes.per.checksum 指定字节（默认值为 512B）的数据来计算校验和，而 CRC-32 校验和是 4 字节，也就是说，存储校验和的额外开销对 Hadoop 来说是相当低的。当然，校验和在传输过程中也可能损坏，但由于它只占 4 字节，所以其出错概率相对于原数据来说非常低。

1. 写入 DataNode 验证

HDFS 对写入的所有数据计算校验和，并在读取数据时验证校验和。NameNode 负责在验证收到的数据后，存储数据及其校验和。它在收到客户端的数据或复制其他 DataNode 的数据时执行这个操作。正在写数据的客户端将数据及其校验和发送到一系列 DataNode 组成的管线中，管线的最后一个 DataNode 负责验证校验和。

2. 读取 DataNode 验证

客户端从 DataNode 中读取数据时，也会验证校验和，即将它们与 DataNode 中存储的校验和相比较。因为每个 DataNode 都持久化一个用于验证的校验和日志，所以它知道每个数据块的最后一次验证时间。客户端成功验证一个数据块后，会告诉这个 DataNode，DataNode 由此更新日志。

3. 恢复数据

由于 HDFS 存储着每个数据块的副本，因此它可以复制完好的数据副本来修复损坏的数据块，从而恢复数据。恢复数据的基本思路如下。

（1）客户读取数据块时，检测到错误，向 NameNode 报告已损坏的数据块，以及正在尝试读取操作的 DataNode，最后才抛出 checksumexception 异常。

（2）NameNode 将这个已损坏的数据块的副本标记为损坏，这里的操作不需要通过客户端，NameNode 直接和 DataNode 联系，或尝试将这个副本复制到另一个 DataNode。

（3）NameNode 安排这个数据块的一个 DataNode 将副本复制到另一个 DataNode，如此一来，数据块的备份因子又回到期望水平，已损坏的数据块便被恢复。

4. LocalFileSystem 类

LocalFileSystem 类用来执行客户端的校验和验证。当写入一个名为 filename 的文件时，文件系统客户端会在包含每个文件块校验和的同一个目录内建立一个名为.Filename.crc 的隐藏文件。

5. ChecksumFileSystem 类

LocalFileSystem 类通过 ChecksumFileSystem 类来完成任务，有了这个类，向其他文件系统加入校验和就变得非常简单，因为 ChecksumFileSystem 继承于 FileSystem。该类一般的用法如下。

```
FileSystem rawFs =…;
FileSystem checksummedFs = new ChecksumFileSystem(rawFs);
```

还可以通过 CheckFileSystem 实例的 getRawFileSystem()方法获取源文件系统。此外，在检测到错误时，CheckFileSystem 类会调用自己的 reportCheckSumFailure()方法报告错误（该方法默认为空，需用户自己实现），然后 LocalFileSystem 类将这个出错的文件和校验和移动到一个名为 bad_files 的文件夹内，管理员可以定期检查这个文件夹。

6.1.2 运行后台进程来检测数据块

DataNode 后台有一个进程 DataBlockScanner，其负责定期验证存储在这个 DataNode 上的所有数据项。该项措施用于解决物理存储媒介上保存的数据会衰减、损坏等问题。DataBlockScanner 是作为 DataNode 的一个后台线程工作的，与 DataNode 同时启动。DataBlockScanner 工作流程如图 6-1 所示，首先进行初始化，为每个块创建一个 BlockScanInfo；接着创建扫描日志记录器，再创建扫描速度控制器；然后为每个块分配上一次验证的时间；接着调整扫描速度控制器，开始进行扫描验证，以确定数据库是否到期。

图 6-1　DataBlockScanner 工作流程

由于扫描一遍 DataNode 上的每一个数据块要消耗较多的系统资源，因此扫描周期一般比较长，这可能会带来另外一个问题，即在一个扫描周期内可能会出现 DataNode 重启的情况，所以为了提高系统性能，避免 DataNode 在启动之后又扫描一遍还没有过期的数据块，在 DataBlockScanner 内部使用了日志记录器来持久化保存每个数据块上一次扫描的时间，这样，DataNode 在启动之后，可以通过日志文件来恢复之前所有数据块的有效时间。

6.2　基于文件的数据结构

Hadoop 中的 HDFS 和 MapReduce 框架主要是针对大文件设计的，在小文件处理上使用其不但效率低下，而且十分消耗内存资源。这个问题的解决办法通常是选择一个容器，将这些小文件包装成一个大文件（即作为一条记录），这样可以实现高效存储和处理，避免多次打开与关闭文件耗费计算资源。HDFS 提供了两种类型的容器，分别是 SequenceFile 和 MapFile。

6.2.1　SequenceFile 的存储

SequenceFile 的存储类似于日志文件，不同的是，日志文件中的每条记录都是纯文本数据，而

SequenceFile 中的每条记录都是可序列化、可持久化的键值结构数据。在存储结构上，SequenceFile 主要由一个头（Header）后跟多条记录（Record）组成。SequenceFile 提供相应的读写器和排序器，写数据根据压缩的类型分为以下 3 种。

（1）Writer：无压缩写数据。

（2）RecordCompressWriter：记录级压缩文件写数据，只压缩值。

（3）BlockCompressWrite：块压缩文件写数据，键值采用独立压缩方式。

读操作实际上可以读取上述 3 种类型的数据。无压缩写数据、记录级压缩文件写数据和块压缩文件写数据，每一种类型的文件由数据记录的长度（Record Length）、键的长度（Key Length）、键（Key）和值（Value）组成，如图 6-2 所示。

图 6-2　SequenceFile 文件结构

当保存的记录很多时，可以把一连串的记录组织到一起，统一压缩成一个块，如图 6-3 所示。块压缩信息主要包括数据记录数（Number of data records）、压缩键的长度（Compressed Key Lengths）、压缩键（Compressed Keys）、压缩值（Compressed Values）和压缩值的长度（Compressed Value Lengths）。

图 6-3　块级压缩文件结构

注意，每个块的大小可以通过 io.seqfile.compress.blocksize 属性设置。

1. SequenceFile 的写操作

通过 createWriter()静态方法可以创建 SequenceFile 对象，返回 SequenceFile.Writer 实例，并指定待写入的数据流，如 FSDataOutputStream 或 FileSystem 对象和 Path 对象。此外还需指定 Configuration 对象和键值类型，这些键值类型只要是继承 Serialization 接口的，就可以使用。

SequenceFile 可通过 API 来添加新记录，即 fileWriter.append(key, value)。每条记录以键值对的方式组织，前提是 Key 和 Value 需具备序列化和反序列化的功能。Hadoop 预定义了 Key Class 和 Value Class，它们直接或间接实现了 Writable 接口，满足了实现序列化和反序列化功能的条件。其中 Text 等同于 Java 中的 String，IntWritable 等同于 Java 中的 Int，BooleanWritable 等同于 Java 中的 Boolean。

下面是通过 append()方法完成写操作的例子。

```java
package org.trucy.hadoopIO;

import java.net.URI;
import org.apache.hadoop.conf.Configuration;
import org.apache.hadoop.fs.FileSystem;
import org.apache.hadoop.fs.Path;
import org.apache.hadoop.io.IOUtils;
import org.apache.hadoop.io.IntWritable;
import org.apache.hadoop.io.SequenceFile;
import org.apache.hadoop.io.Text;

public class SequenceFileWrite {
    private static final String[] DATA = {
        "One, two, buckle my shoe",
        "Three, four, shut the door",
        "Five, six, pick up sticks",
        "Seven, eight, lay them straight",
        "Nine, ten, a big fat hen"
    };
    @SuppressWarnings("deprecation")
    public static void main(String[] args) throws Exception {
        Configuration conf=new Configuration();
        URI uri = new URI("hdfs://node1:8020/number.seq");
        FileSystem fs=FileSystem.get(uri,conf);
        Path path = new Path(uri);
        IntWritable key = new IntWritable();
        Text value = new Text();
        SequenceFile.Writer writer = null;
        try {
            writer = SequenceFile.createWriter(fs, conf, path,key.
getClass(),
            for (int i = 0; i < 100; i++) {
                key.set(100 - i);
                value.set(DATA[i % DATA.length]);
                System.out.printf("[%s]\t%s\t%s\n", writer.getLength(),
key,value);

                writer.append(key, value);
            }
        }
        finally {
            IOUtils.closeStream(writer);
```

```
                    }
                }
            }
```

运行结果如下。

```
[128] 100 One, two, buckle my shoe
[173] 99 Three, four, shut the door
......
[1976] 60 One, two, buckle my shoe
[2021] 59 Three, four, shut the door
[2088] 58 Five, six, pick up sticks
[2132] 57 Seven, eight, lay them straight
[2182] 56 Nine, ten, a big fat hen
......
[4693] 2 Seven, eight, lay them straight
[4743] 1 Nine, ten, a big fat hen
```

在命令行窗口显示 SequenceFile 的内容不能用-cat，而要用-text（表示要用文本的形式显示二进制文件），代码如下。

```
[trucy@node1 ~]$ hdfs dfs -text /number.seq
19/05/22 18:34:21 INFO zlib.ZlibFactory: Successfully loaded & initialized
native-zlib library
19/05/22 18:34:21 INFO compress.CodecPool: Got brand-new decompressor [.deflate]
100     One, two, buckle my shoe
99      Three, four, shut the door
......
2       Seven, eight, lay them straight
1       Nine, ten, a big fat hen
```

2. SequenceFile 的读操作

SequenceFile 的读操作和写操作类似，用户可以创建 SequenceFile.Reader 的一个实例，并通过迭代调用 next()方法来读取全部记录。当然具体方法因序列化框架而异，对于 Hadoop 而言，直接调用 next()方法即可；对于非 Writable 类型的序列化框架（如 Apache 的 Thrift）而言，还需要加上一个 getCurrentValue()方法。

下面代码展示了如何读取 Writable 类型的序列化文件。其中 ReflectionUtils 类是用来反射出 key 和 value 的实例，通过 getKeyClass()和 getValueClass()可以获得 key 和 value 的类型。

```java
package org.trucy.hadoopIO;

import java.net.URI;
import org.apache.hadoop.conf.Configuration;
import org.apache.hadoop.fs.FileSystem;
import org.apache.hadoop.fs.Path;
import org.apache.hadoop.io.IOUtils;
import org.apache.hadoop.io.SequenceFile;
import org.apache.hadoop.io.Writable;
import org.apache.hadoop.util.ReflectionUtils;
public class SequenceFileRead {
    public static void main(String[] args) throws Exception {
        Configuration conf=new Configuration();
        URI uri = new URI("hdfs://node1:8020/number.seq");
        FileSystem fs=FileSystem.get(uri,conf);
        Path path = new Path(uri);
        SequenceFile.Reader reader = null;
```

```
    try {
        reader = new SequenceFile.Reader(fs, path, conf);
        Writable key = (Writable)ReflectionUtils.newInstance(reader.get
        KeyClass(), conf);
        Writable value = (Writable)ReflectionUtils.newInstance(reader.g
        etValueClass(), conf);
        long position = reader.getPosition();
        while (reader.next(key, value)) {
        String syncSeen = reader.syncSeen() ? "*" : "";
        System.out.printf("[%s%s]\t%s\t%s\n", position, syncSeen, key,
        value);
        position = reader.getPosition();
        }
    }
    finally {
        IOUtils.closeStream(reader);
        }
    }
}
```

运行结果如下。

```
[128]    100 One, two, buckle my shoe
[173]    99  Three, four, shut the door
...
[1976]   60  One, two, buckle my shoe
[2021*]  59  Three, four, shut the door
[2088]   58  Five, six, pick up sticks
......
[4030]   16  Nine, ten, a big fat hen
[4075*]  15  One, two, buckle my shoe
[4140]   14  Three, four, shut the door
......
[4693]   2   Seven, eight, lay them straight
[4743]   1   Nine, ten, a big fat hen
```

注意，代码中的 reader.syncSeen() 用于判断当前记录是否为同步点。同步点是指当读取数据的实例出错后，能够再一次与记录边界保持同步的数据流中的一个位置，它用于在读取文件时，在任意位置识别记录边界，在图 6-2 所示的 SequenceFile 文件结构中同步点用 Sync 标签来标识。同步点的存储开销比存储记录开销的 1% 还小，它始终位于记录边界。在读取 Writable 类型的序列化类型文件运行结果中，第一个同步点在 2021 处，第二个在 4075 处。

6.2.2　MapFile 的存储

MapFile 是排序后的 SequenceFile，并且它会额外生成一个索引文件提供按 key 查找功能。读写 MapFile 与读写 SequenceFile 非常相似，同样存在 MapFie.Reader 和 MapFile.Writer 操作。在命令行显示 MapFile 的文件内容同样要用 -text。

1. MapFile 写操作

MapFile 的写操作与 SequenceFile 的写操作不同。由于 MapFile 需要按 key 排序，所以它的 key 必须是 WritableComparable 类型的。新建一个 MapFile 对象并写入的操作如下。

```
package org.trucy.hadoopIO;
```

125

```java
import java.net.URI;
import org.apache.hadoop.conf.Configuration;
import org.apache.hadoop.fs.FileSystem;
import org.apache.hadoop.io.IOUtils;
import org.apache.hadoop.io.IntWritable;
import org.apache.hadoop.io.MapFile;
import org.apache.hadoop.io.Text;

public class MapFileWrite {
private static final String[] DATA = {
    "One, two, buckle my shoe",
    "Three, four, shut the door",
    "Five, six, pick up sticks",
    "Seven, eight, lay them straight",
    "Nine, ten, a big fat hen"
    };
public static void main(String[] args) throws Exception {
    Configuration conf=new Configuration();
    URI uri = new URI("hdfs://node1:8020/number.map");
    FileSystem fs=FileSystem.get(uri,conf);
    IntWritable key = new IntWritable();
    Text value = new Text();
    MapFile.Writer writer = null;
    try {
        writer = new MapFile.Writer(conf, fs, uri.toString(),key.getClass(),
        value.getClass());
        for (int i = 0; i < 1024; i++) {
            key.set(i + 1);
            value.set(DATA[i % DATA.length]);
            writer.append(key, value);
            }
        } finally {
            IOUtils.closeStream(writer);
            }
    }
}
```

前面 MapFile 的写操作完成后，会生成两个文件，一个名为 data，另一个名为 index。HDFS 新生成的 MapFile 文件组织结构如图 6-4 所示。

图 6-4　MapFile 文件组织结构

查看前 10 条 data 和所有 index 的内容，示例如下。

```
[trucy@node1 ~]$ hdfs dfs -text /number.map/data | head
19/05/22 19:40:01 INFO zlib.ZlibFactory: Successfully loaded & initialized
native-zlib library
19/05/22 19:40:01 INFO compress.CodecPool: Got brand-new decompressor [.deflate]
1       One, two, buckle my shoe
2       Three, four, shut the door
3       Five, six, pick up sticks
4       Seven, eight, lay them straight
5       Nine, ten, a big fat hen
6       One, two, buckle my shoe
7       Three, four, shut the door
8       Five, six, pick up sticks
```

```
9       Seven, eight, lay them straight
10      Nine, ten, a big fat hen
[trucy@node1 ~]$ hdfs dfs -text /number.map/index
19/05/22 19:41:06 INFO zlib.ZlibFactory: Successfully loaded & initialized
native-zlib library
19/05/22 19:41:06 INFO compress.CodecPool: Got brand-new decompressor [.deflate]
1       128
129     6079
257     12054
385     18030
513     24002
641     29976
769     35947
897     41922
```

可以看到，data 中的内容是按 key 排序后的 SequenceFile 中的内容。index 作为文件的数据索引，主要记录了每条记录的 key 值，以及该记录在文件中的偏移位置（与操作系统中的段表结构的作用类似）。在访问 MapFile 时，index 文件会加载到内存中，通过索引映射关系可迅速定位到指定记录所在文件位置，因此，相对 SequenceFile 而言，MapFile 的检索效率更高，但使用它时会消耗一部分内存来存储 index 数据。

输出结果的第 1 列是 data 文件中的 key 值，第 2 列是 key 在 data 文件中的偏移位置。从中可以看到，并不是所有的 key 都记录在了 index 文件中，而是每隔 128 个偏移位置才记录一个 key 值，这个间隔可以在 io.map.index.interval 属性中设置，或直接在代码中通过 MapFile.Writer 实例的 setIndexInterval()方法设置。增加间隔可以减少 MapFile 中用于存储索引的内存，相反，减少间隔可以降低随机访问时间。

2. MapFile 读操作

MapFile 的读操作类似于 SequenceFile 的读操作。其中的 next()方法可以用于访问下一条记录，如果已经遍历到文件末尾，则返回 false。get()方法可以用于随机访问文件中的记录，如果返回 null，就表示没有该记录。getClosest()方法的作用与 next()方法的类似，只不过当没有相关记录时，它返回最接近的记录，详细用法如下所示。

```java
package org.trucy.hadoopIO;

import Java.net.URI;

import org.apache.hadoop.conf.Configuration;
import org.apache.hadoop.fs.FileSystem;
import org.apache.hadoop.io.IOUtils;
import org.apache.hadoop.io.IntWritable;
import org.apache.hadoop.io.MapFile;
import org.apache.hadoop.io.Writable;
import org.apache.hadoop.util.ReflectionUtils;

public class MapFileRead {

public static void main(String[] args) throws Exception {
    Configuration conf=new Configuration();
    URI uri = new URI("hdfs://node1:8020/number.map");
    FileSystem fs=FileSystem.get(uri,conf);
    MapFile.Reader reader=null;
    try {
```

```
reader=new MapFile.Reader( fs, uri.toString(), conf);
Writable value = (Writable)ReflectionUtils.newInstance(reader.getVa
lueClass(), conf);

reader.get(new IntWritable(1000), value);
System.out.println("key=1000,value="+value.toString());

reader.getClosest(new IntWritable(1025), value,true);
System.out.println("key=1025,value="+value.toString());
} finally {
    IOUtils.closeStream(reader);
    }
}
}
```

运行结果如图 6-5 所示。

```
Problems  Tasks  @ Javadoc  Map/Reduce Locations  Console
<terminated> MapFileRead [Java Application] C:\Program Files\Java\jre7\bin\javaw
key=1000,value=Nine, ten, a big fat hen
key=1025,value=Seven, eight, lay them straight
```

图 6-5　MapFile 读操作

查看 data 文件中的数据可以看到 key=1000 时，value=Nine,ten,a big fat hen，key=1024 时，value=Seven,eight,lay them straight，并没有 key=1025 的 value。getClosest()方法最后一个参数为 true 表示查看 key 值向上最接近 1025 的有效 value，为 false 时表示查看 key 值向下最接近的 1025 的有效 value，如果向下没有查找到，就接着返回向上查找的结果。

对于上面的读取操作，加入要检索的 key 为 1000。实际上，MapFile.Reader 会先把 index 文件读取到内存中（如果缓存中已经有该文件，就不用读了）。在 index 文件中进行二分查找，找到小于等于 1000 的 key，此处寻找到的键值对为 89741922；41922 为在 data 文件中的偏移量，随后从 data 文件中的 41922 位置开始按顺序查找 key，直到读取到 1000，然后读取 1000 对应的 value。可见在整个查找过程中，需要在内存中做一次二分查找，然后做一次文件扫描，如果 io.map.index.interval 属性值为 128，则扫描文件的行数不会超过 128。对于随机访问而言，这是非常高效的。

当访问大型 MapFile 文件时，index 文件也会很大，将它们全部读取到内存中不现实。当然可以通过调大 io.map.index.interval 的值来解决问题，但这样做需要重新生成 MapFile。在 index 文件已经生成的情况下，可以设置 io.map.index.skip 的值，将它设为 1 表示 index 文件每隔一行读入内存；设为 2 表示 index 文件每隔两行读入内存，也就是说，只读取 index 文件的 1/3。这样可以节约内存，但会增加一定的顺序搜索时间。

6.2.3　SequenceFile 转换为 MapFile

由于 MapFile 是排序和索引后的 SequenceFile，所以自然可以把 SequenceFile 转换为 MapFile。可以使用 MapFile.fix()方法把 SequenceFile 转换成 MapFile。示例如下。

```
package org.trucy.hadoopIO;

import java.net.URI;

import org.apache.hadoop.conf.Configuration;
import org.apache.hadoop.fs.FileSystem;
```

```java
import org.apache.hadoop.fs.Path;
import org.apache.hadoop.io.MapFile;
import org.apache.hadoop.io.SequenceFile;

public class MapFileFixer {
@SuppressWarnings("deprecation")
public static void main(String[] args) throws Exception {
    Configuration conf=new Configuration();
    //uri 表示想要转换成 MapFile 的目录,目录下必须有一个名为 data 的文件,即要转换的 SequenceFile
    URI uri = new URI("hdfs://node1:8020/number.map");
    FileSystem fs=FileSystem.get(uri,conf);
    Path map = new Path(uri.toString());
    Path mapData = new Path(map, MapFile.DATA_FILE_NAME);
    // 通过 SequenceFile.Reader 来获取 SequenceFile 的 key 和 value 类型
    SequenceFile.Reader reader = newSequenceFile.Reader(fs, mapData, conf);
    Class keyClass = reader.getKeyClass();
    Class valueClass = reader.getValueClass();
    reader.close();
    //使用 MapFile.fix()把 SequenceFile 转换成 MapFile
    long entries = MapFile.fix(fs, map, keyClass, valueClass, false, conf);
    System.out.printf("Created MapFile %s with %d entries\n", map, entries);
    }
}
```

运行前,先执行 Shell 命令,把 HDFS 上的 number.map 中的 index 文件删除。

```
hdfs dfs -rm /convert.seq /number.map/index
```

运行结果如图 6-6 所示。

```
<terminated> MapFileFixer [Java Application] C:\Program Files\Java\jre7\bin\javaw.exe (2
Created MapFile hdfs://node1:8020/number.map with 1024 entries
```

图 6-6　SequenceFile 转换成 MapFile

从图 6-6 可以看出,已经用 MapFile.fix()方法把 SequenceFile 转换成 MapFile。

> **注意**　使用 MapFile 或 SequenceFile 虽然可以解决 HDFS 中小文件的存储问题,但也有一定的局限性,如文件不支持复写操作,不能向已存在的 SequenceFile 或 MapFile 追加存储记录,并且当 write 流不关闭时,没有办法构造 read 流,也就是说在执行文件写操作时,该文件是不可读取的。

6.3　压缩

在执行 MapReduce 程序的过程中,在 Mapper 端和 Reducer 端会进行大量的数据传输和磁盘的 I/O 操作,在这个过程中对数据进行压缩处理,可以有效减少底层存储(HDFS)读写的字节数,并且通过减少 Map 和 Reduce 阶段数据的 I/O 来提升 MapReduce 程序的运行速度,提高网络带宽,节约磁盘空间。在 Hadoop 下,尤其是在数据规模很大和工作负载密集的情况下,对数据进行压缩处理非常重要。

6.3.1　认识压缩

文件压缩不但可以减少存储文件所需的空间,还可以降低其在网络上传输的时间。在处理大数据时,应根据实际需求考虑是否需要进行压缩操作和采用哪种压缩算法。表 6-1 所示为 Hadoop 下各种压缩算法的对比。

表 6-1　Hadoop 下各种压缩算法的对比

压缩算法	原始文件大小	压缩后的文件大小	压缩速度	解压速度
gzip	8.3 GB	1.2 GB	21MB/s	118 MB/s
Snappy	8.3 GB	1.8 GB	172 MB/s	409 MB/s
LZO	8.3 GB	1.7 GB	135 MB/s	410 MB/s
bzip2	8.3 GB	1.1 GB	2.4 MB/s	9.5 MB/s

通过比较分析表 6-1，可以知道使用压缩算法都是需要权衡时间和空间的，要么牺牲时间换空间，要么牺牲空间换时间。所有压缩工具都提供 9 个不同选项来控制压缩权衡，这 9 个选项是 -9～-1，如 -1 表示最大压缩速度，-9 表示最大压缩比。此外，上述压缩算法中只有 bzip2 支持分片。例如，HDFS 中有一个文件的大小为 1GB，如果按照 HDFS 默认块大小设置（64MB），那么这个文件会被分为 16 个块。如果把这个文件放到 MapReduce 任务中，则将有 16 个 Map 任务输入。现在把这个文件压缩，假如压缩后文件的大小为 0.5GB，那么仅分为 8 个块存储。如果这种压缩算法不支持分片，就无法从压缩数据流的任意位置读取数据，因为压缩数据块之间相互关联，读任意数据都需要知道所有数据块。这样带来的后果是：MapReduce 认为这是不可分片的压缩数据块，且不对这个文件进行分片，而把整个压缩文件作为一个单独的 Map 输入，这样 Map 任务少了，作业粒度大大提升，同时降低了数据的本地性。

6.3.2　Codec

Codec 是 Coder 与 Decoder 的缩略词，Codec 类用于实现一种压缩–解压算法。Hadoop 中的压缩与解压的类是在 CompressionCodec 接口下实现的，我们这里讲的 Codec 就是实现了 CompressionCodec 接口的一些压缩格式的类，如表 6-2 所示。

表 6-2　压缩格式及其对应类

压缩格式	对应类
DEFLATE	org.apache.hadoop.io.compress.DefaultCodec
gzip	org.apache.hadoop.io.compress.GZipCodec
bzip2	org.apache.hadoop.io.compress.BZip2Codec
LZO	com.hadoop.compression.lzo.LzoPCodec
LZ4	org.apache.hadoop.io.compress.Lz4Codec
Snappy	org.apache.hadoop.io.compress.SnappyCodec

其中，LZO 代码库拥有通用公共许可证（General Public License，GPL）许可，不在 Apache 的发行版中，可以通过查找相关网站下载。

CompressionCodec 提供两个方法，分别用来完成压缩和解压。压缩调用 createOutputStream() 方法，用来创建一个 CompressionOutputStream，并将其以压缩格式写入底层的流。解压调用 createInputStream() 方法，获得一个 CompressionInputStream，进而从底层的流读取未压缩的数据。CompressionOutputStream 和 CompressionInputStream 在功能上类似于 Java.util.zip.Deflater

OutputStream 和 Java.util.zip.DeflaterInputStream，但 CompressionOutputStream 和 CompressionInputStream 还提供自定义其底层压缩和解压的功能。

使用 CompressionCodecFactory 类可以根据文件扩展名来推断 CompressionCodec 的压缩格式。例如，以 gz 结尾的文件可以用 GzipCodec 来读取。CompressionCodecFactory 提供 getCodec() 方法，该方法用来把扩展名映射到相应的 CompressionCodec。

下面代码演示了把 HDFS 上的一个以 bzip2 算法压缩的文件 1.bz2 解压，然后把解压文件压缩成 2.gz 的过程。

```java
package org.trucy.hadoopCompression;

import Java.io.IOException;
import Java.io.InputStream;
import Java.io.OutputStream;
import Java.net.URI;

import org.apache.hadoop.conf.Configuration;
import org.apache.hadoop.fs.FileSystem;
import org.apache.hadoop.fs.Path;
import org.apache.hadoop.io.IOUtils;
import org.apache.hadoop.io.compress.CompressionCodec;
import org.apache.hadoop.io.compress.CompressionCodecFactory;
import org.apache.hadoop.io.compress.CompressionOutputStream;
import org.apache.hadoop.io.compress.GzipCodec;

public class FileCompress {

public static void main(String[] args) throws IOException{
//解压示例 codec.createInputStream
        String uri="hdfs://node1:8020/1.bz2";
        Configuration conf=new Configuration();
        FileSystem fs=FileSystem.get(URI.create(uri),conf);
        Path inputPath=new Path(uri);
        CompressionCodecFactory factory=new CompressionCodecFactory(conf);
        CompressionCodec codec=factory.getCodec(inputPath);
//根据文件的扩展名来选择生成哪种类型的 CompressionCodec
        if(codec==null){
            System.err.println("No codec found for "+uri);
            System.exit(1);
        }
//解压后的路径名
        String outputUri=CompressionCodecFactory.removeSuffix(uri, codec.get
DefaultExtension());
        InputStream in=null;
        OutputStream out=null;
        try{
            in=codec.createInputStream(fs.open(inputPath));      //对输入流进行解压
            out=fs.create(new Path(outputUri));
            IOUtils.copyBytes(in, out, conf);
        }finally{
            IOUtils.closeStream(in);
            IOUtils.closeStream(out);
        }
```

```
//压缩示例 codec.createOutputStream
        CompressionOutputStream outStream=null;
//将上面解压出来的文件压缩成 2.gz 文件
        Path op2=new Path("hdfs://node1:8020/2.gz");
        try{
            in=fs.open(new Path(outputUri));          //打开原始文件
            GzipCodec gzipCodec=new GzipCodec();       //创建 gzip 压缩实例
            gzipCodec.setConf(conf);                   //给 CompressionCodec 设置 Configuration
            outStream=gzipCodec.createOutputStream(fs.create(op2));  //打开输出文件
（最终的压缩文件）
            IOUtils.copyBytes(in, outStream, 4096,false);  //从输入流向输出流复制，
GzipCodec()负责对输出流进行压缩
            outStream.finish();
        }finally{
            IOUtils.closeStream(in);
            IOUtils.closeStream(out);
        }
    }
```

运行结果如图 6-7 所示。

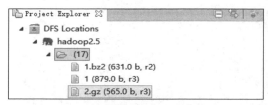

图 6-7　不同类型的压缩与解压

6.3.3　本地库

Hadoop 是使用 Java 语言开发的，但是其中的有些需求和操作并不适合使用 Java 实现，为此引入了本地库（Native Library）的概念。通过本地库，Hadoop 可以更加高效地执行某些操作。例如，在使用 gzip 算法压缩和解压文件时，使用本地库的压缩时间比使用 Java 内置接口的压缩时间缩短了大约 10%，解压时间更是缩短了约 50%。Hadoop 本身含有 32 位/64 位并基于 Linux 系统构建压缩代码库，在$HADOOP_HOME/lib/native 下，其他平台如 mACOS，需要根据需求重新编译代码库。表 6-3 所示为各种压缩算法能否使用 Java 接口实现和本地库实现的对比。

表 6-3　各种压缩算法能否使用 Java 接口实现和本地库实现的对比

压缩算法	能否使用 Java 接口实现	能否使用本地库实现
DEFLATE	Yes	Yes
gzip	Yes	Yes
bzip2	Yes	No
LZO	No	Yes
LZ4	No	Yes
Snappy	No	Yes

在 Hadoop 的配置文件 core-site.xml 中，可以设置是否使用本地库，代码如下。

```
<property>
  <name>hadoop.native.lib</name>
  <value>true</value>
  <description>Should native hadoop libraries, if present, be used.</description>
</property>
```

Hadoop 默认的配置为启用本地库。另外，可以在环境变量中设置使用本地库的位置：export JAVA_LIBRARY_PATH=%Hadoop_Native_Libs%。

如果需要频繁使用原生库进行压缩和解压任务，则可以用 CodecPool。CodecPool 有点类似连接池，它可以节省创建 Codec 对象的开销，允许反复使用压缩和解压。其使用方法很简单，只需通过 CodecPool 的 getCompressor()方法获得 Compressor 对象（该方法需要传入一个 Codec），然后在 createOutputStream 中再使用 Compressor 对象，使用完毕，通过 return Compressor 将该对象放回。

6.3.4　如何选择压缩格式

Hadoop 应用处理的数据集非常大，因此需要借助压缩来处理。使用哪种压缩格式与待处理文件的大小和格式，以及使用的工具相关。下面讲解各个压缩格式的优缺点以及应用场景。

1．gzip 压缩

gzip 压缩的优点是压缩率很高，压缩/解压速度也较快，且 Hadoop 本身支持它；在应用中处理 gzip 格式文件的方式与直接处理文本的方式一样；支持 Hadoop 本地库；大部分 Linux 系统都自带 gzip 命令，使用方便。它的缺点是不支持分片。

gzip 压缩的应用场景：当每个文件压缩之后的大小在 128MB 以内（1 个块大小内）时，都可以考虑使用 gzip 压缩格式。例如，一天或者一小时的日志压缩成一个 gzip 文件，运行 MapReduce 程序时，可以通过多个 gzip 文件实现并发。Hive 程序、Streaming 程序和使用 Java 编写的 MapReduce 程序的处理方式与文本处理方式一样，对于压缩之后的数据，原来的程序不需要做任何修改。

2．LZO 压缩

LZO 压缩的优点是压缩/解压速度很快，压缩率也很高；支持分片，是 Hadoop 中十分流行的压缩格式；支持 Hadoop 本地库；可以在 Linux 系统下安装 LZO，使用方便。其缺点是压缩率比 gzip 的要低一些；Hadoop 本身不自带，需要额外安装；在应用中对 LZO 格式的文件需要做一些特殊处理（为了支持分片需要建立索引，还需要指定输入格式为 LZO 格式）。

LZO 压缩的应用场景：一个很大的文本文件，压缩之后其大小还大于 200MB 以上的可以考虑 LZO 压缩，而且单个文件越大，使用 LZO 压缩的优点越明显。

3．Snappy 压缩

Snappy 压缩的优点是能够实现快速压缩和较高的压缩率；支持 Hadoop 本地库。其缺点是不支持分片；压缩率比 gzip 的要低；Hadoop 本身不支持，需要额外安装；Linux 系统中没有对应的命令。

Snappy 压缩的应用场景：当 MapReduce 作业的 Map 输出的数据比较大时，作为 Map 到 Reduce 的中间数据的压缩格式；或者作为一个 MapReduce 作业的输出数据和另一个 MapReduce 作业的输入数据的压缩格式。

4．bzip2 压缩

bzip2 压缩的优点是支持分片；具有当前几种方法中最高的压缩率，比 gzip 的压缩率都高；Hadoop

本身支持，但不支持 Hadoop 本地库；在 Linux 中自带 bzip2 命令，使用方便。其缺点是压缩/解压速度慢，不支持 Hadoop 本地库。

bzip2 压缩的应用场景：当对压缩/解压速度要求不高，但需要较高的压缩率时，可以作为 MapReduce 作业的输出格式；输出之后的数据比较大，处理之后的数据需要压缩存档减少存储空间占用，并且以后数据用得比较少的情况；对于单个很大的文本文件，想压缩减少存储空间占用，同时又需要支持分片，而且兼容之前的应用程序（即应用程序不需要修改）的情况。

使用哪种压缩格式与具体应用相关。在具体应用中，是希望其运行速度最快，还是更关注降低存储开销？通常需要为应用尝试不同的策略，并为应用构建一套测试标准，从而找到最理想的压缩格式。对于巨大、没有存储边界的文件，如日志文件，可以做如下考虑。

（1）存储未经压缩的文件。

（2）使用支持分片的存储格式，如 bzip2。

（3）在应用中将文件分成块，然后压缩。这种情况需要合理选择数据块的大小，以确保压缩后，数据大小近似于 HDFS 块的大小。

（4）使用 SequenceFile，它支持压缩和分片。

（5）使用一个 Avro 数据文件，该文件支持压缩和分片，就像 SequenceFile 一样，但它增加了许多编程语言都可读写的优势。

对于大文件，我们不应该使用不支持将整个文件进行切分的压缩格式，否则将失去数据的本地特性，进而造成 MapReduce 应用效率低下。

以上4种压缩格式的比较如表 6-4 所示。

表 6-4　4 种压缩格式的比较

压缩格式	是否支持分片	是否支持 Hadoop 本地库	压缩率	压缩/解压速度	是否 Hadoop 自带	Linux 命令	换成压缩格式后，原来的应用程序是否要修改
gzip	否	是	很高	较快	是，直接使用	有	和文本处理一样，不需要修改
LZO	是	是	较高	很快	否，需要额外安装	有	需要建立索引，还需要指定输入格式
Snappy	否	是	较高	很快	否，需要额外安装	没有	和文本处理一样，不需要修改
bzip2	是	否	最高	慢	是，直接使用	有	和文本处理一样，不需要修改

6.4　序列化

Hadoop 在节点间的内部通信使用的是 RPC 协议。RPC 协议把消息翻译成二进制字节流并发送到远程节点，远程节点再通过反序列化把二进制字节流转换成原始的信息。对于处理大数据的 Hadoop 平台，其序列化机制需要具有紧凑、快速、对象可重用的特征。

微课 6-2

序列化操作及验证

6.4.1　认识序列化

序列化（Serialization）在面向对象编程语言中经常出现，那么什么是序列化呢？序列化是指将结构化对象转换成字节流以便于进行网络传输或写入持久存储的过程。以 Java 为例，Java 中的类是一个很重要的概念，是对外部世界的抽象，而对象就是对这种抽象进行实例化。就如同根据一份图纸盖出一幢大楼，类就是图纸，大楼是对图纸的实例化，对象即是某栋具体大楼的图纸。因为刚开始，类的定义是明确的，而对象只有在运行时才会存储于内存中，并且受外部事件影响，所以对象的有些地方是不明确的。后来 Java 引入了泛型概念，类也不明确了，这直接影响到创建对象的不明确性。对象很复杂，它与时序有关，存储在内存中，断电即消失，只能给本地计算机使用。那么如何从一台计算机把不明确的对象通过网络发送到另一台计算机呢？序列化就完成了这件事，即把这种不明确的对象转化成一串字节流，可以将这串字节流存储到某个文件上，也可以通过网络将其发送到远程计算机上。前者称为"持久化"（Persistent），后者称为"数据通信"（Data Communication）。反之把这串字节流转回结构化对象的过程叫作反序列化（Deserialization）。

Java 对序列化提供了很方便的支持，只要在相关类名后面加上 implements Serializable，即可实现序列化，然后 Java 自动处理序列化的一系列复杂操作。可以发现 Java 的基本类型都支持序列化操作。那为什么 Hadoop 的基本类型还要重新定义序列化呢？

Hadoop 在集群之间进行通信或者实现 RPC 调用时需要序列化，而且要求序列化要快、体积和占用带宽都要小，同时可以随着通信协议的升级而升级。而 Java 的序列化机制会产生大量计算开销，且序列化结果体积过大；它的引用（Reference）机制也导致大文件不能被分片，浪费空间；此外，它很难对其他语言进行扩展使用；更严重的是，Java 的反序列化过程每次都会构造新的对象，不能复用对象。

Hadoop 定义了两个序列化相关接口：Writable 和 WritableComparable。

6.4.2　Writable 接口

Writable 接口是基于 DataInput 和 DataOutput 的简单、高效、可序列化的接口，也就是 org.apache.hadoop.io.Writable 接口，几乎所有的 Hadoop 可序列化对象都必须实现这个接口（Hadoop 的序列化框架还提供基于 Java 基本类型的序列化实现）。Writable 接口包含两种方法。

（1）void write(DataOutput out) throws IOException，该方法用于将对象转化为字节流并写入输出流 out 中。

（2）void readFields(DataInput in) throws IOException，该方法用于从输入流 in 中读取字节流并将对象反序列化。

Writable 接口程序如下。

```
package org.apache.hadoop.io;

import Java.io.*;
import org.apache.hadoop.classification.InterfaceAudience;
import org.apache.hadoop.classification.InterfaceStability;

public interface Writable
{

    public abstract void write(DataOutput dataoutput)
        throws IOException;

    public abstract void readFields(DataInput datainput)
        throws IOException;

}
```

以 IntWritable 为例，它把 Java 的 int 类型封装成了 Writable 序列化格式，可以通过 set()方法设置该 IntWritable 类型的变量的值。

```
IntWritable writable = new IntWritable();
    writable.set(100);
```

当然也可以直接通过构造函数来进行初始化。

```
IntWritable writable = new IntWritable(100);
public class IntWritable implements WritableComparable {
    private int value;
    ...
    public void readFields(DataInput in) throws IOException {
        value = in.readInt();
    }
    public void write(DataOutput out) throws IOException {
        out.writeInt(value);
    ...
    }
```

6.4.3　WritableComparable 接口

WritableComparable 接口相当于继承了 Writable 接口，类似于 Java 中的 Comparable，是基于这两个序列化接口的新接口，如下所示。

```
@InterfaceAudience.public
@InterfaceStability.Stable
public interface WritableComparable<T>
extends Writable, Comparable<T>
```

Hadoop 的 WritableComparable 主要用于比较类型。类型之间的比较对于 MapReduce 而言尤为重要，其中有一个阶段叫作排序，默认根据 key 来排序。Hadoop 提供了一个优化接口 RawComparator 对 Java Comparator 进行扩展。

```
package org.apache.hadoop.io;
import java.util.Comparator;
import org.apache.hadoop.io.serializer.DeserializerComparator;
public int erface RawComparator<T>extends Comparator<T> {
public int compare(byte[] b1, int s1, int l1, byte[] b2, int s2, int l2);
}
```

上面代码中的 compare()方法的作用是比较两个字节数组的 b1 段和 b2 段，可以看到，RawComparator 接口允许执行者直接比较数据流记录，而无须先把数据流反序列化成对象，这样可以避免新建对象的开销。

WritableComparator 继承自 WritableComparable，是 RawComparator 接口的一个通用实现，主要提供两种功能：一是对原始 compare()方法的实现，该方法先把比较的对象数据流反序列化，然后直接调用对象的 compare()方法进行比较；二是充当 RawComparator 实例化的一个工厂方法。要获得 IntWritable 的一个 Comparator，只需使用 WritableComparator.get(IntWritable. class)即可。

下面代码应用了上述两种方法。

```
package org.trucy.serializable;

import java.io.ByteArrayOutputStream;
import java.io.DataOutputStream;
import java.io.IOException;

import org.apache.hadoop.io.IntWritable;
```

```java
import org.apache.hadoop.io.Writable;
import org.apache.hadoop.io.WritableComparator;

public class Compare  {
//捕获序列化字节
public static byte[] serialize(Writable writable) throws IOException {
    ByteArrayOutputStream out = new ByteArrayOutputStream();
    DataOutputStream dataOut = new DataOutputStream(out);
    writable.write(dataOut);
    dataOut.close();
    return out.toByteArray();
    }
public static void main(String args[]) throws Exception{
    //1.比较 i1 和 i2 的大小
    IntWritable i1=new IntWritable(10);
    IntWritable i2=new IntWritable(20);
    WritableComparator comparator = WritableComparator.get(IntWritable.class);
    if(comparator.compare(i1, i2)<0)
        System.out.println("i1<i2");
    //2.比较两个字节数组 b1 和 b2 的大小
    byte[] b1=serialize(i1);
    byte[] b2=serialize(i2);
    if(comparator.compare(b1, 0, b1.length, b2, 0, b2.length)<0)
        System.out.println("i1<i2");
}
}
```

输出结果如图 6-8 所示。以上代码实现了捕获序列化字节 i1、i2 的功能，用两个接口的方法分别比较了 i1 和 i2 的大小。

图 6-8　输出结果

6.4.4　Hadoop Writable 基本类型

Hadoop Writable 的基本类型是在 org.apache.hadoop.io 中由用户自己定义的，包括 IntWritable、FloatWritable 等。Writable 基本类型其实是对相应的 Java 基本类型的重新封装。Java 基本类型和 Writable 基本类型的对应关系如表 6-5 所示。

表 6-5　Java 基本类型和 Writable 基本类型的对应关系

Java 基本类型	Writable 基本类型	字节数
boolean	BooleanWritable	1
byte	BytesWritable	1
short	ShortWritable	2
int、short	IntWritable	4

续表

Java 基本类型	Writable 基本类型	字节数
	VIntWritable	1～5
float	FloatWritable	4
long	LongWritable	8
	VLongWritable	1～9
double	DoubleWritable	8

其中，VIntWritable 和 VLongWritable 只在 Hadoop 中定义，前面的 V 代表 Variable（可变的）。例如，Java 中存储一个 long 类型的数据需占 8 字节，但 VLongWritable 可以根据实际长度分配字节数。例如，精心设计的哈希函数生成的值的长度大部分是不均匀的，这时可以用变长编码来存储。此外，变长编码还可以在 VIntWritable 和 VLongWritable 之间转换，因为两者的编码格式一致。所有的封装会包含 get() 和 set() 方法用于读取或设置封装的值。Writable 类的层次结构如图 6-9 所示。

图 6-9　Writable 类的层次结构

1. Text

Text 存储的数据严格按照标准 UTF-8 编码，类似于 Java.lang.String，它提供了序列化、反序列化和字节级别比较的方法。Text 替换了 UTF-8。UTF-8 因为只支持最大 32 767 字节的数据而过时了，所以实际上 Text 使用的是 Java 修改版的 UTF-8。

（1）修改版的 UTF-8

由于存在多种编码方式，同一个二进制数字可以被解释成不同的符号，因此，要想打开一个文本文件，就必须知道它的编码方式，如果用错误的编码方式解读，就会出现乱码的情况。Unicode 是一个很大的集合，以它现在的规模可以容纳 100 多万个符号。每个符号的编码都不同，如 U+0639 表示阿拉伯字母 Ain，U+0041 表示英语的大写字母 A，U+4E25 表示汉字"严"，具体的符号对应表可以查询 unicode.org。但 Unicode 只是个符号集合，它只规定了符号的二进制代码，没有规定这个二进制代码应该如何存储，而 UTF-8 就是 Unicode 的实现之一，其他 Unicode 的实现还有 UTF-16、UTF-32 等，只是它们在使用上都没有 UTF-8 使用普遍。

Java 中修改版的 UTF-8 编码规则很简单，主要有以下两个规则。

① 对于单字节的符号，字节的第一位设为 0，后面 7 位为这个符号的 Unicode。因此对于英语字母而言，UTF-8 编码和 ASCII（American Standard Code for Information Interchange，美国信息交换标准代码）值是相同的。

② 对于 n（$n>1$）字节的符号，第一字节的前 n 位都设为 1，第 $n+1$ 位设为 0，后面字节的前两位一律设为 10。剩下没有提及的二进制位，全部为这个符号的 Unicode。

例如，所有编码范围在\u0001～\u007F 的 Unicode 会以单字节存储，如图 6-10 所示。

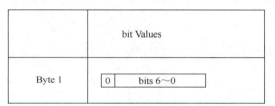

图 6-10　单字节存储 Unicode

NULL 字符以\u0000 存储，所有编码范围在\u0080～\u07FF 的 Unicode 会以双字节存储，如图 6-11 所示。

图 6-11　双字节存储 Unicode

所有编码范围在\u0800～\uFFFF 的 Unicode 会以 3 字节存储，如图 6-12 所示。

图 6-12　3 字节存储 Unicode

（2）索引

由于 Text 使用的是 Java 修改版的 UTF-8 编码，而 String 是基于 Java char 的编码单元，也就是说，char 类型是用 2 字节的 Unicode 表示的，只有在表示 ASCII 值，即 0～127 时，两者的表示才一样，索引概念也才一致；但当表示多字节时，由于 UTF-8 编码字节前缀的影响，两者索引会不一致。

下面的测试案例代码介绍 Text 的几个方法。charAt()用于返回表示 Unicode 位置的整数类型值，越界返回-1。注意，String 返回的是字符类型值，且越界抛出 StringIndexOutOfBounds Exception 异常。Text()方法类似于 String 的 indexOf()方法，用于查找子串位置。以下代码用 JUnit 测试通过。

```java
package org.trucy.hadoopBaseType;

import org.apache.hadoop.io.Text;
import org.junit.Assert;
import org.junit.Test;

public class HadoopText extends Assert{
private Text t;
private String s;
@Test
public void testText(){
    t=new Text("hadoop");
    s="hadoop";
    assertEquals(t.getLength(), 6);
    assertEquals(t.getBytes().length, 6);
    assertEquals(s.length(), 6);
    assertEquals(s.getBytes().length, 6);

    assertEquals(t.charAt(2), (int) 'd');
    assertEquals("越界", t.charAt(100), -1);
    assertEquals(s.charAt(2), 'd');
    try{
        s.charAt(100);
    }
    catch(Exception ex){
        assertTrue(ex instanceof StringIndexOutOfBoundsException);
    }

    assertEquals("查找子串", t.find("do"), 2);
    assertEquals("查找第一个 'o'", t.find("o"), 3);
    assertEquals("从第 4 个字符开始查找'o'", t.find("o", 4), 4);
    assertEquals("未匹配", t.find("pig"), -1);
    assertEquals("查找子串", s.indexOf("do"), 2);
    assertEquals("查找第一个 'o'", s.indexOf("o"), 3);
    assertEquals("从第 4 个字符开始查找'o'", s.indexOf("o", 4), 4);
    assertEquals("未匹配", s.indexOf("pig"), -1);
}
}
```

一旦开始使用多字节编码，Text 和 String 的区别就明显了，代码如下。

```java
@Test
public void testtext1() throws UnsupportedEncodingException {
    t = new Text("你好世界");
    s = "你好世界";
    assertEquals(t.getLength(), 12);
    assertEquals(s.getBytes("UTF-8").length, 12);
    assertEquals(s.length(), 4);
```

```
        assertEquals(t.find("你"), 0);
        assertEquals(t.find("好"), 3);
        assertEquals(t.find("世"), 6);
        assertEquals(t.find("界"), 9);

        assertEquals(s.indexOf("你"), 0);
        assertEquals(s.indexOf("好"), 1);
        assertEquals(s.indexOf("世"), 2);
        assertEquals(s.indexOf("界"), 3);

        assertEquals(t.charAt(0), 0x4f60);        // 你的 utf-8 码
        assertEquals(t.charAt(3), 0x597d);        // 好的 utf-8 码
        assertEquals(t.charAt(6), 0x4e16);        // 世的 utf-8 码
        assertEquals(t.charAt(9), 0x754c);        // 界的 utf-8 码
        assertEquals(s.charAt(0), '\u4f60');      // 你的 utf-8 码
        assertEquals(s.charAt(1), '\u597d');      // 好的 utf-8 码
        assertEquals(s.charAt(2), '\u4e16');      // 世的 utf-8 码
        assertEquals(s.charAt(3), '\u754c');      // 界的 utf-8 码
        assertEquals(s.codePointAt(0), 0x4f60);   // 你的 utf-8 码
        assertEquals(s.codePointAt(1), 0x597d);   // 好的 utf-8 码
        assertEquals(s.codePointAt(2), 0x4e16);   // 世的 utf-8 码
        assertEquals(s.codePointAt(3), 0x754c);   // 界的 utf-8 码
}
```

这里 Java 表示汉字用 UTF-8 编码占 3 字节，Text.find()方法返回的是字节偏移量，String.indexOf()返回单个编码字符的索引，另外 String.codepointAt()方法的作用和 Text.charAt()方法的类似，唯一的区别是前者通过字节偏移量来索引。

（3）易变性

Text 与 String 的另一个区别在于，Text 可以通过 set()方法重用 Text 实例，示例如下。

```
@Test
public void setText(){
    t=new Text("hadoop");
    t.set("pig");
    assertEquals(t.getBytes().length, 3);
}
```

（4）Text 转化成 String 类型

Text 对字符串操作的 API 不像 String 的那么丰富，所以大多数情况下，Text 通过 toString()方法转换成 String 来操作。

2. BytesWritable

BytesWritable 相当于对二进制数组的包装。以字节数组{1,2,3,4}为例，它的序列化格式是用 4 字节表示字节数，每两字节表示一个数据，即 0000000401020304，代码示例如下。

```
    @Test
public void testBytesWritable() throws IOException{
    BytesWritable b = new BytesWritable(newbyte[] {1,2,3,4});
    byte[] bytes = serialize(b);
```

```
    assertEquals(StringUtils.byteToHexString(bytes), "0000000401020304");
}
```

和 Text 一样，BytesWritable 也是可变的，可以通过 set()方法来修改。常用设置方法如 void set(byte[] newData, int offset, int length)用来设置 newData 字节数组从 offset 开始的 length 长度的数据段，如果后面两个参数没有取值，则默认取整个字节数组；public void setCapacity(int new_cap) 用来改变后台存储空间的容量大小。

```
BytesWritable b = new BytesWritable(newbyte[] {1,2,3,4});
    b.setCapacity(10);
    assertEquals(b.getCapacity(), 10);
    assertEquals(b.getLength(), 4);
```

3. NullWritable

NullWritable 是 Writable 的特殊类型，其序列化长度为 0，它充当占位符但不会真的在数据流中读写。在 MapReduce 中，可以将键或值设置为 NullWritable，SequenceFile 中的键或值也可设置为 NullWritable，结果用于存储常量空值。NullWritable 是单实例类型，其值通过 NullWritable.get()方法获取。

4. ObjectWritable 和 GenericWritable

ObjectWritable 是对 Java 基本类型或这些类型组成的数组的通用封装，它使用 RPC 协议来封送（Marshal）和反封送（Unmarshal）。

如果 SequenceFile 中包含多个类型的值，就可以将值类型设置成 ObjectWritable，并将每个类型的对象封装在 ObjectWritable 中，使用 ObjectWritable(Class declaredClass, Object instance)方法实现，该方法的第一个参数为欲封装的类型，第二个参数为这个类型的对象。

GenericWritable 比 ObjectWritable 更有效。例如，需要封装一个多类型的 SequenceFile 文件的值，如果用 ObjectWritable 来做，则每个值都需要用其对应的类型字符串来封装，这个工作是极为烦琐的。GenericWritable 可以针对多记录多类型的文件进行封装。它实现了 Configurable 接口，在反序列化时，相关配置可以传递到实现 Configurable 接口类型的对象中。GenericWritable 接口的实现代码如下。

```
public class GenericObject extends GenericWritable {
   private static Class[] CLASSES = {
           ClassType1.class,
           ClassType2.class,
           ClassType3.class,
           };
   protected Class[] getTypes() {
      return CLASSES;
   }
}
```

6.4.5 自定义 Writable 类型

Hadoop 本身提供的一套基本类型能够满足大部分需求，但在有些情况下，可以根据业务需要构造新的 Writable 类型，这样做的目的是提高 MapReduce 作业的性能，因为 Writable 是 MapReduce 的核心。

假如要处理一组姓名字段，要求不能单独处理姓和名，需要将它们连在一起处理。例如，一对字符串 TextPair 的基本实现如下。

```
package org.trucy.serializable;
import Java.io.DataInput;
import Java.io.DataOutput;
```

```java
import Java.io.IOException;
import org.apache.hadoop.io.*;
public class TextPair implements WritableComparable<TextPair> {
    private Text first;
    private Text second;
    public TextPair() {
        set(new Text(), new Text());
    }
    public TextPair(String first, String second) {
        set(new Text(first), new Text(second));
    }
    public TextPair(Text first, Text second) {
        set(first, second);
    }
    public void set(Text first, Text second) {
        this.first = first;
        this.second = second;
    }
    public Text getFirst() {
        return first;
    }
    public Text getSecond() {
        return second;
    }
    @Override
    public void readFields(DataInput in) throws IOException {
        first.readFields(in);
        second.readFields(in);
    }
    @Override
    public void write(DataOutput out) throws IOException {
        first.write(out);
        second.write(out);
    }
    @Override
    public int compareTo(TextPair tp) {
        int cmp = first.compareTo(tp.first);
        if (cmp != 0) {
        return cmp;
        }
        return second.compareTo(tp.second);
    }
    @Override
    public int hashCode() {
        return first.hashCode() * 163 + second.hashCode();
    }
    @Override
    public boolean equals(Object o) {
        if (o instanceof TextPair) {
            TextPair tp = (TextPair) o;
            return first.equals(tp.first) &&second.equals(tp.second);
            }
            return false;
    }
    @Override
```

143

```
        public String toString() {
            return first + "\t" + second;
        }
    }
```

TextPair 类的 write()方法将 first 和 second 两个字段序列化到输出流中，反之，readFile()方法对来自输入流的字段进行反序列化处理。因为 DataOutput 和 DataInput 接口提供了很多底层的序列化和反序列化方法，所以可以控制 Writable 对象的数据传输格式。

此外，与构造任意 Java 值对象一样，必须重写 Java.lang.Object 中的 hashCode()、equals()和 toString()方法。其中 hashCode()方法是给后面 MapReduce 程序进行 reduce 分区使用，分区时所用到的 Hashpartitioner 是 MapReduce 的默认分区类。

因为 TextPair 类还继承了 WritableComparable 接口，所以必须提供 compareTo()方法的实现。该实现方法先按 first 排序，如果 first 相同，则再按 second 排序。

习题

1. SequenceFile 类型文件可以用记事本打开吗？
2. MapFile 与 SequenceFile 有什么区别？
3. 对比 Hadoop 常用的压缩算法。
4. 既然 Java 的基本类型都支持序列化操作，那么为什么 Hadoop 的基本类型还要重新定义序列化呢？
5. 比较 Java 基本类型和 Writable 的区别与联系。

第7章
海量数据库技术HBase

07

素养要点与教学目标

- 掌握 HBase 的概念视图和物理视图，了解 HBase 表的结构和记录存储方式。
- 理解 HBase 的基本服务、数据处理流程和底层数据结构，掌握 HBase 的基本原理。
- 能够独立完成 HBase 的安装，并掌握 HBase Shell 的基本操作。
- 了解 HBase 的应用场景，掌握 HBase 的基本实战案例。
- 增强对分布式数据库的理解，拓展大数据存储和处理方面的知识和技能。

本章主要介绍 HBase 的表视图（概念视图和物理视图）及物理存储模型。概念视图相当于逻辑视图，可以看到整张表的结构；物理视图则是表的基本存储结构，从中可以看出 HBase 的表记录是存储在不同单元中的，这也是 HBase 和关系数据库最大的区别。HBase 物理存储模型中介绍 HBase 的基本服务、数据处理流程和底层数据结构。本章还介绍 HBase 的安装，以及 HBase Shell 的基本操作。

通过本章的学习，读者可以了解 HBase 的基本原理、HBase 的表结构（逻辑和物理），以及一些底层相关细节，并能够安装和简单地使用 HBase，最后通过实战案例进一步学习如何使用 HBase。

7.1 初识 HBase

HBase 实际上是 Hadoop 的数据库，它是一种分布式的，面向列的，高可靠、高性能、可伸缩、实时读写的开源分布式数据库系统。其技术源于 Fay Chang Et Al（Chang 等人）撰写的 Google 论文——《结构化数据的分布式存储系统》（"BigTable: A Distributed Storage System for Structured Data"）。因此，HBase 提供的功能类似于 Google 的 BigTable，它目前是 Apache 的顶级项目之一。HBase 适合存储半结构化的数据，具有接近硬盘极限的写入性能及出色的读取表现，适合数据量大但操作简单的任务场景。

HBase 可以用 HDFS 作为其文件存储系统，并支持使用 MapReduce 分布式模型处理其中的海量数据，利用 ZooKeeper 协同管理数据。HBase 一般具有如下特点。

（1）线性扩展：当存储空间不足时，可通过简单增加节点的方式扩展。

（2）面向列：面向列族存储，即同一个列族的数据在逻辑上（HBase 底层为 HDFS，所以实际上会包含多个文件块）存储在一个文件中。

（3）表大：表可以非常大，具有百万级甚至亿级数量的行和列。

（4）稀疏：列族中的列可以动态增加，由于数据的多样性，所以整体上会有非常多的列，但每一行数据可能只对应少数的列，一般情况下，一行数据中只有少数的列有值，而对于空值，HBase 并不存储，因此，表可以设计得非常稀疏，而不带来额外的开销。

（5）非结构化：HBase 不是关系数据库，适合存储非结构化的数据，即 HBase 是非关系型数据库（Not-Only SQL，NoSQL）的典型代表产品。

（6）面向海量数据：HBase 适合处理大数量级（TB 级甚至 PB 级）的数据。

（7）HQL：HBase 不支持 SQL，但提供了相应的 HQL。

（8）高读写场景：HBase 适用于将批量大数据高速写入数据库的场景，同时也适用于不少读操作（如 key-value 查询）的场景。

7.2　HBase 表视图

HBase 表视图分为概念视图和物理视图。在概念视图上，HBase 表是由稀疏的行组成的集合，很多行都没有完整的列族，而 HBase 表的物理存储是以列族为单元存储的，一行数据被分散在多个物理存储单元中，空单元全部被丢弃。

7.2.1　概念视图

在关系型数据库中，采用二维表存储数据，一般只有行和列。其中，列的属性必须在使用前就定义好，而行可以动态扩展。HBase 不同于关系型数据库，HBase 表一般由行键、时间戳、列族、表格单元组成，如图 7-1 所示。列族必须在使用前预先定义，和二维表中的列类似；但是列族中的列、时间戳和表格单元都能在使用时动态扩展，因此，HBase 和关系型数据库有很大的区别。

行键	时间戳	列族 contents	列族 anchor	列族 mine
"com.cnn.www"	t9		anchor:cnnsi.com= "CNN"	
	t8		anchor:my.look.ca= "CNN.com"	
	t5	contents:html= "…"		mine:type= "text/html"
	t4	contents:html= "…"		
	t2	contents:html= "…"		

图 7-1　HBase 表概念视图

1. 行（Row）

HBase 表中的行一般由一个行键和一个或多个具有关联值的列组成，存储时，根据行键按字典序排列。

2. 行键（RowKey）

行键是用来检索的主键，在 HBase 中，每一行只能有一个行键，也就是说，HBase 中的表只能用行键索引。在图 7-1 中，com.cnn.www 就是一个行键。

行键可以是任意的字符串，最大长度为 64KB。在 HBase 中，行键以字节数组的形式存放，即没有特定的类型，因此在存储排序时也不用考虑数据类型。应该注意的是，数值的存储并不会按照人们的理解排序，如 1～20 排序为 1,10,11,…,19,2,20,3,4,5,…,9，所以在设计含数值的行键时，应用 0 对部分数值进行左填充，如 01,02,03,…,19,20。

考虑到排序特性，为了使相似的数据存储在相近的位置，在设计行键时应该特别注意，例如，当行键为网站域名时，使用倒叙法存储为 org.apache.www、org.apache.mail、org.apache.jira，这样，所有
与 Apache 相关的网页在一个表中的存储位置就是邻近的，而不会因为域名首单词（www、mail）差异
太大而分散在不同的地方。

3. 列族（ColumnFamily）

列族是由某些列构成的集合，一般一类数据被设计在一个列族中，由不同的列存储。在 HBase
中可以有多个列族，但列族在使用前必须先定义。从列族层面看，HBase 是结构化的，列族就如同
关系数据库中的列一样，属于表的一部分。列族不能随意修改和删除，只有使所属表离线，才能进行
相应操作。

在存储上，HBase 以列族作为一个存储单元，即每个列族都会单独存储，这也是称 HBase 是面向
列的数据库的原因。

4. 列（Column）

列并不是真实存在的，而是由列族名、冒号、限定符组合成的虚拟列，图 7-1 中的 anchor:cnnsi.com、
mine:type 均是相应列族中的一列；在同一个列族中，由于修饰符不同，可以看成列族中含有多列，图
7-1 中的 anchor:cnnsi.com、anchor:my.look.ca 就是列族 anchor 中的两列。所以列在使用时不需要
预先定义，在插入数据时，直接指定修饰符即可。从列的层面看，HBase 是非结构化的，因为列如同行
一样，可以随意动态扩展。

5. 表格单元（Cell）

Cell 是由行键、列限定的唯一表格单元，包含一个值及能反映该值版本的时间戳。Cell 的内容是
不可分割的字节数组，它是 HBase 表中的最小操作单元。在图 7-1 中，列族下面的每一个格子和相
应的时间戳的组合都可以看成一个单元，可以发现，表格中有很多空单元，这些空单元并不占用存储
空间，因为在实际存储中，空单元并不会被当成一个数据进行存储，这也使得 HBase 表在逻辑上具
有稀疏性。

6. 时间戳（TimeStamp）

时间戳是为数据添加的时间标记，该标记可以反映数据的新旧版本，每一个由行键和列限定的数据
在添加时都会被指定一个时间戳。时间戳主要用于标识同一数据的不同版本，在图 7-1 中，由行键
com.cnn.www 和列 contents:html 限定的数据有 3 个版本，分别在 t5、t4、t2 时刻插入。为了让新版
本的数据能更快地被找到，各版本的数据在存储时，会根据时间戳倒序排列，这样在读取存储文件时，
最新版本的数据会被最先找到。

时间戳一般会在数据写入时，由 HBase 自动获取系统时间为其赋值，也可以由用户在存储数据时显
式指定。时间戳的数据类型为 64 位整型，获取系统时间时会精确到 ms。

数据存储时，进行多版本存储有一定的优点，但是版本过多也会给管理造成负担，所以 HBase 提供
了两种回收机制。一种是只存储一定数量版本的数据，超过这个数量，就会对最旧版本的数据进行回收；
另一种是只保存一定时间范围内版本的数据，超过这个时间范围的数据都会被回收。

7.2.2 物理视图

HBase 表在概念视图上是由稀疏的行组成的集合，很多行都没有完整的列族，但是它在物理存储中
是以列族为单元的，一行数据被分散在多个物理存储单元中，空单元被全部丢弃。图 7-1 中的表有 3 个
列族，那么在进行物理存储时，就会有 3 个存储单元，每个存储单元对应一个列族，其映射为物理视图，

如图 7-2 所示。按列族存储的好处是可以在任何时刻添加一个列到列族中，而不用事先声明；即使新增一个列族，也不用对已存储的物理单元进行任何修改；所以这种存储模式使得 HBase 非常适合进行 key-value 的查询。

由图 7-2 可以看出，在概念视图上显示的空单元完全没有存储，那么在数据查询中，如果请求获取 contents:html 在 t8 下的数据，则不会有返回值，且类似的请求均不会有返回值；但是如果在请求数据时没有指定时间戳，则会返回列中最新版本的数据。如果连列也没有指定，那么查询时会返回各列中的最新值。例如，请求获取行键 com.cnn.www 的值，返回值为 t5 下的 contents:html、t9 下的 anchor:cnnsi.com、t8 下的 anchor:my.look.ca 以及 t5 下的 mine:type 对应的值。

行键	时间戳	列族 contents
"com.cnn.www"	t5	contents:html= "…"
"com.cnn.www"	t4	contents:html= "…"
"com.cnn.www"	t2	contents:html= "…"

行键	时间戳	列族 anchors
"com.cnn.www"	t9	anchor:cnnsi.com= "CNN"
"com.cnn.www"	t8	anchor:my.look.ca= "CNN.com"

行键	时间戳	列族 mine
"com.cnn.www"	t5	mine:type= "text/html"

图 7-2　HBase 表物理视图

7.3　HBase 物理存储模型

如果只考虑基本使用，则不需要了解 HBase 的底层存储情况；但如果需要对 HBase 进行优化配置，或者由于断电、磁盘损坏等原因导致 HBase 出现运行问题，需要恢复数据，则需要对 HBase 的底层存储有一定的了解。

HBase 的物理存储模型如图 7-3 所示。由图 7-3 可以得知，HBase 主要有两种文件：一种是由 HLog 管理的预写日志（Write-Ahead Log，WAL）文件；另一种是实际的数据文件 HFile。它们均以 HDFS 作为底层实现，在实际存储中，会划分成更小的文件块分散到各个 DataNode 中，所以只能知道文件在 HDFS 中的逻辑位置，而无法知道某张表具体存储在哪个物理节点上。下面介绍相关服务和文件。

1. Client

客户端（Client）用于提交管理或读写请求，采用 RPC 与 HMaster 和 HRegionServer 进行通信。提交管理请求时，它与 HMaster 进行通信；提交读写请求时，通过 ZooKeeper 提供的 hbase:meta 表定位到要读写的 HRegion，直接与服务于这个 HRegion 的 HRegionServer 进行通信。客户端还可以缓存查询信息，这样如果随后有相似的请求，就可以直接通过缓存定位，而不用再次查找 hbase:meta 表了。

2. ZooKeeper

ZooKeeper 为 HBase 提供协同管理服务。当 HRegionServer 上线时，会把自己注册到 ZooKeeper 中，以使 ZooKeeper 能实时监控 HRegionServer 的健康状态，当发现某个 HRegionServer 死掉时，能及时通知 HMaster 进行相应处理。

图 7-3　HBase 物理存储模型

同时，ZooKeeper 还为 HBase 提供目录表的位置，在 HBase 0.96 或以前的版本中，ZooKeeper 提供-ROOT-表，通过-ROOT-表可以追踪到.META 表，.META 表中存储了系统中所有 Region 的行键信息、位置及该 Region 由哪个 HRegionServer 管理。HBase 0.96 之后的版本，移除了-ROOT-表，.META 表改名为 hbase:meta 表并直接存储在 ZooKeeper 中。

3. HMaster

Master 是 HBase 主服务（HBbase Master Server）实例，在 Hadoop 集群中，它一般被设置运行于 NameNode。它负责监控集群中的所有 HRegionServer，并对所有表和 Region 进行管理操作，主要功能如下。

（1）操作表，如创建表、修改表、移除表，对表进行上线（Enable）和下线（Disable）操作。

（2）在 Region 分片之后，分配新的 Region。

（3）当某 HRegionServer 死掉之后，负责迁移 HRegionServer 服务的 Region。

此外，HMaster 中还运行两个后台进程。

（1）负载均衡器（LoadBalancer）：负责整个 HBase 集群的负载均衡，它周期性地检查整个集群，及时调整 Region 的分布。

（2）目录表管理器（CatalogJanitor）：周期性地检查和清理 hbase:meta 表，并在 Region 迁移或重分配后更新 hbase:meta 表。

HBase 还可以运行在多 Master 环境下，即集群中同时有多个 HMaster 实例，但只有一个 HMaster 运行并接管整个集群。当一个 HMaster 激活时，ZooKeeper 会同时给它限定一个租期，当 HMaster 的租期耗尽或意外停止时，ZooKeeper 会及时运行另一个 HMaster 来接替它的工作。

4. HRegionServer

HRegionServer 是 RegionServer 的实例，它负责服务和管理多个 HRegion 实例，并直接响应应用

（微课版）（第 3 版）

户的读写请求，HRegionServer 运行于 Hadoop 集群的 DataNode 中。一般来说，一个 DataNode 上运行一个 HRegionServer。

HRegionServer 是 HBase 最核心的模块，有很多后台线程、相关操作都需要相应线程进行处理，如监控各 Region 的大小并进行分片操作，对 StoreFile 进行压缩合并操作，监控 MemStore 并进行 Flush 操作，把所有修改写入 WAL 文件等。

5. HRegion

HRegion 是划分表的基本单元。一个表在刚创建时只有一个 Region，但随着记录的增加，表会越来越大，HRegionServer 会实时跟踪 Region 的大小，当 Region 增大到某个阈值（由 hbase.hregion. max.filesize 确定）时，就会对其进行分片操作，使一个 Region 分裂成两个 Region，随着表的继续增大，其还会分裂成更多的 Region。分片操作根据表的记录按行键划分，即每一行数据只需要查找一个 Region 即可完全找到。

当一个 Region 分裂成两个 Region 后，HMaster 会重新分配相应的 HRegionServer 对它们进行管理，并且不一定会选取原来的 HRegionServer，在这之后会更新 hbase:meta 表。

（1）Store

因为每个 HRegion 实例包含若干存储数据的 Store，每个 Store 对应一个 HBase 表中的一个列族，所以，表中的列族是集中存储的，HBase 的表按列族进行存储就体现在这里。HBase 表的存储情况如图 7-4 所示，一个表在足够大之后，会被划分成若干分片，每个分片对应一个 Region，每个 Region 都由相应的 HRegionServer 服务和管理。因为表是根据行键划分的，所以以每个 Region 其实都包含表的所有列族，在存储数据时，每个 Region 中都有一个单独的 Store 对一个列族的数据进行管理。

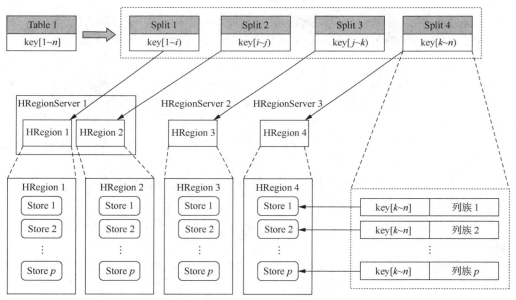

图 7-4　HBase 表的列族存储情况

Store 的存储过程是 HBase 存储的核心过程，每个 Store 包含一个 MemStore 和多个 StoreFile，MemStore 为内存中的缓存，StoreFile 则对应磁盘上的文件 HFile。在 HBase 中插入一条数据时，会先将该数据存入 MemStore 中；查询数据时，也会先从 MemStore 中寻找，找不到再到 HFile 中寻找，若在 HFile 中找到了查询结果，也会将其缓存到 MemStore 中。当 MemStore 中的数据累计到一定阈值时，HRegionServer 便执行 Flush 操作，把 MemStore 中的所有数据写成一个单独的 StoreFile。而当 StoreFile 的数量达到一定阈值时，又会触发压缩操作，即将多个小的 StoreFile 合并成一个大的 StoreFile。

MemStore 中的记录与 StoreFile 中的记录一样，均按行键排序，这样在查询时的响应速度更快。

（2）合并

StoreFile 的合并有两种方式，分别是 minor 和 major。minor 合并是把最新生成的几个 StoreFile 合并，每次执行 Flush 操作之后，都会触发合并检查，或者由单独的进程定期触发合并检查。minor 合并的文件由以下 4 个参数决定。

① hbase.hstore.compaction.min：最小合并文件数，必须大于 1，默认为 3。

② hbase.hstore.compaction.max：最大合并文件数，默认为 10。

③ hbase.hstore.compaction.min.size：最小合并文件大小，设置为 MemStore Flush 的阈值。

④ hbase.hstore.compaction.max.size：最大合并文件大小。

合并检查时，会查看当前的 StoreFile 是否符合条件，如果符合就进行合并操作，不符合则继续运行。最小合并文件数不要设置得过大，否则不仅会延迟 minor 合并操作，还会增加每次合并时的资源消耗和执行时间。最小合并文件大小设置为 MemStore Flush 的阈值，这样每个新生成的 StoreFile 都符合条件。因为设置了最大合并文件大小，所以当合并后的文件的大小大于这个数值时，再执行合并检查就会被排除在外，这样设计的好处是，每次进行 minor 合并的文件都是比较新和比较小的文件。

major 合并是把所有的 StoreFile 合并成一个单独的 StoreFile。进行合并检查时，先检查从上次执行 major 合并的时间开始到现在是否达到 hbase.hregion.majorcompaction 指定的阈值（默认为 24h），若达到这个时间，则进行 major 合并操作。

除了由 Flush 和单独的进程定期触发合并检查之外，还可以由相应的 Shell 命令（compact、major_compact）和 API（majorcompact()）触发。

（3）修改和删除记录

HBase 中的修改和删除操作均是以追加的形式执行的，并不会立即定位到文件记录并执行相应的操作，因为底层的 HDFS 不支持这种操作。修改和删除操作均是直接添加一行记录，修改操作其实就是添加新版本的一行数据，删除操作则是在某条记录上打上删除标记，表示要删除某条记录。这些操作均会先存入 MemStore 中，经过 Flush 操作后成为 StoreFile，在 StoreFile 合并时，同时合并多版本数据，舍弃多余版本的数据和具有删除标记的记录。

6. WAL

WAL 文件是 HBase 的预写日志文件，它记录了用户对 HBase 数据的所有修改，它存储在 HDFS 的/hbase/WALs/目录中，每一个 Region 有一个单独的 WAL 文件存放目录。

在正常情况下不需要使用 WAL 文件，因为写入 MemStore 的数据会不停地持久化到 StoreFile 中，但如果 HRegionServer 突然死掉或由于各种原因变得不可用，MemStore 中的数据就极有可能出现丢失的情况，而 WAL 文件的存在就是为了使意外丢失的数据能够恢复，起到灾难恢复的作用。

一般一个 RegionServer 会服务多个 Region，但是一个 RegionServer 中的所有 Region 都会共用一个活跃的 WAL 文件，如图 7-5 所示，来自客户端的所有操作都会由 RegionServer 交给相应的 Region 处理，但在记录写入 Store 的 MemStore 之前，必须先由 RegionServer 写入 WAL 文件中，如果 RegionServer 写入失败，整个写入操作也就失败，MemStore 中不会得到相应的更新记录。

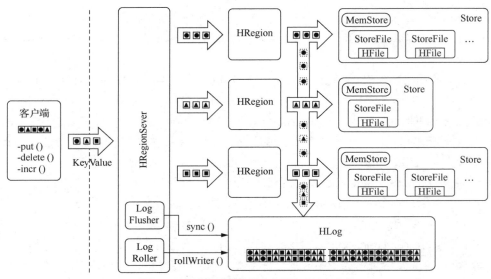

图 7-5　所有修改操作都会先写入 WAL 文件

WAL 文件在磁盘中的实际存储格式称为 HLog 或 WAL 文件，它其实就是一个普通的 Hadoop SequenceFile，无论哪个 Region 需要写入数据，都直接以追加的形式写入这个 SequenceFile 中，其目的是单独操作一个文件，相比同时写入多个文件而言，这样做减少了机械硬盘的寻址次数，加快了数据处理速度。不过这样做也有一个缺点，那就是当 RegionServer 出现问题需要恢复数据时，需要先把 WAL 文件中属于各 Region 的操作记录划分出来形成单独的数据集，才能分发给其他 RegionServer 进行数据恢复。

因为所有的 Region 共用一个 WAL 文件，所以在向 HLogFile 写入数据时，需要以特定格式写入，为每一条操作记录添加相应的归属信息。HLogFile 的存储格式如图 7-6 所示，每一个存储单元均包含两部分，即 HLogKey 和 KeyValue。HLogKey 中记录了写入数据所属的表（Table）、Region、写入时间戳（TimeStamp）及序列编号（SequenceNumber）；KeyValue 对应 StoreFile 的物理存储 HFile 中的 KeyValue 元数据。

图 7-6　HLogFile 的存储格式

7. HFile

HFile 是 HBase 数据文件的实际存储格式，它由 HFile 类实现。HFile 文件的大小是不定的，它简单地由数据块（DataBlock 或 MetaBlock）和追踪块（Trailer）组成，如图 7-7 所示。数据块中存储实际的数据、追踪块、文件块相关信息和对数据块的索引。HFile 的底层实现是 HDFS，当一个 HFile 大于 HDFS 数据块时，存储时会对应多个 HDFS 数据块，然后由 HDFS 冗余备份到其他节点，实现数据的分布式存储。

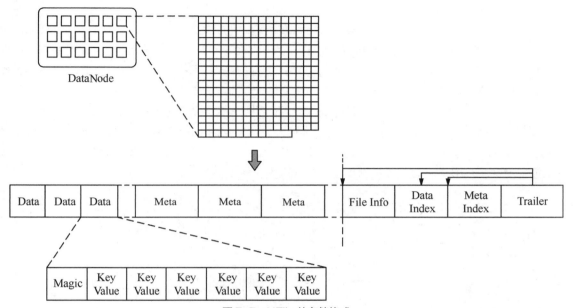

图 7-7　HFile 的存储格式

HFile 数据块有两种，即 Data 块和 Meta 块。Data 块用于保存表中的数据，Meta 块用于保存用户自定义的 KeyValue 对，这两种类型的数据块都可以以块为单位压缩存储。追踪块包含 4 部分，如图 7-7 所示，分别为 File Info、Data Index、Meta Index 和 Trailer，其中 File Info 和 Trailer 是定长的，Trailer 中包含指向其他 3 个数据块首位置的指针，File Info 记录当前 HDFS 块中所存储 HBase 数据的相关信息，Data Index 和 Meta Index 分别记录了所有 Data 块和 Meta 块的起始位置。Trailer 也用于标识 HFile 文件中的格式和兼容性，帮助解析程序，确定如何正确读取和处理 HFile 文件。

在查询时，往往先读取 Trailer，由 Trailer 找到 Data Index 的位置，然后将 Data Index 缓存到内存中，直接在内存中定位到所查询 Key 所在的 Data 块，缓存整个 Data 块，然后找到需要的 Key。这样就避免了扫描整个 HFile，减少了查询需要的时间。

（1）Data 块

Data 块是 HBase I/O 的基本单元，HBase 每次至少读取一个 Data 块。块大小默认为 64KB，也可以由用户在创建表时通过参数指定，当然，这里设置的块大小并不是绝对的，因为并不能保证 Data 块中存储的数据加起来正好是 64KB，而可能是在 64KB 左右；有时，为了减少磁盘 I/O 和网络 I/O，在存储时还会开启压缩，不同的数据块经过压缩后的大小往往有很大差异，这时根本不能确定存储时的块大小，最小块的大小可能只有 20KB～30KB。

不同大小的 Data 块适用于不同的场景，如果没有特殊的需求，则推荐其大小为 8KB～1MB。较大的块适用于顺序访问，但是会影响随机访问性能，因为 HBase 每次必读取一个 Data 块，较大的块必然会消耗更多的计算资源；较小的块适用于随机访问，但会生成更大的索引区间、更多的数据压缩流刷写次数，使创建速度变得更慢。

Data 块中的数据格式如图 7-7 所示，每个 Data 块包含一个 Magic 头部和一定数量的序列化的 KeyValue 实例。Magic 段只是一个随机数字，在数据块写入时随机产生，并同时记录在索引中，这样在读取数据时可以进行安全检查。

（2）KeyValue 结构

KeyValue 存储一条记录，其内部结构如图 7-8 所示。可以看出，KeyValue 的内部结构可以简单分为 3 个部分。第一部分为两个固定长度的数值，分别记录第二部分 Key 和第三部分 Value 的长度，相当于整条 KeyValue 的索引。第二部分为 Key 段，包含当前记录的所有表头信息，首先是一个固定长度的数值，记录了紧随其后的行键的长度，行键之后又是一个固定长度的数值，记录紧随其后的列族的长度，列族之后为 Column Qualifier，即当前记录所属的列，最后为两个固定长度的数值，分别为时间戳和 KeyType（Put/Delete），因为 Column Qualifier 的长度可由 Key 段总长度减去其他数据块的长度计算出来，所以不需要单独开辟一个空间来存放它的长度。第三部分为 Value 段，Value 段没有什么复杂的结构，就是简单的序列化的二进制数据，用于记录插入的内容。

图 7-8　KeyValue 的内部结构

7.4　安装 HBase

HBase 的部署与安装有 3 种模式，分别是单节点模式、伪分布式模式和完全分布式模式。

（1）单节点模式即只在一个节点上配置 HBase，直接使用 Linux 本地文件系统存储相关文件，所有服务运行在一个 JVM 中，该模式的配置比较简单。

（2）伪分布式模式和单节点模式比较类似，同样只需要在一个节点上配置 HBase，既可以使用 Linux 本地文件系统，又可以使用 Hadoop 的 HDFS 作为底层存储系统。与单节点模式不同的是，伪分布式模式的所有服务是单独运行的。

（3）完全分布式模式的配置比较复杂，在单节点做好相应配置之后，还需要把配置好的 HBase 文件分发到所有节点，因为必须使用 HDFS 作为底层存储系统，所以必须有一个可以正常使用的 Hadoop 环境。此外，可能还需要设置 SSH 及时间同步等。

因为 HBase 需要使用 ZooKeeper 作为协同运行组件，所以 HBase 一般都会自带 ZooKeeper，在配置时进行相应设置即可。

7.4.1　HBase 单节点安装

从官网下载 HBase 安装文件。首先进入官网 HBase 下载页面，单击"stable"，出现最新的稳定版本，然后选择需要的版本即可，如图 7-9 所示。

Hadoop 与 HBase 的兼容性对比如图 7-10 所示，其中 HBase 后面的数字代表 HBase 的版本号，Hadoop 后面的数字表示 Hadoop 的版本号。本书使用的 Hadoop 为 3.2.2 版本，所以这里选择 hbase-2.4.15-bin.tar.gz，并下载。

```
Index of /hbase/stable

Name                                      Last modified       Size  Description

   Parent Directory                                            -
   CHANGES.md                             2022-10-13 19:12    136K
   RELEASENOTES.md                        2022-10-13 19:12    1.0M
   api compare 2.4.14 to 2.4.15RC0.html   2022-10-13 19:12     20K  hbase: rel/2.4.14 to 2.4.15RC0 compatibility report
   hbase-2.4.15-bin.tar.gz                2022-10-13 19:12    271M
   hbase-2.4.15-bin.tar.gz.asc            2022-10-13 19:12    833
   hbase-2.4.15-bin.tar.gz.sha512         2022-10-13 19:12    219
   hbase-2.4.15-client-bin.tar.gz         2022-10-13 19:12    260M
   hbase-2.4.15-client-bin.tar.gz.asc     2022-10-13 19:12    833
   hbase-2.4.15-client-bin.tar.gz.sha512  2022-10-13 19:12    272
   hbase-2.4.15-src.tar.gz                2022-10-13 19:12     35M
   hbase-2.4.15-src.tar.gz.asc            2022-10-13 19:12    833
   hbase-2.4.15-src.tar.gz.sha512         2022-10-13 19:12    219
```

图 7-9　HBase 稳定版本

	HBase-2.4.x	HBase-2.5.x
Hadoop-2.10.[0-1]	✔	✘
Hadoop-2.10.2+	✔	✔
Hadoop-3.1.0	✘	✘
Hadoop-3.1.1+	✔	✘
Hadoop-3.2.[0-2]	✔	✘
Hadoop-3.2.3+	✔	✔
Hadoop-3.3.[0-1]	✔	✘
Hadoop-3.3.2+	✔	✔

图 7-10　Hadoop 与 HBase 的兼容性对比

HBase 的安装步骤如下。

步骤 1，上传 hbase-2.4.15-bin.tar.gz 到主节点并解压。本书所用的解压方法是将其上传到用户目录下并直接解压到该用户目录下，命令如下。

```
[hadoop@node1 ~]$ tar -zxf hbase-2.4.15-bin.tar.gz
```

执行上面的操作后，会发现用户目录中多出一个文件夹 hbase-2.4.15。

步骤 2，进入 HBase 目录，修改 habse-env.sh，示例如下。

```
[hadoop@node1 ~]$ cd hbase-2.4.15
[hadoop@node1 hbase-2.4.15]$ vim conf/habse-env.sh
```

这里主要进行如下操作。

① 找到 JAVA_HOME 配置项，取消注释，并把 JAVA_HOME 的值改为节点上的 Java 安装位置，该项大概在文件的第 29 行，如图 7-11 所示。

② 找到 ZooKeeper 的 HBASE_MANAGES_ZK 配置项，取消注释，并设置其值为 true，该项大概在文件的第 124 行，如图 7-11 所示。该项表示是否允许 HBase 使用其自带的 ZooKeeper，true 表示允许使用自带的 ZooKeeper，这样就不需要单独下载 ZooKeeper 并进行相应配置了。

```
# The java implementation to use.  Java 1.8+ required.
export JAVA_HOME=/home/ylw/usr/lib/jvm/jdk1.8.0_212
```

```
# Tell HBase whether it should manage it's own instance of ZooKeeper or not.
export HBASE_MANAGES_ZK=true
```

图 7-11   env.sh 文件的修改项

步骤 3，修改 conf/hbase-site.xml，示例如下。

```
[hadoop@node1 hbase-2.4.15]$ vim conf/hbase-site.xml
```

该文件是 HBase 的主要配置文件，在单节点模式中，只需要配置 HBase 和 ZooKeeper 的文件存储位置即可。在默认情况下，文件存储位置为/tmp/hbase-${user.name}，因为操作系统会在重启时清理/tmp 目录下的数据，所以需要把目录设置为其他位置。hbase-site.xml 和 Hadoop 的配置文件一样，在初始时是没有配置项的，需要在<configuration>标签之后添加配置信息，具体内容如下。

```
<configuration>
<property>
<name>hbase.rootdir</name>
<value>file:///home/hadoop/hbase</value>
</property>
<property>
<name>hbase.zookeeper.property.dataDir</name>
<value>/home/hadoop/zookeeper</value>
</property>
</configuration>
```

注意，不要手动创建上面配置的文件夹，HBase 启动后会自动创建；如果手动创建了，则 HBase 为了保证数据的一致性反而要做迁移操作，这并不是人们想要的。

步骤 4，查看当前 HBase 所基于的 Hadoop 版本，并做版本适配，示例如下。

```
[hadoop@node1 hbase-2.4.15]$ ls lib | grep '^hadoop-'
```

输出结果如下。

```
hadoop-annotations-2.10.0.jar
hadoop-auth-2.10.0.jar
hadoop-client-2.10.0.jar
hadoop-common-2.10.0.jar
hadoop-distcp-2.10.0.jar
hadoop-hdfs-2.10.0.jar
hadoop-hdfs-2.10.0-tests.jar
hadoop-hdfs-client-2.10.0.jar
hadoop-mapreduce-client-app-2.10.0.jar
hadoop-mapreduce-client-common-2.10.0.jar
hadoop-mapreduce-client-core-2.10.0.jar
hadoop-mapreduce-client-hs-2.10.0.jar
hadoop-mapreduce-client-jobclient-2.10.0.jar
hadoop-mapreduce-client-shuffle-2.10.0.jar
hadoop-minicluster-2.10.0.jar
hadoop-yarn-api-2.10.0.jar
hadoop-yarn-client-2.10.0.jar
hadoop-yarn-common-2.10.0.jar
hadoop-yarn-registry-2.10.0.jar
```

可以看出，因为 Hadoop 的相关文件均是 2.10.0 版本的，所以这个版本的 HBase 是基于 Hadoop 2.10.0 的，如果 Hadoop 不是 2.10.0 版本的，则为了避免出现匹配错误，应该把相应的 Hadoop JAR

包复制到 HBase 的 lib 文件夹下，需要做如下操作。

```
[hadoop@node1 hbase-2.4.15] $ ls lib | grep '^hadoop-' | \
sed 's/2.10.0/[你的 Hadoop 版本号]/' | \
xargs -i find $HADOOP_HOME -name {} | \
xargs -i cp {} /home/hadoop/ hbase-2.4.15/lib/
[hadoop@node1 hbase-2.4.15] $ rm -rf lib/hadoop-*2.10.0.jar
```

从上面可看出，第一步为将相应的 Hadoop JAR 包复制到 HBase 的 lib 文件夹，第二步为删除 lib 文件夹下 Hadoop 2.10.0 相关的 JAR 包，这两步的执行顺序不能颠倒。输入命令时，注意将第一步中的下画线部分修改为相应的值。

步骤 5，启动 HBase，示例如下。

```
[hadoop@node1 hbase-2.4.15]$ bin/start-hbase.sh
```

执行上述命令，如果没有意外的话，则会有相应的输出日志显示 HBase 启动成功，可以执行 jps 命令查看是否有相应的 HMaster 进程。在单节点模式中，HBase 的所有服务，包括 HMaster、一个 HRegionServer 和 ZooKeeper 服务，均运行在一个 JVM 中，所以只会看到一个 HMaster。

7.4.2　HBase 伪分布式安装

HBase 的伪分布式运行也是在单节点上运行所有服务，包括 HMaster、HRegionServer 和 ZooKeeper 服务，与单节点模式不同的是，它们均运行在单独的进程中，HMaster 和 ZooKeeper 依然运行在同一个 JVM 中。

经过单节点模式的配置过程之后，相信读者对 HBase 的配置有了一定的了解，现在可以直接在前面单节点配置的基础之上做相应修改，使 HBase 以伪分布式模式运行，但需确保配置时，HBase 已停止运行。HBase 伪分布式安装步骤如下。

步骤 1，配置 hbase-site.xml，示例如下。

```
[hadoop@node1 hbase-2.4.15]$ vim conf/hbase-site.xml
```

这里主要进行两项设置，一是开启 HBase 的伪分布式模式，二是设置文件存储位置为 HDFS 的 /hbase 目录，修改后的完整配置代码如下，添加或修改部分已用粗体标识。

```
<configuration>
  <property>
  <name>hbase.rootdir</name>
  <value>hdfs://192.168.237.130:9000/hbase</value>
  </property>
  <property>
  <name>hbase.zookeeper.property.dataDir</name>
  <value>/home/hadoop/zookeeper</value>
  </property>
  <property>
  <name>hbase.cluster.distributed</name>
  <value>true</value>
  </property>
</configuration>
```

注意，hbase.rootdir 的值要与 Hadoop 配置文件 core_site.xml 中的 fs.defaultFS 的值对应，否则 HBase 将无法访问 HDFS。和 7.4.1 小节中一样，配置的存储目录不需要用户建立，HBase 启动时会自动建立相应文件夹。

步骤 2，启动 HBase，示例如下。

```
[hadoop@node1 hbase-2.4.15]$ bin/start-hbase.sh
```

如果配置没有问题，HBase 就会以伪分布式模式运行，使用 jps 应该可以看到有 HMaster 和 HRegionServer 两个服务。

步骤 3，在 HDFS 中检查 HBase 文件。如果一切正常的话，则 HBase 会在 HDFS 中建立自己的文件，在上述配置文件中，设置的文件位置为/hbase，可以用 hadoop fs 命令查看文件，如图 7-12 所示。

```
[hadoop@node1 ~]$ hadoop fs -ls /hbase
Found 6 items
drwxr-xr-x   - hadoop supergroup          0 2015-01-29 04:41 /hbase/.tmp
drwxr-xr-x   - hadoop supergroup          0 2015-01-29 04:41 /hbase/WALs
drwxr-xr-x   - hadoop supergroup          0 2015-01-29 04:41 /hbase/data
-rw-r--r--   3 hadoop supergroup         42 2015-01-29 04:41 /hbase/hbase.id
-rw-r--r--   3 hadoop supergroup          7 2015-01-29 04:41 /hbase/hbase.version
drwxr-xr-x   - hadoop supergroup          0 2015-01-29 04:41 /hbase/oldWALs
```

图 7-12　查看 HDFS 中的 HBase 文件

7.4.3　HBase 完全分布式安装

在完全分布式模式中，一个集群含有多个节点，每个节点都将运行一个或多个 HBase 服务，本例将在 4 个节点的 Hadoop 集群中配置 HBase，具体情况如表 7-1 所示。

表 7-1　集群配置信息

主机名	用户名	Master	ZooKeeper	RegionServer
Node1	hadoop	✓	✓	✗
Node2	hadoop	backup	✓	✓
Node3	hadoop	✗	✓	✓
Node4	hadoop	✗	✓	✓

因为要在一个节点上执行命令启动整个集群，所以需要配置所有节点的 SSH 免密码验证，这在配置 Hadoop 时一般会预先配置，这里不赘述。集群的配置步骤基于前面的配置进行，如果要完全重新配置，则参照 7.4.1 小节中的步骤 1、步骤 2 和步骤 4 先做相应配置，在此基础之上再进行如下配置。

步骤 1，配置 Node1 上的 hbase-site.xml，示例如下。

```
[hadoop@node1 hbase-2.4.15]$ vim conf/hbase-site.xml
```

对属性内容做如下修改。

```
<configuration>
<property>
<name>hbase.rootdir</name>
<value>hdfs://node1:9000/hbase</value>
</property>
<property>
<name>hbase.zookeeper.property.dataDir</name>
<value>/home/hadoop/zookeeper</value>
</property>
<property>
<name>hbase.cluster.distributed</name>
<value>true</value>
</property>
<property>
<name>hbase.zookeeper.quorum</name>
<value>node1,node2,node3,node4</value>
</property>
</configuration>
```

对比伪分布式模式的配置，这里主要增加了一个属性 hbase.zookeeper.quorum，该属性用于判断是否在 HBase 启动时在相应节点上运行 ZooKeeper 实例。

步骤 2，在 Node1 上配置从节点列表，示例如下。

```
[hadoop@node1 hbase-2.4.15]$ vim conf/regionservers
```

删掉默认的 localhost，并添加想要运行 RegionServer 的节点名，一个节点添加为一行，如下所示。

```
node2
node3
node4
```

删掉 localhost 的原因是并不想在 Hadoop 的 NameNode 上运行 RegionServer，因为 NameNode 上并不存储 HDFS 数据，运行 RegionServer 需要远程调用数据，同时也会加重 NameNode 的负担。如果一定要在 NameNode 上运行 RegionServer，则也应该把 localhost 换成相应的机器名，如 Node1，因为 HBase 也可以在其他节点上运行 start-hbase.sh 脚本（这时会把输入命令的节点作为主节点），这时 localhost 指的是本机节点而不是 NameNode。

步骤 3，设置 Node2 为运行 HMaster 的备用节点，示例如下。

```
[hadoop@node1 hbase-2.4.15]$ vim conf/backup-masters
```

注意该文件并不存在，使用上述命令进行设置并保存后会生成该文件。这里直接添加一行填上相应的主机名即可，这里为 Node2。

步骤 4，从 Node1 将 HBase 文件复制到其他节点，命令如下。

```
[hadoop@node1 hbase-2.4.15]$ cd ..
[hadoop@node1 ~]$ scp -r ./ hbase-2.4.15:~/
[hadoop@node1 ~]$ scp -r ./ hbase-2.4.15:~/
[hadoop@node1 ~]$ scp -r ./ hbase-2.4.15:~/
```

步骤 5，在 Node1 上启动 HBase，示例如下。

```
[hadoop@node1 ~]$ hbase-2.4.15/bin/start-hbase.sh
```

输出信息如下。

```
node3: starting zookeeper, logging to /home/hadoop/ hbase-2.4.15/bi
n/../logs/hbase-hadoop-zookeeper-node3.out
node4: starting zookeeper, logging to /home/hadoop/ hbase-2.4.15/bi
n/../logs/hbase-hadoop-zookeeper-node4.out
node2: starting zookeeper, logging to /home/hadoop/ hbase-2.4.15/bi
n/../logs/hbase-hadoop-zookeeper-node2.out
node1: starting zookeeper, logging to /home/hadoop/ hbase-2.4.15/bi
n/../logs/hbase-hadoop-zookeeper-node1.out
starting master, logging to /home/hadoop/ hbase-2.4.15/bi
n/../logs/hbase-hadoop-master-node1.out
node4: starting regionserver, logging to /home/hadoop/ hbase-2.4.15
/bin/../logs/hbase-hadoop-regionserver-node4.out
node3: starting regionserver, logging to /home/hadoop/ hbase-2.4.15
/bin/../logs/hbase-hadoop-regionserver-node3.out
node2: starting regionserver, logging to /home/hadoop/ hbase-2.4.15
/bin/../logs/hbase-hadoop-regionserver-node2.out
node2: starting master, logging to /home/hadoop/ hbase-2.4.15/bin/
../logs/hbase-hadoop-master-node2.out
```

如果没有问题，则在各节点上执行 jps 命令，查看相应服务是否都已正常启动。编者在测试时得到的运行结果如图 7-13 所示。

node1 jps output:

```
[hadoop@node1 ~ ]$ jps
21199 HMaster
21104 HQuorumPeer
21476 Jps
14565 SecondaryNameNode
19277 ResourceManager
14382 NameNode
```

node2 jps output:

```
[hadoop@node2 ~ ]$ jps
13579 HQuorumPeer
13050 NodeManager
13689 HRegionServer
13793 HMaster
14021 Jps
10778 DataNode
```

node3 jps output:

```
[root@node3 ~ ]# jps
15777 HQuorumPeer
15896 HRegionServer
16155 Jps
15252 NodeManager
13071 DataNode
```

node4 jps output:

```
[root@node4 ~ ]# jps
16157 Jps
13073 DataNode
15780 HQuorumPeer
15259 NodeManager
15891 HRegionServer
```

图 7-13　测试时得到的运行结果

上面的 HQuorumPeer 进程为 ZooKeeper 的实例，它由 HBase 控制和启动，以这种方式运行的 ZooKeeper 将被限制为一个节点运行一个服务进程；如果 ZooKeeper 是单独配置并启动的，则它的运行进程名为 QuorumPeer，没有前面的 H。可以发现，Node2 的输出中有一个 HMaster，因为本书将 Node2 设为 HMaster 运行的备用节点，所以 Node2 中也有相应的服务，当 NameNode 的 HMaster 出现问题时，Node2 的 HMaster 将及时接管集群。

7.5　HBase Shell

本节主要讲解 HBase Shell 的各种操作，首先介绍 HBase Shell 的命令，然后重点介绍 HBase 的 general、数据定义语言（Data Definition Language，DDL）、数据操纵语言（Data Manipulation Language，DML）的操作。

7.5.1　HBase Shell 的命令

HBase 是典型的非关系型数据库，不支持 SQL，提供了自带的 HQL，可以在 HBase 的 Shell 中使用 HQL 进行查询操作。HQL 浅显易懂，即使是初学者，也能很快掌握。此外，可以通过 Native Java API、Pig、Hive 等接口或工具访问和操作 HBase，读者可以查阅相关资料学习。

HBase 集群配置好，启动后，就可以使用 HBase 的 Shell 对 HBase 进行各种操作，如建表、添加记录、添加列族、删除列族和删除表等。需使用 HBase 的 bin 目录下的 HBase 命令才能进入 HBase 的 Shell 界面，具体操作如下。

```
[hadoop@node1 hbase-2.4.15]$ bin/hbase shell
 HBase Shell; enter 'help<RETURN>' for list of supported commands.
Type "exit<RETURN>" to leave the HBase Shell
 Version hbase-2.4.15, r96878ece501b0643e879254645d7f3a40eaf101f, Mon Dec 15
23:00:20 PST 2018
 hbase(main):001:0>
```

输出以上信息，表示 HBase Shell 启动成功，接下来可以使用 HBase Shell 中的 help 命令，查看 HBase Shell 提供哪些功能，示例如下。

```
hbase(main):001:0>help
HBase Shell, version hbase-2.4.15, r96878ece501b0643e879254645d7f3a40eaf1 01f, Mon
Dec 15 23:00:20 PST 2018
Type 'help "COMMAND"', (e.g. 'help "get"' -- the quotes are necessary) for helpon
aspecific command.
Commands are grouped. Type 'help "COMMAND_GROUP"', (e.g. 'help "general"') f or helpon
a command group.

COMMAND GROUPS:
  Group name: general
  Commands: status, table_help, version, whoami

  Group name: ddl
  Commands: alter, alter_async, alter_status, create, describe, disable,
  disable_all, drop, drop_all, enable, enable_all, exists, get_table,
is_disabled, is_enabled, list, show_filters

  Group name: namespace
  Commands: alter_namespace, create_namespace, describe_namespace,
drop_namespace, list_namespace, list_namespace_tables

  Group name: dml
  Commands: append, count, delete, deleteall, get, get_counter, incr,
put, scan, truncate, truncate_preserve

  Group name: tools
  Commands: assign, balance_switch, balancer, catalogjanitor_enabled,
catalogjanitor_run, catalogjanitor_switch, close_region, compact,
compact_rs, flush, hlog_roll, major_compact, merge_region, move,
split, trace, unassign, zk_dump

  Group name: replication
  Commands: add_peer, disable_peer, enable_peer, list_peers,
list_replicated_tables, remove_peer, set_peer_tableCFs,
show_peer_tableCFs

  Group name: snapshots
  Commands: clone_snapshot, delete_all_snapshot, delete_snapshot,
list_snapshots, restore_snapshot, snapshot

  Group name: security
  Commands: grant, revoke, user_permission

  Group name: visibility labels
  Commands: add_labels, clear_auths, get_auths, list_labels, set_auths,
set_visibility

SHELL USAGE:
Quote all names in HBase Shell such as table and column names. Commas delimit
command parameters. Type <RETURN> after entering a command to run it.
Dictionaries of configuration used in the creation and alteration of tables are
Ruby Hashes. They look like this:
  {'key1' => 'value1', 'key2' => 'value2', ...}
```

```
and are opened and closed with curley-braces.  Key/values are delimited by the
'=>' character combination.  Usually keys are predefined constants such as
NAME, VERSIONS, COMPRESSION, etc.  Constants do not need to be quoted.  Type
'Object.constants' to see a (messy) list of all constants in the environment.

If you are using binary keys or values and need to enter them in the shell, use
double-quote'd hexadecimal representation. For example:
  hbase> get 't1', "key\x03\x3f\xcd"
  hbase> get 't1', "key\003\023\011"
  hbase> put 't1', "test\xef\xff", 'f1:', "\x01\x33\x40"
The HBase shell is the (J)Ruby IRB with the above HBase-specific commands added.
For more on the HBase Shell, see http://hbase.apac**.org/book.html
```

可以看出，HBase Shell 提供了很多操作命令，并且按组进行管理，主要分为以下几个组：general、ddl、namespace、dml、tools、replication、snapshots、security、visibility lables。如果不知道如何使用某个命令，则可以使用 help 'command_name'命令查询其使用方法，如果执行 help "group_name"，则将一次性显示 group 中所有命令的帮助信息。下面对部分组的命令进行简单讲解。

7.5.2   general 操作

general 是查询 HBase 相关信息的操作，如其运行状态、版本信息等。general 相关命令基本没有什么格式要求，直接输入并执行即可。

1. 查看 HregionServer 运行状态

通过 status 命令查看 HregionServer 运行状态。

```
hbase(main):001:0>status
 3 servers, 0 dead, 0.6667 average load
```

执行 help 'status'，可以看到 status 总共有 3 个选项，分别如下。

```
status 'simple'
status 'summary'
status 'detailed'
```

在默认情况下，status 的选项为 summary，在 summary 选项下的输出最简洁，选择另外两个选项都会输出更加详细的信息，读者可以自己测试。

2. 查看 HBase 版本

使用 version 命令即可查看 Hbase 版本信息。

```
hbase(main):003:0>version
hbase-2.4.15, r96878ece501b0643e879254645d7f3a40eaf101f, Mon Dec 15 23:00:    20 PST
2014
```

3. 查看当前用户

使用 whoami 命令即可查看当前用户。

```
hbase(main):004:0>whoami
hadoop (auth:SIMPLE)
groups: hadoop
```

4. table_help 命令

由于篇幅限制，这里不演示该命令。该命令主要用于显示操作表的帮助信息，如使用 create 命令创建表，然后使用 put、get 命令进行相应操作等。最重要的是 table_help 命令说明了在 HBase 中可以为表添加"引用"，然后直接使用这个引用操作相应的表。引用可以在创建表时设置，示例如下。

```
hbase> m = create 'member', 'address'
```

如果已经创建了某个表，则也可以使用命令为它设置引用。

```
hbase> m = get_table 'member'
```

这时，m 代表 member 表，如果要在 member 表中添加一行数据，则可以使用如下命令。

```
hbase> m.put '202311245''address:home''SiChuan'
```

这时，会在 member 表中插入一行数据，行键为 202311245，列族为 address，列为 home，值为 SiChuan。

如果不使用引用，则插入数据要使用如下命令。

```
hbase> put 'member''202311245''address:home''SiChuan'
```

设置引用除了可以使用 put 外，还有很多其他命令可以使用。很显然，使用引用将更加方便对表进行操作，对于习惯面向对象程序开发的人来说，也更加亲切和熟悉。值得一提的是，Shell 关闭后，所有的引用都将丢失。

微课 7-1

DDL 操作

7.5.3　DDL 操作

DDL 操作主要是以表为对象进行的操作，如创建表、修改表、删除表等。这里设计一个 student 表来进行相关演示，其结构如表 7-2 所示。

表 7-2　student 表结构

行键	basic_info					school_info		
	name	gender	birthday	connect	address	college	class	subject

该表有两个列族 basic_info 和 school_info，分别用来存储学生的基本信息和学校信息。basic_info 包含 name、gender、birthday、connect、address 这 5 列，分别代表姓名、性别、出生日期、联系方式、住址；school_info 包含 college、class、subject 这 3 列，分别代表所属学院、班级、专业。

1. 创建表 student

创建表 student，格式如下。

hbase>create '表名' '列族 1','列族 2',…,'列族 n'。

```
hbase(main):004:0>create 'students','stu_id','basic_info','school_info'
0 row(s) in 1.5590 seconds
=> Hbase::Table - students
```

2. 查看所有的表

```
hbase(main):005:0>list
TABLE
member
students
t
3 row(s) in 0.0220 seconds
=> ["member", "students", "t"]
```

这里显示有 3 个表，students 为第一步创建的表，member 和 t 是编者之前测试创建的表。

3. 查看表结构

```
hbase(main):006:0> describe 'students'
Table students is ENABLED
COLUMN FAMILIES DESCRIPTION
{NAME => 'basic_info', DATA_BLOCK_ENCODING => 'NONE', BLOOMFILTER => 'ROW',
REPLICATION_SCOPE => '0', VERSIONS => '1', COMPRESSION => 'NONE', MIN_VERSIO   NS => '0',
TTL => 'FOREVER', KEEP_DELETED_CELLS => 'FALSE', BLOCKSIZE => '65   536', IN_MEMORY =>
'false', BLOCKCACHE => 'true'}
{NAME => 'school_info', DATA_BLOCK_ENCODING => 'NONE', BLOOMFILTER => 'ROW',
REPLICATION_SCOPE => '0', VERSIONS => '1', COMPRESSION => 'NONE', MIN_VERSIO   NS => '0',
TTL => 'FOREVER', KEEP_DELETED_CELLS => 'FALSE', BLOCKSIZE => '65   536', IN_MEMORY =>
'false', BLOCKCACHE => 'true'}
{NAME => 'stu_id', DATA_BLOCK_ENCODING => 'NONE', BLOOMFILTER => 'ROW', REPL
ICATION_SCOPE => '0', VERSIONS => '1', COMPRESSION => 'NONE', MIN_VERSIONS =   > '0',
TTL => 'FOREVER', KEEP_DELETED_CELLS => 'FALSE', BLOCKSIZE => '65536',   IN_MEMORY =>
'false', BLOCKCACHE => 'true'}
3 row(s) in 0.0560 seconds
```

输出结果的第一行的 ENABLED 显示该表正在使用中，第三行表示下面开始描述表的列族，然后使用 3 个段分别描述相应的列族。

4. 删除列族 stu_id

按照关系数据库的使用习惯，一般会在建表时使用一列作为主索引，而在 HBase 中则不必如此，因为 HBase 提供行键作为索引，只需要将作为索引的值写入行键中就可以了。

删除列族要使用 alter 命令，用 alter 命令删除列族的格式有如下几种。

```
hbase> alter '表名', NAME=>'列族名', METHOD=>'delete'
hbase> alter '表名', {NAME=>'列族名', METHOD=>'delete'}
hbase> alter '表名', 'delete' => '列族名'
```

（1）删除列族 stu_id，示例如下。

```
hbase(main):036:0>alter 'students', 'delete' => 'stu_id'
Updating all regions with the new schema…
0/1 regions updated.
1/1 regions updated.
Done.
0 row(s) in 2.2180 seconds
```

使用 alter 还可以对表的各列族进行详细的配置，具体请用命令 help 'alter'查看。在本版本 HBase 中，删除一个表的列族不需要使表处于非使用状态，可以直接进行操作，在之前的某些版本中则不行，直接操作会出现以下错误。

```
ERROR: Table member is enabled. Disable it first before altering.
```

这时需要先对要操作的表进行 disable 操作，之后再对其进行 enable 操作，格式为：

```
hbase>disable/enable '表名'
```

（2）查看列族 stu_id 删除是否成功，示例如下。

```
hbase(main):037:0>describe 'students'
Table students is ENABLED
COLUMN FAMILIES DESCRIPTION
{NAME => 'basic_info', DATA_BLOCK_ENCODING => 'NONE', BLOOMFILTER => 'ROW',
REPLICATION_SCOPE => '0', VERSIONS => '1', COMPRESSION => 'NONE', MIN_VERSIO   NS => '0',
TTL => 'FOREVER', KEEP_DELETED_CELLS => 'FALSE', BLOCKSIZE => '65   536', IN_MEMORY =>
```

```
'false', BLOCKCACHE => 'true'}
   {NAME => 'school_info', DATA_BLOCK_ENCODING => 'NONE', BLOOMFILTER => 'ROW',
REPLICATION_SCOPE => '0', VERSIONS => '1', COMPRESSION => 'NONE', MIN_VERSIO   NS => '0',
TTL => 'FOREVER', KEEP_DELETED_CELLS => 'FALSE', BLOCKSIZE => '65    536', IN_MEMORY =>
'false', BLOCKCACHE => 'true'}
   2 row(s) in 0.0410 seconds
```

5. 删除一个表

删除一个表必须先进行 disable 操作，否则会出现错误，删除表使用 drop 命令，格式如下。

```
hbase> drop '表名'
hbase(main):041:0>disable 't'
0 row(s) in 1.5000 seconds
hbase(main):042:0>drop 't'
0 row(s) in 0.1810 seconds
```

6. 查询一个表是否存在

```
hbase(main):045:0>exists 't'
Table t does not exist
0 row(s) in 0.0450 seconds
hbase(main):046:0>exists 'students'
Table students does exist
0 row(s) in 0.0330 seconds
```

7. 查询一个表的使用状态

```
hbase(main):047:0>is_enabled 'students'
true
0 row(s) in 0.0520 seconds

hbase(main):048:0>is_disabled 'students'
false
0 row(s) in 0.0660 seconds
```

7.5.4 DML 操作

微课 7-2

DML 操作

DML 操作主要是针对表的记录的操作，如插入记录、查询记录等。

（1）使用 put 命令向 students 表插入记录，put 命令的格式如下。

```
hbase> put '表名' '行键','列族:列', '值'
```

这里插入如下记录。

```
hbase>stu = get_table 'students'
hbase>put 'stu' '2023101001', 'basic_info:name', 'YangMing'
hbase> put 'stu' '2023101001', 'basic_info:gender', 'male'
hbase> put 'stu' '2023101001', 'basic_info:birthday', '2000-05-23'
hbase> put 'stu' '2023101001', 'basic_info:connect', 'Tel:13911111111'
hbase> put 'stu' '2023101001', 'basic_info:address', 'SiChuan-Chengdu'
hbase> put 'stu' '2023101001', 'school_info:college', 'ChengXing'
hbase> put 'stu' '2023101001', 'school_info:class', 'class 1 grade 2'
hbase> put 'stu' '2023101001', 'school_info:object', 'Software'
```

注意，第一步设置了 students 表的引用 stu，这样操作更加方便。

（2）使用 get 获取数据，get 命令的格式如下。

```
hbase> get '表名' '行键'[, '列族[:列]']
```

其中，[ ]内的内容为可选内容。

获取一个行键的所有数据，如下所示。

```
hbase(main):010:0>get 'stu' '2023101001'
COLUMN                    CELL
 basic_info:address       timestamp=1422613121249, value=SiChuan-Chengdu
 basic_info:birthday      timestamp=1422613042438, value=2000-05-23
 basic_info:connect       timestamp=1422613086908, value=Tel:13911111111
 basic_info:gender        timestamp=1422612998952, value=male
 basic_info:name          timestamp=1422612962511, value=YangMing
 school_info:class        timestamp=1422613212431, value=class 1 grade 2
 school_info:college      timestamp=1422613188800, value=ChengXing
 school_info:object       timestamp=1422613229429, value=Software
8 row(s) in 0.0350 seconds
```

从以上输出可以看出，各列族的数据是按列排好序的。

获取一个行键某列族的所有数据，如下所示。

```
hbase(main):011:0>get 'stu' '2023101001', 'basic_info'
COLUMN                    CELL
 basic_info:address       timestamp=1422613121249, value=SiChuan-Chengdu
 basic_info:birthday      timestamp=1422613042438, value=2000-05-23
 basic_info:connect       timestamp=1422613086908, value=Tel:13911111111
 basic_info:gender        timestamp=1422612998952, value=male
 basic_info:name          timestamp=1422612962511, value=YangMing
5 row(s) in 0.0450 seconds
```

获取一个行键某列族的最新数据，如下所示。

```
hbase(main):012:0>get 'stu' '2023101001', 'basic_info:name'
COLUMN                    CELL
 basic_info:name          timestamp=1422612962511, value=YangMing
1 row(s) in 0.0380 seconds
```

（3）为某条数据增加一个版本，如下所示。

```
hbase(main):013:0>put  'stu' '2023101001', 'basic_info:connect', 'Tel:139****2375'
0 row(s) in 0.0260 seconds
hbase(main):014:0>get 'stu' '2023101001', 'basic_info:connect'
COLUMN                    CELL
 basic_info:connect       timestamp=1422614959332, value=Tel:13901602375
1 row(s) in 0.0490 seconds
```

（4）通过时间戳获取两个版本的数据，如下所示。

```
hbase(main):018:0>get 'stu' '2023101001', {COLUMN=>'basic_info:connect', TIME
STAMP=>1422613086908}
COLUMN                    CELL
 basic_info:connect       timestamp=1422613086908, value=Tel:13911111111
1 row(s) in 0.0130 seconds
hbase(main):019:0>get 'stu' '2023101001', {COLUMN=>'basic_info:connect', TIME
STAMP=>1422614959332}
COLUMN                    CELL
 basic_info:connect       timestamp=1422614959332, value=Tel:13901602375
1 row(s) in 0.0320 seconds
```

（5）全表扫描，如下所示。

```
hbase(main):025:0>scan 'stu'
ROW              COLUMN+CELL
 2023101001      column=basic_info:address, timestamp=1422613121249, value=
```

```
                      SiChuan-Chengdu
 2023101001          column=basic_info:birthday, timestamp=1422613042438, value
                      =2000-05-23
 2023101001          column=basic_info:connect, timestamp=1422614959332, value=
                      Tel:13901602375
 2023101001          column=basic_info:gender, timestamp=1422612998952, value=male
 2023101001          column=basic_info:name, timestamp=1422612962511, value=YangMing
 2023101001          column=school_info:class, timestamp=1422613212431, value=c
                      lass 1 grade 2
 2023101001          column=school_info:college, timestamp=1422613188800, value
                      =ChengXing
 2023101001          column=school_info:object, timestamp=1422613229429, value=
                      Software
 1 row(s) in 0.0730 seconds
```

（6）删除某行键类的某列，如下所示。

```
hbase(main):028:0>delete 'stu' '2023101001', 'basic_info:connect'
0 row(s) in 0.1870 seconds
hbase(main):029:0>get 'stu' '2023101001', 'basic_info'
COLUMN                    CELL
 basic_info:address       timestamp=1422613121249, value=SiChuan-Chengdu
 basic_info:birthday timestamp=1422613042438, value=2000-05-23
 basic_info:gender        timestamp=1422612998952, value=male
 basic_info:name          timestamp=1422612962511, value=YangMing
4 row(s) in 0.0250 seconds
```

（7）以行键为单位，查询表有多少行，如下所示。

```
hbase(main):030:0>count 'stu'
1 row(s) in 0.3230 seconds
=> 1
```

（8）清空整张表，如下所示。

```
hbase(main):035:0>truncate 'students'
Truncating 'students' table (it may take a while):
 - Disabling table…
 - Truncating table…
0 row(s) in 1.9460 seconds
```

truncate 操作其实是先对某张表进行 disable 操作，然后删除表，再根据表结构重新创建同名称的表。

HBase Shell 操作就介绍到这里。本章只是介绍了最常使用的相关操作，如创建表、修改表、给表添加记录等，当然 HBase Shell 的功能不只有这些，还可以创建名字空间，对表进行安全管理等，这些需要读者自己学习，本书不再赘述。

从本节给表插入记录的操作可以看出，HBase 中记录是根据行键逐值进行插入的，这其实和 HBase 的设计初衷有关，即希望 HBase 中的一行只在某一个列族中存在数据，这样更适合进行对 KeyValue 的查询。

7.6 HBase 操作实践

下面以学生成绩表（scores）的实例来介绍 HBase 命令的使用方法，学生成绩表结构如表 7-3 所示。其中学号（stu_id）为行键。课程（course）是一个列族，由 3 列（Chinese、Math 和 English）组成，可以根据需要在 course 中建立更多的列，如 database、data_structure 等。序号（Serial Number，

SN）是一个特殊列族，它只有一列并且没有名字。

表 7-3　学生成绩表结构

行键	course					SN
	Chinese	Math	English	……	……	

1. 创建学生成绩表

建立一个学生成绩表，表中包含两个列族 SN 和 course，创建结果如图 7-14 所示。

微课 7-3

HBase Hive Sqoop
实践案例讲解（1）

```
hbase:001:0> create 'scores','SN','course'
Created table scores
Took 2.3210 seconds
=> Hbase::Table - scores
```

图 7-14　学生成绩表创建结果

2. 向学生成绩表添加数据

根据设计的表结构添加值，列族里可以自由添加子列。如果列族下没有子列，则只加 "：" 即可。

```
hbase:004:0> put 'scores','3220704001','SN:','1'
hbase:005:0> put 'scores','3220704001','course:Chinese','70'
hbase:006:0> put 'scores','3220704001','course:Math','100'
hbase:007:0> put 'scores','3220704001','course:English','85'
hbase:008:0> put 'scores','3220704002','SN:','2'
hbase:009:0> put 'scores','3220704002','course:Chinese','88'
hbase:010:0> put 'scores','3220704002','course:Math','90'
hbase:011:0> put 'scores','3220704002','course:English','99'
```

3. 根据键值查询数据

（1）查看 scores 表中学号为 3220704001 的行的相关数据，如图 7-15 所示。

```
hbase:012:0> get 'scores','3220704001'
COLUMN                      CELL
 SN:                        timestamp=2023-02-15T09:39:35.639, value=1
 course:chinese             timestamp=2023-02-15T09:41:19.179, value=70
 course:english             timestamp=2023-02-15T09:41:35.202, value=85
 course:math                timestamp=2023-02-15T09:41:28.486, value=100
1 row(s)
Took 0.1410 seconds
```

图 7-15　学号为 3220704001 的行的相关数据

（2）查看 scores 表中学号为 3220704002 的学生的数学成绩，如图 7-16 所示。

```
hbase:013:0> get 'scores','3220704002','course:math'
COLUMN                      CELL
 course:math                timestamp=2023-02-15T09:41:58.026, value=90
1 row(s)
Took 0.0240 seconds
hbase:014:0> get 'scores','3220704002',{COLUMN=>'course:math'}
COLUMN                      CELL
 course:math                timestamp=2023-02-15T09:41:58.026, value=90
1 row(s)
Took 0.0128 seconds
```

图 7-16　学号为 3220704002 的学生的数学成绩

4. 扫描学生成绩表操作

扫描所有数据，结果如图 7-17 所示。

```
hbase:016:0> scan 'scores'
ROW                        COLUMN+CELL
 3220704001                column=SN:, timestamp=2023-02-15T09:39:35.639, value=1
 3220704001                column=course:chinese, timestamp=2023-02-15T09:41:19.179, value=70
 3220704001                column=course:english, timestamp=2023-02-15T09:41:35.202, value=85
 3220704001                column=course:math, timestamp=2023-02-15T09:41:28.486, value=100
 3220704002                column=SN:, timestamp=2023-02-15T09:41:43.965, value=2
 3220704002                column=course:chinese, timestamp=2023-02-15T09:41:51.405, value=88
 3220704002                column=course:english, timestamp=2023-02-15T09:42:05.008, value=99
 3220704002                column=course:math, timestamp=2023-02-15T09:41:58.026, value=90
2 row(s)
Took 0.0409 seconds
```

图 7-17 学生成绩表所有数据

有时为了限制返回的结果，可以指定一些修饰词，如 TIMERANGE、FILTER、LIMIT、STARTROW、STOPROW、TIMESTAMP、MAXLENGTH 或 COLUMN。

获取学号为 3220704001 的学生的语文成绩，如图 7-18 所示。

```
hbase:001:0>  scan 'scores',{COLUMN=>'course:chinese',STARTROW=>'3220704001',STOPROW=>'3220704002'}
ROW                        COLUMN+CELL
 3220704001                column=course:chinese, timestamp=2023-02-15T09:41:19.179, value=70
1 row(s)
Took 0.8334 seconds
```

图 7-18 学号为 3220704001 的学生的语文成绩

由于 STARTROW、STOPROW 区间是前闭后开的，最后输出的结果不会含有学号为 3220704002 的学生的数据。使用时在 STOPROW 为空时，从 STARTROW 开始输出全部数据，如图 7-19 所示。

```
hbase:002:0>  scan 'scores',{COLUMN=>'course:chinese',STARTROW=>'3220704001',STOPROW=>''}
ROW                        COLUMN+CELL
 3220704001                column=course:chinese, timestamp=2023-02-15T09:41:19.179, value=70
 3220704002                column=course:chinese, timestamp=2023-02-15T09:41:51.405, value=88
2 row(s)
Took 0.0828 seconds
```

图 7-19 学生成绩表中的语文成绩

5. 在已有数据之上添加新的列

为学号为 3220704001 的学生添加 database 课程的成绩，执行 put 操作后使用 get 操作查看修改后的成绩。添加结果如图 7-20 所示。

```
hbase:004:0> put 'scores','3220704001','course:database','99'
hbase:006:0> get 'scores','3220704001','course:database'"
```

```
COLUMN                     CELL
 course:database           timestamp=2023-02-15T10:09:21.609, value=99
1 row(s)
Took 0.0351 seconds
```

图 7-20 学号为 3220704011 的学生 database 课程的成绩

///////// 习题

1. HBase 和一般关系数据库有什么不同？

2. 简述 HBase 表的物理结构。

3. ZooKeeper 在 HBase 中有什么作用？

4. 因为 HBase 的表由多个列族构成，所以记录也分散在多个列族中，那么在完全分布式模式的 HBase 中，一条记录是存储在一个数据节点中还是存储在一个列族中呢？

5. HBase 中对删除的记录是如何处理的？

6. 在 Hadoop 集群中安装 HBase，然后自己设计一个表，并在 HBase 中执行创建表，添加、修改数据等操作。

第8章
ZooKeeper技术

08

素养要点与教学目标

· 理解 ZooKeeper 的作用和工作原理，知道它是一种为分布式应用设计的高可用、高性能的开源协调服务。

· 了解 ZooKeeper 提供的基本服务——分布式锁服务，以及其他使用方法，如配置维护、组服务、分布式消息队列、分布式通知/协调等。

· 了解 ZooKeeper 的开源特性及其在 Hadoop 生态系统中的作用，如 Hive、Pig 等数据分析和处理工具。

· 熟悉 ZooKeeper 保障集群稳定性、持续性、有序性和高效性的方式，以及实现 Master Election 机制的方式。

· 了解 ZooKeeper 和 Hadoop、HBase 之间的关系，以及开启和配置 ZooKeeper 的方式。

在 7.4 节中介绍过 HBase 自带 ZooKeeper。开启 ZooKeeper 时，会先开启 ZooKeeper 的 QuorumPeerMain 进程，再开启 HBase 中的 HMasterRegion 和 HServerRegion 进程。这样集群中就可以启动多个 HMaster，而 ZooKeeper 存储所有 Region 寻址入口，通过 ZooKeeper 的 Master Election 机制保证总有一个主节点处于运行状态。

Hadoop 的软件生态系统中除了 Hadoop 自身外，还有 Hive、Pig 之类的数据分析和处理工具，对这些"动物"进行统一管理的就是"动物管理员"——ZooKeeper，它是一种为分布式应用设计的高可用、高性能且一致的开源协调服务，它提供了一项基本服务：分布式锁服务。由于 ZooKeeper 具有开源的特性，之后的开发者在分布式锁的基础上，摸索出了其他使用方法：配置维护、组服务、分布式消息队列、分布式通知/协调等。ZooKeeper 提供服务的目的在于加强集群稳定性、持续性、有序性和高效性。

8.1 分布式协调技术及其实现者

为了确保分布式系统的多个进程间互不干扰，需要一种分布式协调技术来对这些进程进行调度，而这种分布式协调技术的核心是实现分布式锁。目前，在分布式协调技术方面做得比较好的是 Google 的 Chubby 和 Apache 的 ZooKeeper，它们都是分布式锁的实现者。

1. 分布式协调技术

分布式协调技术主要用来实现分布式环境中多个进程之间的同步控制，让它们有序地访问某种临界资源，防止产生"脏数据"。单机环境下可以利用简单的读写锁机

微课 8-1

Chubby 与
ZooKeeper 的区别
与联系

制实现。而当把问题放到分布式环境下时就需要使用分布式锁，这个分布式锁也就是分布式协调技术实现的核心内容。

分布式锁面临的问题是网络的不可靠性：拜占庭将军问题[1]。例如，在单机环境中，进程对一个资源的获取要么成功，要么失败。但在分布式环境中，对一个资源进行访问或者对一个服务进行调用时，虽然返回失败消息，但有可能实际上访问成功或者调用成功了，也有可能是由于时间上不同的两个节点对另外一个节点顺序调用服务导致失败。那么调用请求一定是按照顺序到达的吗？这些都涉及网络问题，所以分布式协调远比在同一台机器上对多个进程进行调度要难得多，于是 ZooKeeper 这种通用性好、伸缩性好、高可靠、高可用的协调机制应运而生。

2．实现者

ZooKeeper 是 Apache 基金会的一个开源项目，是 Google 的 Chubby 核心技术的开源实现，图 8-1 所示为 Chubby 与 ZooKeeper 的 Logo。Chubby 算法的核心是微软研究院的莱斯利·兰波特提出的 Paxos 算法。原先雅虎模仿 Chubby 开发出了 ZooKeeper，后来其将 ZooKeeper 作为一个开源的项目捐献

图 8-1　Chubby 与 ZooKeeper 的 Logo

给了 Apache，ZooKeeper 成为 Hadoop 下的一个子项目，后来发展成顶级项目。ZooKeeper 在分布式领域久经考验，所以在构建一些分布式系统时，就可以以这类系统为起点，这将节省不少成本，而且产生的 bug 也将更少。

ZooKeeper 包含一个可以基于它实现同步的简单原语集，一般用于分布式应用程序服务、配置维护和命名服务等，它具有如下特性：①ZooKeeper 是简单的；②ZooKeeper 是富有表现力的；③ZooKeeper 具有高可用性；④ZooKeeper 采用松耦合交互方式；⑤ZooKeeper 是一个资源库。

8.2　ZooKeeper 基本架构

ZooKeeper 是一个分布式应用程序，也是分布式系统的协调服务，采用 C/S 模型。ZooKeeper 客户端利用服务和服务器提供服务，应用程序通过客户端库调用 ZooKeeper。

1．角色

在 ZooKeeper 集群中有 Leader（领导者）和 Follower（群众）两种角色。Leader 可以接收客户端请求，也可以接收其他服务器转发的写请求，负责更新系统状态。Follower 也可以接收客户端请求，如果是写请求，则将该请求转发给 Leader 来更新系统状态，读请求则由 Follower 的内存数据库直接响应。ZooKeeper 集群如图 8-2 所示。

改变 Server（服务器）状态的写请求需要通过一致性协议来处理，这个协议就是 Zab（ZooKeeper atomic broadcast）协议，该协议用来作为其一致性复制的核心。简单来说，Zab 协议规定：来自客户端的所有写请求，都要转发给 ZooKeeper 服务中唯一的服务器，即 Leader。由 Leader 根据该请求发起一个 Proposal（提案）。然后，其他服务器对该 Proposal 进行投票。之后，Leader 收集投票，当投票数量过半时，Leader 向所有服务器发送一个通知消息。最后，当客户端连接的服务器收到该消息时，会把该操作更新到内存中并对客户端的写请求做出回应。

---

[1] 拜占庭将军问题（Byzantine Generals Problem），是由莱斯利·兰波特提出的点对点通信中的基本问题。在分布式计算中，不同的计算机通过信息交换，尝试达成共识；但有时候，系统上的协调计算机或成员计算机可能因系统错误（即系统出现错误）而交换了错误的信息，影响最终系统的一致性。

图 8-2　ZooKeeper 集群

2. 选举机制

Leader 选举是保证分布式数据一致性的关键所在，选举出的 Leader/Follower 架构可以实现对集群的统一管理。因为在集群中，只要半数以上机器存活，集群就可用，所以 ZooKeeper 适合安装奇数台服务器。下面以一个简单的例子来说明整个选举的过程。

假设有 5 台服务器组成了 ZooKeeper 集群，它们的编号为 1～5，依序启动，选举过程如下。

（1）服务器 1 启动，给自己投票，然后发出投票信息，由于其他机器还没有启动，所以它收不到反馈信息，服务器 1 的状态一直是 Looking（选举状态）。

（2）服务器 2 启动，给自己投票，同时与之前启动的服务器 1 交换结果，由于服务器 2 的编号大，所以服务器 2 胜出，此时服务器 2 获得两票（即服务器 1 将票投给了服务器 2），但此时投票数没有超过半数，所以两个服务器的状态依然是 Looking。

（3）服务器 3 启动，给自己投票，同时与之前启动的服务器 1、2 交换信息，由于服务器 3 的编号最大，所以服务器 3 胜出，此时投票数正好超过半数，所以服务器 3 成为 Leader，服务器 1、2 成为 Follower。

（4）服务器 4 启动，给自己投票，同时与之前启动的服务器 1、2、3 交换信息，尽管服务器 4 的编号大，但在此之前服务器 3 已经胜出，所以服务器 4 只能成为 Follower。

（5）服务器 5 启动，之后的过程与服务器 4 的后续过程相同，服务器 5 也成为 Follower。

8.3　ZooKeeper 数据模型

ZooKeeper 数据模型是树形结构，类似于前端的 tree.js 组件，也类似于 Linux 操作系统的文件系统。严格来说 ZooKeeper 是一棵多叉树，它的每个节点都可以存储数据，还可以拥有 N 个子节点；最上层是根节点，以"/"代表。与文件系统不同的是，ZooKeeper 的数据存储是结构化存储，没有文件和目录的概念，文件和目录被抽象成了节点（Node）。

8.3.1　Znode

ZooKeeper 的数据模型结构与 UNIX 文件系统的类似，整体上可以看作一棵树，树上的每个节点称为一个 Znode。每个 Znode 默认能够存储 1MB 的数据，并且每个 Znode 都可以通过路径唯一标识。ZooKeeper 的数据模型结构如图 8-3 所示。

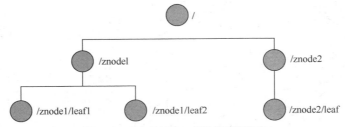

图 8-3　ZooKeeper 的数据模型结构

Znode 具有与文件和目录相似的两种特点，既像文件一样维护着数据、元信息、访问控制列表（Access Control List，ACL）、时间戳等数据结构，又像目录一样可以作为路径标识的一部分。每个 Znode 都由 3 部分组成：①stat，此为状态信息，描述该 Znode 的版本、权限等信息；②data，即与该 Znode 关联的数据；③children，即该 Znode 下的子节点。

ZooKeeper 虽然可以关联一些数据，但并没有被设计为常规的数据库或者用于大数据存储，而是应用于管理调度数据，如分布式应用中的配置文件信息、状态信息、汇集位置等。这些数据的共同特性就是它们都很小，通常以 KB 为单位。虽然 ZooKeeper 的服务器和客户端都被设计为严格检查 Znode 数据大小并限制每个 Znode 的数据至多 1MB，但常规使用中应该使其大小远小于此值。

ZooKeeper 中的节点有临时节点（Ephemeral Node）和永久节点（Persistent Node）两种。节点的类型在创建时即被确定，并且不能改变。

（1）临时节点。该类型节点的生命周期依赖于创建它们的会话。一旦会话结束，临时节点就被自动删除，当然也可以手动删除。虽然每个临时的 Znode 都会绑定到一个客户端会话，但它们对所有的客户端是可见的。另外，ZooKeeper 的临时节点不允许拥有子节点。

（2）永久节点。该类型节点的生命周期不依赖于创建它们的会话，并且只有在客户端显示并执行删除操作时，它们才能被删除。

为了保证子节点名称的唯一性和顺序性，ZooKeeper 引入了顺序节点（Sequence Node），前面的临时节点和永久节点只要在路径后加上 10 位数字就具有顺序性了。这 10 位数字由内部计数器计算得出，格式为%010d，即 10 位整数，不满 10 位就在数的左边补 0。计数范围不能超过整数类型（4 字节）表示的最大值 2 147 483 647，否则会溢出。

客户端可以在节点上设置 watch，称为监视器。当节点状态发生改变（Znode 进行增、删、改操作）时，将触发 watch 对应的操作。当 watch 被触发时，ZooKeeper 向客户端发送且仅发送一条通知，因为 watch 只能被触发一次，这样做可以减少网络流量消耗。

8.3.2　ZooKeeper 中的时间

时间戳表示创建和修改 Znode 的时间，它通常以 ms 为单位。ZooKeeper 有多种记录时间的形式，其中包含以下两个主要属性。

1. Zxid

每一个让 Znode 状态改变的操作都将使节点接收到一个 Zxid 格式的时间戳，并且这个时间戳全局有序。也就是说，每个对节点的改变都将产生一个唯一的 Zxid。如果 Zxid1 的值小于 Zxid2 的值，则表示 Zxid1 对应的事件发生在 Zxid2 对应的事件之前。实际上，ZooKeeper 的每个节点维护着 3 个 Zxid 值，分别为 cZxid、mZxid、pZxid。

（1）cZxid：节点的创建时间对应的 Zxid 格式时间戳。

（2）mZxid：节点的修改时间对应的 Zxid 格式时间戳。

（3）pZxid：最近一次子节点修改时间对应的 Zxid 格式时间戳。

Zxid 是一个 64 位的数字。它的高 32 位是 Leader 周期 epoch，epoch 是一个用于区分不同 Leader 周期的数值。每当选举出一个新的 Leader 时，它都会有一个新的 epoch 值，通常等于之前的 epoch 值加 1，以表示新 Leader 的统治时期。它的低 32 位则代表一个从 0 开始计数，单调递增的计数器。

2. 版本号

ZooKeeper 中的每个 Znode 都会存储数据，对应于每个 Znode，ZooKeeper 都会维护一个叫作 stat 的数据结构，stat 中记录了这个 Znode 的 3 个数据版本，分别如下。

（1）version：当前 Znode 的版本号。

（2）cversion：当前 Znode 子节点的版本号。

（3）aversion：当前 Znode 的 ACL 的版本号。

8.3.3　Znode 属性

通过 get ＜path＞命令可以获取该路径的 Znode 属性结构，如图 8-4 所示。

```
[zk: localhost:2181(CONNECTED) 3] get /hbase

cZxid = 0x1200000009
ctime = Wed Dec 10 19:52:41 CST 2014
mZxid = 0x1200000009
mtime = Wed Dec 10 19:52:41 CST 2014
pZxid = 0x1700000081
cversion = 31
dataVersion = 0
aclVersion = 0
ephemeralOwner = 0x0
dataLength = 0
numChildren = 13
```

图 8-4　Znode 属性结构

Znode 的属性描述如表 8-1 所示。

表 8-1　Znode 的属性描述

属性	描述
cZxid	创建节点时的事务 ID
mZxid	DataNode 最后更新的事务 ID
ctime	DataNode 创建的时间
mtime	DataNode 最后更新的时间
dataVersion	DataNode 的版本号
pZxid	DataNode 最后更新子节点列表时的事务 ID
cversion	DataNode 子节点的版本号
aclVersion	DataNode 的 ACL 的版本号

属性	描述
ephemeralOwner	如果为临时节点，则该属性值为该节点拥有者的会话 ID；否则该属性值为 0
dataLength	DataNode 的数据长度
numChildren	DataNode 当前的子节点数

8.3.4　watch 触发器

ZooKeeper 可以为所有的读操作设置 watch，这些读操作包括 exists()、getChildren()及 getData()。watch 事件是一次性的触发器，当 watch 的对象状态发生改变时，将触发此对象上 watch 对应的事件。watch 事件将被异步地发送给客户端，并且 ZooKeeper 为 watch 机制提供了有序的一致性保证。理论上，客户端接收 watch 事件的时间要早于其看到 watch 对象状态变化的时间。

1. watch 类型

ZooKeeper 管理的 watch 可以分为以下两类。

（1）数据 watch（data watch）。getData()和 exists()负责设置数据 watch，返回关于节点的数据信息。

（2）孩子 watch（child watch）。getChildren()负责设置孩子 watch，返回孩子列表。

可以通过操作返回的数据来设置不同类型的 watch。因此，一个成功的 setData 操作将触发 Znode 的数据 watch，即一个成功的创建或删除操作将触发 Znode 的数据 watch 以及孩子 watch。

2. watch 注册与触发

watch 设置操作及相应的触发器如表 8-2 所示。

表 8-2　watch 设置操作及相应的触发器

设置 watch	watch 触发器				
	create		delete		setDate
	Znode	child	Znode	child	Znode
exists()	NodeCreated		NodeDeleted		NodeDataChanged
getData()			NodeDeleted		NodeDataChanged
getChildren()		NodeChildrenChanged	NodeDeleted	NodeDeleted Changed	

exists()操作中的 watch 在被监视的 Znode 创建、删除或数据更新时触发。getData()操作上的 watch 在被监视的 Znode 删除或数据更新时触发；它在创建时不能触发，因为只有 Znode 存在时，getData()操作才会成功。getChildren()操作上的 watch 在被监视的 Znode 的子节点创建或删除，或是该 Znode 自身被删除时触发。可以查看 watch 事件类型来区分是 Znode，还是它的子节点被删除：NodeDeleted 表示 Znode 被删除，NodeDeletedChanged 表示子节点被删除。

watch 由客户端连接的 ZooKeeper 服务器在本地维护，因此它可以非常容易地被设置、管理和分派。当客户端连接到一个新的服务器时，任何会话事件都可能触发 watch。另外，客户端从服务器断开连接时，watch 将不会被接收。但是，当一个客户端重新建立连接时，任何先前注册过的 watch 都会被重新注册。

3. watch 主要应用

监视是一种简单的机制，客户端可以在读取特定 Znode 时设置多个 watch。watch 会向注册的客户端发送任何 Znode（客户端注册表）更改的通知。Znode 更改是指与 Znode 相关的数据的更改或 Znode 的子节点的更改，只触发一次 watch。如果客户端想要再次收到通知，则必须通过另一个读取操作来完成。当连接会话过期时，客户端将与服务器断开连接，相关的 watch 也将被删除。ZooKeeper 的 watch 实际上要处理如下两类事件。

（1）连接状态事件（type=None, path=null），这类事件不需要注册，也不需要连续触发，只要处理就行了。

（2）节点事件，包括节点的建立、删除和数据的修改。它是 one time trigger（只在特定条件下触发一次，而不会重复执行），需要不停地注册触发，还可能发生事件丢失的情况。

上面两类事件都在 watch 中通过函数 exists()、getData()或 getChildren()来处理，这样做有双重作用，即注册触发事件和实现函数本身的功能。函数本身的功能又可以用异步的回调函数来实现，即在重载 processResult()的过程中实现函数本身的功能。

8.4 ZooKeeper 集群安装

ZooKeeper 通过复制来实现高可用性，只要集群中超过半数的机器处于可用状态，它就能够保证服务继续。为什么一定要超过半数呢？这与 ZooKeeper 的复制策略有关：ZooKeeper 确保对 Znode 的每一个修改都会被复制到集群中超过半数的机器上。

在实验时，可以先使用少量数据在集群伪分布模式下进行测试。当测试可行时，再将数据移植到集群模式中进行真实的数据实验。这样不但保证了它的可行性，而且大大提高了实验的效率。这种搭建方式比较简便，成本比较低，适合测试和学习，如果机器不足，则可以在一台机器上部署 3 个服务器。

1. 安装步骤

步骤 1，在相关网站下载 ZooKeeper。

步骤 2，执行命令 tar -zxvf zookeeper-3.4.10.tar.gz 进行解压。

步骤 3，执行命令 mv zookeeper-3.4. 10/usr/local/zk 将解压后的文件夹移动到/usr/local 目录下，并重命名为 zk。

步骤 4，执行命令 mkdir /usr/local/zk/data 在 ZooKeeper 的主文件目录下创建文件夹 data。

步骤 5，①创建 myid。执行命令 touch /usr/local/zk/data/myid 在 data 目录下创建文件 myid。②设置 myid 值为 0。可以通过 Vi 编辑器的命令"vi myid"实现，输入内容为 0。其余节点的输入内容分别为 1 和 2。

步骤 6，配置文件。在 conf 目录下删除 zoo_sample.cfg 文件，创建一个配置文件 zoo.cfg。配置内容如下。

```
# The number of milliseconds of each tick
tickTime=2000
# The number of ticks that the initial
# synchronization phase can take
initLimit=10
# The number of ticks that can pass between
# sending a request and getting an acknowledgement
syncLimit=5
```

```
# the directory where the snapshot is stored.
dataDir=/usr/local/zk/data
# the port at which the clients will connect
clientPort=2181
#the location of the log file
dataLogDir=/usr/local/zk/log
server.0=hadoop:2888:3888
server.1=hadoop0:2888:3888
server.2=hadoop1:2888:3888
```

2. 最低配置要求中必须配置的参数

（1）clientPort：监听客户端连接的端口。

（2）tickTime：基本时间单元，作为 ZooKeeper 服务器之间或客户端与服务器之间维持心跳的时间间隔，每隔 tickTime 时间就会发送一个心跳信息；最短的会话超时时间为两倍的 tickTime。

（3）dataDir：存储内存中数据库快照（Snapshot）的位置。默认情况下，事务日志也会存储到这里。使用专用的日志存储设备能够大大提高系统的性能，如果将日志存储在工作比较繁忙的存储设备上，那么将会在很大程度上影响系统性能，所以建议同时配置参数 dataLogDir。

3. 可选配置参数

下面是高级配置参数中的可选配置参数，用户可以使用下面的参数来更好地设定 ZooKeeper 的行为。

（1）dataLogDir

配置 dataLogDir 参数是让管理机器把事务日志写入 dataLogDir 指定的目录中，而不是写入 dataDir 指定的目录中。这将允许使用一个专用的日志设备，帮助人们避免日志和快照的竞争。配置如下。

```
# the directory where the snapshot is stored
dataLogDir=/usr/local/zk/log
```

（2）maxClientCnxns

配置 maxClientCnxns 参数是为了限制连接到 ZooKeeper 的客户端数量，并限制并发连接的数量（可以通过 IP 地址来区分不同的客户端）。此配置选项可以阻止某些类别的 DoS 攻击。将它设置为 0 或直接忽略，将取消对并发连接的限制。例如，此时将 maxClientCnxns 的值设为 1，示例如下。

```
# set maxClientCnxns
maxClientCnxns=1
```

启动 ZooKeeper 之后，首先用一个客户端连接到 ZooKeeper 服务器。之后如果有第二个客户端尝试对 ZooKeeper 进行连接，或者有某些隐式的对客户端的连接操作，则会触发 ZooKeeper 的上述配置。

（3）minSession 和 maxSession

这两个参数分别用于设置最小的会话超时时间和最大的会话超时时间。在默认情况下，minSession=2* tickTime；maxSession=20*tickTime。

4. 集群配置

（1）initLimit。此配置表示允许 Follower（相对于 Leader 而言的"客户端"）连接并同步到 Leader 的初始化连接时间，以 tickTime 为单位。当初始化连接时间超过该值时，表示连接失败。

（2）syncLimit。此配置项表示 Leader 与 Follower 之间发送消息时，请求和应答的时间长度。如果 Follower 在设定时间内不能与 Leader 通信，那么此 Follower 将会被丢弃。

（3）server.A=B:C:D。其中 A 是一个数字，表示这个服务器的编号；B 是这个服务器的 IP 地址；C 是 Leader 选举的端口；D 是 ZooKeeper 服务器之间的通信端口。

（4）myid 和 zoo.cfg。除了修改 zoo.cfg 配置文件，集群模式下还要配置一个文件 myid，该文件存储在 dataDir 目录中，这个文件中有一个数据是 A 的值，ZooKeeper 启动时会读取这个文件，并将该文件中的数据与 zoo.cfg 中的配置信息比较，从而判断服务器的状态是否符合预期。

配置完成后，可以通过以下命令对 ZooKeeper 进行操作。①在 3 个节点上分别执行命令 zkServer. sh start 启动 ZooKeeper。②在 3 个节点上分别执行命令 zkServer.sh status 检验节点状态。③在 3 个节点上分别执行命令 zkServer.sh stop 关闭 ZooKeeper。

8.5 ZooKeeper 的主要 Shell 操作

启动 ZooKeeper 服务之后，执行以下命令，连接到 ZooKeeper 服务。

```
zkCli.sh -server localhost:2181
```

连接成功后，系统会输出 ZooKeeper 的相关环境及配置信息，并在屏幕输出"welcome to ZooKeeper！"等信息。执行 help 命令之后，屏幕输出可用的 ZooKeeper 客户端命令，如图 8-5 所示。下面展示 ZooKeeper 的相关操作。

```
[zk: localhost:2181(CONNECTED) 0] help
ZooKeeper -server host:port cmd args
        stat path [watch]
        set path data [version]
        ls path [watch]
        delquota [-n|-b] path
        ls2 path [watch]
        setAcl path acl
        setquota -n|-b val path
        history
        redo cmdno
        printwatches on|off
        delete path [version]
        sync path
        listquota path
        rmr path
        get path [watch]
        create [-s] [-e] path data acl
        addauth scheme auth
        quit
        getAcl path
        close
        connect host:port
```

图 8-5　ZooKeeper 客户端命令

（1）使用 ls 命令查看当前 Zookeeper 包含的内容。

```
[zk: localhost:2181(CONNECTED) 1] ls
[ZooKeeper]
```

（2）执行如下命令创建一个新的 Znode zk 及与它相关的字符。

```
[zk: localhost:2181(CONNECTED) 2] create /zk myData
Created /zk
```

（3）再次使用 ls 命令查看当前 ZooKeeper 包含的内容。

```
[zk: localhost:2181(CONNECTED) 3] ls
[zk , ZooKeeper]
```

（4）使用 get 命令确认此前创建的 Znode 是否包含创建的字符串。

```
[zk: localhost:2181(CONNECTED) 4] get /zk
myData
cZxid = 0x170000008b
ctime = Thu Dec 25 22:12:15 CST 2014
mZxid = 0x170000008b
mtime = Thu Dec 25 22:12:15 CST 2014
pZxid = 0x170000008b
```

```
cversion = 0
dataVersion = 0
aclVersion = 0
ephemeralOwner = 0x0
dataLength = 6
numChildren = 0
```

（5）通过 set 命令设置 zk 关联的字符串。

```
[zk: localhost:2181(CONNECTED) 5] set /zk trucyData
cZxid = 0x170000008b
ctime = Thu Dec 25 22:12:15 CST 2014
mZxid = 0x170000008c
mtime = Thu Dec 25 22:12:51 CST 2014
pZxid = 0x170000008b
cversion = 0
dataVersion = 1
aclVersion = 0
ephemeralOwner = 0x0
dataLength = 9
numChildren = 0
```

（6）再次使用 get 命令查看上次修改的内容。

```
[zk: localhost:2181(CONNECTED) 6] get / zk
trucyData
cZxid = 0x170000008b
ctime = Thu Dec 25 22:12:15 CST 2014
mZxid = 0x170000008c
mtime = Thu Dec 25 22:12:51 CST 2014
pZxid = 0x170000008b
cversion = 0
dataVersion = 1
aclVersion = 0
ephemeralOwner = 0x0
dataLength = 9
numChildren = 0
```

（7）将刚才创建的 Znode 删除。

```
[zk: localhost:2181(CONNECTED) 7] delete / zk
```

（8）再次使用 ls 命令查看当前 ZooKeeper 中的内容。经过验证，zk 节点已经删除。

```
[zk: localhost:2181(CONNECTED) 8] ls /
[ZooKeeper]
```

8.6　典型应用场景

ZooKeeper 是一个高可用的分布式数据管理与系统协调框架。基于 Paxos 算法的实现，该框架保证了分布式环境中数据的强一致性，也正是基于这样的特性，ZooKeeper 能够应用于很多场景。

微课 8-2

ZooKeeper 的典型
运用场景介绍

8.6.1　数据发布与订阅

数据发布与订阅（Data Publication and Subscription）是一种常用的分布式系统中的数据管理和传输方式。它通过将数据发布到中心化的 Znode 上，使订阅者可以在任何时间动态获取这些数据。这种方式可以帮助实现配置信息的集中式管理和动态更新，从而提高系统的灵活性和可维护性。下面分别从典型场景描述、应用以及具体应用举例进行讲解。

1. 典型场景描述

数据发布与订阅是将数据发布到 Znode 上，供订阅者动态获取数据，实现配置信息的集中式管理和动态更新，如应用程序参数、服务端点、环境和日志配置等配置信息。集中式的配置管理在应用集群中是非常常见的，一般商业公司内部都会实现一套集中的配置管理中心，以应对不同的应用集群对共享各自配置的需求，并且在配置变更时，能够将变更内容通知到集群中的每一台机器。

2. 应用

（1）索引信息和集群中机器节点的状态存储在 ZooKeeper 的一些指定节点中，供各个客户端订阅与使用。

（2）系统日志（经过处理后的）存储，这些日志通常 2~3 天后被清除。

（3）应用中用到的一些配置信息集中管理，在应用启动时主动获取一次，并且在节点上注册一个 watch，以后每次配置更新时，将实时通知到应用，获取最新配置信息。

（4）业务逻辑中需要用到的一些全局变量，如一些消息中间件的消息队列通常有一个偏移量，这个偏移量存储在 ZooKeeper 上，这样集群中的每个发送者都能知道当前消息的发送进度。

（5）系统中有些信息需要动态获取，并且还存在需要人工手动修改这个信息的情况。以前这个问题的解决方法通常是暴露出接口，如 JMX 接口，有了 ZooKeeper 后，只需将这些信息存储到 Znode 即可。

3. 应用举例

同一个应用系统需要在多台 PC 服务器上运行，但是其中的某些配置项是相同的，要修改这些相同的配置项，就必须同时修改运行这个应用系统的每台 PC 服务器，这样非常麻烦而且容易出错。可以将配置信息保存在 ZooKeeper 的某个目录节点中，然后监控所有需要修改的应用机器配置信息的状态，一旦配置信息发生变化，每台客户端就会收到 ZooKeeper 的通知，然后从 ZooKeeper 获取新的配置信息并应用到系统中。ZooKeeper 配置管理结构如图 8-6 所示。

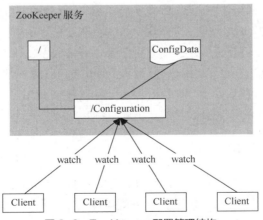

图 8-6　ZooKeeper 配置管理结构

使用 ZooKeeper 很容易实现这种集中式的配置管理，例如，将需要的配置信息保存到/Configuration 节点上，集群中的所有机器一启动就会通过客户端对/Configuration 节点进行监控，监控命令为 [zk.exist("/Configuration",true)]，并且实现 Watcher 回调方法 process()，那么 ZooKeeper 上的

/Configuration 节点下的数据发生变化时，每台机器都会收到通知，执行 Watcher 回调方法，各个节点再取回修改数据，即可实现配置同步。取回修改数据命令为[zk.getData("/Configuration",false,null)]。

8.6.2 统一命名服务

分布式系统中，为了方便管理和调用各个节点上的资源和服务，需要对它们进行统一命名和定位。统一命名服务是一种常见的解决方案，它将分布式系统中的各种资源和服务组织成一个有层次结构的命名空间，并提供命名、查找、注册和解除注册等操作。

1. 场景描述

在分布式应用中，通常需要有一套完整的命名规则，使用这套规则命名的名称既是唯一的，又便于人识别和记忆。通常情况下，树形的名称结构是一个理想的选择，它是一个有层次的目录结构，既对人友好，又不会重复。介绍到这里，读者可能会想到 Java 命名和目录接口（Java Naming and Directory Interface，JNDI），ZooKeeper 的统一命名服务实现的功能与 JNDI 实现的功能差不多，它们都是将有层次的目录结构关联到一定资源上，但是 ZooKeeper 的命名服务更多的是广泛意义上的关联，有时不需要将名称关联到特定资源上，可能只需要一个不会重复的名称，就像数据库中会产生一个唯一的数字主键一样。

2. 应用

在分布式系统中使用统一命名服务，客户端应用能够根据指定的名称来获取资源服务的地址、提供者等信息。被命名的实体通常可以是集群中的机器、提供的服务地址和进程对象等，这些实体都可以被统称为名称（Name）。其中较为常见的是一些分布式服务框架中的服务地址列表。调用 ZooKeeper 提供的创建节点的 API，可以很容易地创建一个全局唯一的 path，这个 path 可以作为一个名称。命名服务已经是 ZooKeeper 内置的功能，只要调用 ZooKeeper 的 API 就能实现，例如，调用 create 接口可以很容易地创建一个目录节点。

3. 应用举例

阿里开源的分布式服务框架 Dubbo 中使用 ZooKeeper 提供的命名服务，维护全局的服务地址列表。在 Dubbo 实现中，服务提供者在启动时，向 ZooKeeper 上的指定节点/dubbo/${serviceName}/providers 目录写入自己的 URL 地址，这样就完成了服务发布。服务消费者启动时，订阅/dubbo/${serviceName}/providers 目录下的提供者 URL 地址，并向/dubbo/${serviceName}/consumers 目录写入自己的 URL 地址。注意，所有在 ZooKeeper 上写入的地址都是临时节点，这样能够保证服务提供者和消费者可以自动感应资源的变化。另外，Dubbo 还有针对服务的调用主次和调用时间的监控，使用方法是订阅/dubbo/${serviceName}目录下的所有提供者和消费者信息。

8.6.3 分布式通知/协调

分布式系统中的节点数量很多，每个节点都可能有自己的状态和数据，而这些状态和数据需要在各个节点之间进行传递和同步。分布式通知/协调的任务就是确保系统中所有节点的状态和数据能够及时、准确地同步。在分布式系统中，通知/协调通常使用消息队列、分布式锁、分布式协议等方式来实现。这些机制可以确保系统中的各个节点之间能够协调工作、同步数据，从而保证整个系统运行的正确性和稳定性。

1. 典型场景描述

分布式通知/协调（Distribution of Notification/Coordination）是 ZooKeeper 特有的 Watcher 注

册与异步通知机制，能够很好地实现分布式环境下不同系统之间的通知与协调，实现对数据变更的实时处理。其使用方法通常是使不同系统都注册 ZooKeeper 上的同一个 Znode，监听 Znode 的变化（包括 Znode 本身内容及子节点的变化），只要其中一个系统更新了 Znode，另一个系统就能够收到通知，并做出相应处理。

2．应用

（1）另一种心跳检测机制。检测系统和被检测系统之间并不会直接关联，而是通过 ZooKeeper 上的某个节点关联，大大降低了系统之间的耦合性。

（2）另一种系统调度模式。某系统由控制台和推送系统两部分组成，控制台的职责是控制推送系统进行相应的推送工作。管理人员在控制台做的一些操作，实际上修改了 ZooKeeper 上某些节点的状态，而 ZooKeeper 把这些变化发送给它们注册 watcher 的客户端，即推送系统，于是推送系统做出相应的推送任务。

（3）另一种工作汇报模式。类似于任务分发系统，子任务启动后，在 ZooKeeper 上注册一个临时节点，并且定时汇报自己的进度（将进度写回这个临时节点），这样任务管理器能够实时知道任务进度。

总之，使用 ZooKeeper 进行分布式通知/协调能够大大降低系统之间的耦合性。

习题

1. 简述 Chubby 和 ZooKeeper 的关系。
2. 简述 Znode 由哪几部分组成。
3. 简述 Znode 主要分为哪几类。
4. 简述 watch 主要处理哪几类事件。
5. 尝试搭建一个 ZooKeeper 集群。

第9章
分布式数据仓库技术Hive

09

素养要点与教学目标
- 熟悉 Hive 的产生背景及应用目的，了解 Hive 在大数据处理中的角色和意义。
- 掌握 Hive 的主要服务组成结构和相关功能，包括 Hive 的查询语言 HQL、Hive 元数据和执行引擎等。
- 学会安装 Hive，包括必要的软件和环境的准备，以及 Hive 的配置和元数据库的搭建。
- 了解使用 Hive 管理和操作数据的方式，包括 Hive 表的创建、导入数据、查询和删除等操作，以及使用 Hive 执行复杂的数据处理任务的方式。

Hive 是基于 Hadoop 的数据仓库工具，可以将结构化的数据文件映射为一张数据库表，并提供简单的 SQL 查询功能，可以将 SQL 语句转换为 MapReduce 任务运行。本章主要介绍 Hive 的产生背景及应用目的，其主要服务组成结构和相关功能，Hive 的安装过程、元数据库环境搭建及其配置方法，以及使用 Hive 管理和操作数据的方式。

9.1 Hive 出现的原因

对 SQL 技术比较熟悉的程序员应该如何在 Hadoop 平台上分析海量数据？如何实现传统数据格式到 Hadoop 平台的迁移，如基于传统关系数据库的数据格式和 SQL 处理技术的迁移？如何在分布式环境下，采用数据仓库技术从更多的数据中快速获取数据的有效价值？

Hive 正是为了解决这些问题而生的。Hive 是一种数据仓库技术，用于查询和管理存储在分布式环境下的大数据集，由 Meta 公司研发并作为开源项目捐献给了 Apache 软件基金会。早在 2010 年 9 月，Hive 就已经成功升级为 Apache 的顶级项目，全球大多数自由软件爱好者和大型软件公司为它贡献源码和完善它的功能，这使得它成为一个应用广泛、可扩展的数据处理平台。Hive 的主要优势在于它结合了 SQL 技术和 Hadoop 中 MapReduce 分布式计算的优点，扫除了部分传统数据分析人员使用 Hadoop 平台进入大数据平台开发的障碍。也就是说，Hive 是一个数据仓库服务，它只需要安装到一台普通的 PC 上即可，仅对外提供 SQL 服务，与 Hadoop、HBase 这些分布式服务不同，它对客户端的 SQL 服务最终转换成对 HDFS 的操作和 MR 的操作。

Hive 集成了 SQL 技术，提供了类 SQL 的查询语言，称之为 HiveQL 或 HQL（Hive Query Language），用于查询存储在 Hadoop 集群中的数据。假设读者已具备 SQL 的实际使用经验，对传统常用关系数据库的体系结构基本掌握，在介绍 Hive 特有的功能时，将会对其与传统关系数据库进行相应的对比说明。若读者想更深入地了解 Hive，可查询 Hive Wiki 上的官方文档。

9.2 Hive 服务的组成

　　Hive 的存储是建立在 Hadoop 之上的，它本身并没有特定的数据存储格式，也不会为数据建立索引，因此数据能以任意形式存储在 HDFS 上，或者以特定分类形式存储在 HBase 中。用户可以灵活地根据自己对数据特定部分进行分析和应用的需求组织相应的 Hive 表，在创建 Hive 表时，指明数据的列分隔符和行分隔符即可解析存储在 HDFS 或 HBase 上的数据。Hive 本身建立在 Hadoop 体系之上，主要用于提供 SQL 解析过程，把外部 SQL 命令解析成一个 MapReduce 作业计划，并把按照该计划生成的 MapReduce 任务交给 Hadoop 集群处理，因此，必须确保 Hadoop 集群环境及其 MapReduce 组件已启动且运行正常，否则相关 Hive 操作会执行失败。Hive 可分为 Hive 服务端和 Hive 客户端两部分。Hive 服务端提供了 Hive Shell 命令行接口、Hive Web 接口和为不同应用程序 [包括上层 Thrift 应用程序、Java 数据库互连（Java Database Connectivity，JDBC）应用程序以及开放式数据库互连（Open Database Connectivity，ODBC）应用程序] 提供多种服务的 Hive 服务器，实现上述 Hive 服务操作与存储在 Hadoop 上的数据之间的交互。Hive 客户端提供了 Thrift、JDBC、ODBC 应用程序驱动工具，可以方便地编写与使用 Thrift、JDBC 和 ODBC 驱动的 Python、Java 或 C++程序，使用 Hive 分析存储在 Hadoop 上的海量数据。Hive 体系结构如图 9-1 所示。

图 9-1　Hive 体系结构

　　（1）命令行接口（Command Line Interface，CLI）。它提供在 Hive Shell 下执行类似 SQL 命令的相关 HQL 操作，也是 Hive 提供的标准接口，可以使用一条 HQL 命令返回存储在 Hadoop 上的数据。

　　（2）JDBC/ODBC。Hive 提供了纯 Java 的 JDBC 驱动，该类定义在 org.apache.hadoop. hive.jdbc.HiveDriver 中。当在 Java 应用程序配置方法中使用 jdbc:hive://host:port/ dbname 形式的 JDBC URI 时，Java 应用程序将连接以独立进程形式运行在 host:port 上的 Hive 服务端。若指定 JDBC URI 为 jdbc:hive://，则 Java 应用程序将连接运行在本地 JVM 上的 Hive 服务端（如果本地配置了 Hive

服务的话）。同样也允许支持 ODBC 协议的应用程序访问 Hive 服务端执行相关的操作。

（3）Web 用户界面（Web UI）。通过浏览器访问和操作 Hive 服务端，可以查看 Hive 数据库模式，执行 HQL 相关操作命令。

（4）Thrift 服务（hrift Server）。为 Thrift（Meta 开发的一个软件框架，用来进行可拓展且跨语言的服务）客户端应用、JDBC 驱动应用、ODBC 驱动应用提供 Thrift 服务，即将用其他语言编写的程序转换为 Java 应用程序（因为 Hadoop 是用 Java 语言编写的），为编写 Python、C++、PHP、Ruby 等应用程序使用 Hive 操作提供了方便。

（5）驱动（Driver）。它用于实现 Hive 服务操作到 MapReduce 分布式应用的任务转化，主要包含编译器（Compiler）、优化器（Optimizer）和执行器（Executor）。

（6）元数据仓库（Meta Store）。Hive 采用类 SQL 模式的 HQL 操作存储在 Hadoop 分布式环境上的数据，因此需要在 Hive 与 Hadoop 之间提供一层抽象接口，实现 Hive 与 Hadoop 之间不同数据格式的转换，接口属性包括表名、列名、表分区名，以及数据在 HDFS 上的存储位置，其内容又称为 Hive 表元数据，以元数据内容形式存储在数据库中，用来限定 Hive 进行格式化操作的方式，以从 Hadoop 中获取任何非结构化数据。

（7）作业客户端（JobClient）。它是执行 MapReduce 分布式任务的作业调度器。

（8）名称节点（NameNode）和数据节点（DataNode）。NameNode 主要负责管理 HDFS，主要包括 NameSpace 管理（其实就是目录结构）、块管理。NameNode 提供的始终是被动接收服务的服务器。DataNode 主要用来存储数据文件并负责读写实际底层的文件。

9.3 Hive 的安装

Hive 的安装非常简单，在类 UNIX 系统上预先安装好 JavaSE 8 及其以后的版本，并部署好 Hadoop 稳定版本的集群环境，即可在 Hadoop 平台上运行 Hive，也可以把 Hive 部署在本地或伪分布式 Hadoop 环境下。

9.3.1 Hive 基本安装

Hive 主要运用于 Linux 系统下，若要在 Windows 环境下使用 Hive，则需要在 Windows 系统中安装 Cygwin 软件，并在 Cygwin 上安装好 Hadoop。值得一提的是，在 Linux 系统下使用 Hive 更加方便。

从 Hive 官网可下载最新的 Hive 稳定版本。Hive 的 Apache 发行包分为源码包和已经编译好的二进制包，下面只介绍 Hive 的二进制包的安装方法。

步骤 1，下载 Hive 二进制包并解压到相应安装目录，解压后会生成子目录 apache-hive-3.1.1-bin（本节以 apache-hive-3.1.1 版本为例）。

```
$ tar -xzf apache-hive-3.1.1-bin.tar.gz
```

步骤 2，把 apache-hive-3.1.1-bin 目录移动到 hive-3.1.1 目录中。

```
$ mv apache-hive-3.1.1-bin/ hive-3.1.1/
```

步骤 3，设置环境变量，编辑文件~/.bashrc 或~/.bash_profile，把 Hive 的安装路径添加到 PATH 变量中，方便 Hive 的使用和管理。

```
$ export HIVE_HOME=/home/trucy/hive-3.1.1
$ export PATH=$PATH:$HIVE_HOME/bin
```

9.3.2　MySQL 的安装

由于 Hive 元数据仓库（Meta Store）根据不同用户的应用需求差异很大，并且 Metastore 内容需要的存储容量很小，甚至可能需要经历频繁的更新、修改和读取操作，显然不适合使用 Hadoop 文件系统来存储。目前，Hive 将元数据存储在 RDBMS 中，如 MySQL、Derby。

1. Hive 元数据存储的 3 种部署模式

Hive 有 3 种模式可以访问数据库中的元数据存储内容。

（1）内嵌元数据存储数据库（Embedded Metastore DataBase），也称为内嵌模式，该模式可以使用简单的基于内存（In-Memory）的数据库 Derby，使用起来简单、快速，一般用于单元测试。

（2）多用户本地模式（Local Metastore Server），使用本地更复杂、功能更完善的独立数据库，如 MySQL，允许多用户并发访问元数据。

（3）远程模式（Remote Metastore Server），使用单独的机器部署功能强大的数据库，专门用来提供元数据存储服务，任何经授权访问的用户都可以远程连接并使用其提供的服务。

在默认情况下，Hive 使用内置的 Derby 数据库存储元数据，但 Derby 只支持在一个给定的时间点只支持一条会话连接，即不支持多用户使用 Hive 访问存储在 Derby 中的元数据。因此，通常采用第三方独立的数据库来存储元数据。MySQL 数据库可支持多个用户同时使用 Hive 连接，共享元数据存储中的内容，并且 MySQL 本身具有成熟的分布式特性，可以采用多台 MySQL 机器提供元数据内容，因此本书使用 MySQL 数据库存储元数据内容。

2. MySQL 的基本安装

从 MySQL 官网下载对应特定系统的最新版本 MySQL、MySQL-server 和 MySQL-client，MySQL 分发包有 RPM（Red Hat 系列）和 TAR 包，用户可以根据习惯选择相应类型包。若在操作系统中配置了相应的软件自动安装源，则可以采用自动安装方式。下面介绍在不同操作系统中安装 MySQL 的方法。

（1）Red Hat Linux 可以采用 rpm 命令安装（假设当前用户为 root 用户，"#" 为 Linux 提示符，MySQL 相应软件包已下载到本地，*x.y.z* 为版本号）。

```
# rpm -ivh MySQL-server-x.y.z.rpm
# rpm -ivh MySQL-client-x.y.z.rpm
```

（2）Ubuntu Linux 采用 apt-get install 方式进行自动化安装（假设当前用户为 root 用户）。

```
#apt-get install MySQL-server-x.y.z.rpm
#apt-get install MySQL-client-x.y.z.rpm
```

（3）Linux 采用 yum install 方式进行自动化安装。

```
#yum install MySQL-server-x.y.z.rpm
#yum install MySQL-client-x.y.z.rpm
```

（4）把连接 MySQL 的 JDBC 驱动文件 mysql-connector-java-*x.y.z*-bin.jar（该文件可在安装 MySQL 的 lib 目录下找到，*x.y.z* 为版本号）复制到 Hive 的 classpath 环境变量指示的路径中，一般为 Hive 的 lib 目录。

3. 创建数据库实例

安装完 MySQL 后，需要创建一个存储 Hive 元数据的数据库实例，创建过程如下。

（1）创建 MySQL 数据库。

① 通过日志文件查看临时密码。

```
$ cat /var/log/mysqld.log | grep password
```

② 使用 root 用户登录 MySQL 数据库。

```
$ mysql-u root -p
```

③ 输入 root 用户密码，创建数据库实例 hiveDB。

```
mysql> create database hiveDB;
```

（2）使用 root 用户登录 MySQL 数据库，创建用户 bee，密码为 123456。

```
$ mysql -u root -p
mysql>create user 'bee' identified by '123456';
```

（3）授予用户 bee 数据库实例 hiveDB 的所有权限。

```
mysql>grant all privileges on hiveDB.* to 'bee'@'%' identified by '123456';
```

（4）刷新系统权限表。

```
mysql>flush privileges;
```

可以让多个用户共享一个数据库中的元数据内容，也可以为多个用户设定其私有的元数据。针对前一类用户选择的策略是，多个用户使用相同的数据库名连接 MySQL；针对后一类用户选择的策略是，多个用户使用其私有的数据库名连接 MySQL，不同用户之间的元数据内容互不可见。

此外，连接 MySQL 的 JDBC 驱动文件 mysql-connector-java-*x.y.z*-bin.jar（*x.y.z* 为版本号）必须位于 Hive 的 classpath 环境变量指示的路径中，一般为 Hive 的 lib 目录。

9.3.3 Hive 的配置

Hive 启动时会读取相关配置信息，默认的相关配置信息存储在 conf 目录下，以 XML 形式存储的 template 文件中（当然也可以修改 HIVE_CONF_DIR 属性值指向包含相关配置文件的其他目录）。为了适应特定需求，可以修改 Hive 的默认配置文件，也可以创建新的配置文件。涉及 Hive 的配置文件主要有两个，分别为 hive-default.xml 和 hive-env.sh。文件 hive-default.xml 内保存 Hive 运行时所需的相关配置信息，而由于 Hive 是一个基于 HDFS 的数据仓库架构，主要运行在 Hadoop 分布式环境下，因此需要在文件 hive-env.sh 中指定 Hadoop 相关配置文件的路径，使 Hive 可以访问 HDFS（读取 fs.defaultFS 属性值）和 MapReduce（读取 mapreduce.jobhistory.address 属性值）等 Hadoop 相关组件。下面说明这两类主要配置文件的内容与相关操作。

1. hive-default.xml 文件内容

hive-defaults.xml 文件中有很多属性，我们修改部分常用属性，也可以单独创建 hive-site.xml 配置文件来修改这些属性。hive-default.xml 文件中的部分属性如下。

（1）hive.exec.scratchdir：执行 Hive 操作访问 HDFS 存储临时数据的目录，默认为/tmp/目录，通常设置为/tmp/hive/，目录权限被设置为 733。

（2）hive.metastore.warehouse.dir：执行 Hive 数据仓库操作的 HDFS 数据存储目录，设置为 HDFS 存储路径 hdfs://master_hostname:port/hive/warehouse。

（3）javax.jdo.option.ConnectionURL：设置 Hive 通过 JDBC 模式连接 MySQL 数据库，以存储元数据内容，属性值为 jdbc:mysql://host/database_name?createDatabaseIfNotExist=ture，其中 host 为 MySQL 数据库服务器的主机名或 IP 地址，database_name 为要连接或创建的数据库的名称。

（4）javax.jdo.option.ConnectionDriverName：设置 Hive 连接 MySQL 的驱动名称，属性值为 com.mysql.jdbc.Driver。

（5）javax.jdo.option.ConnectionUserName：设置 Hive 连接存储元数据内容的数据库的用户名。

（6）javax.jdo.option.ConnectionPassword：设置 Hive 连接存储元数据内容的数据库的密码。

（7）javax.jdo.option.Multithreaded：用于决定是否允许 Hive 与 MySQL 之间存在多条连接，设置为 true，表示允许。

因此 hive-default.xml 文件的主要内容如下。

```
<configuration>
#执行 Hive 操作访问 HDFS 存储临时数据的目录
    <property>
        <name>hive.exec.scratchdir</name>
        <value>/tmp/hive</value>
    </property>
#执行 Hive 数据仓库操作的 HDFS 数据存储目录
    <property>
        <name>hive.metastore.warehouse.dir</name>
        <value>hdfs://master_hostname:9000/hive/warehouse</value>
        <description>location of default database for the warehouse</description>
    </property>
#Hive 通过 JDBC 模式连接 MySQL 数据库
    <property>
        <name>javax.jdo.option.ConnectionURL</name>
        <value>
                jdbc:mysql://hostname:port/hiveDB?createDatabaseIfNotExist=true
        </value>
        <description>Hive access metastore using JDBC connectionURL </description>
    </property>
#连接 MySQL 的驱动名称
    <property>
        <name>javax.jdo.option.ConnectionDriverName </name>
        <value>com.mysql.jdbc.Driver </value>
    </property>
#数据库用户名
    <property>
        <name>javax.jdo.option.ConnectionUserName</name>
        <value>bee</value>
        <description>username to access metastore database</description>
    </property>
#数据库密码
    <property>
        <name>javax.jdo.option.ConnectionPassword</name>
        <value>123456</value>
        <description>password to access metastore database </description>
    </property>
#允许 Hive 与 MySQL 之间存在多条连接
    <property>
        <name>javax.jdo.option.Multithreaded</name>
        <value>true</value>
    </property>
</configuration>
```

2. 编辑 hive-env.sh 文件，在文件末尾添加变量指向 Hadoop 的安装路径

```
export HADOOP_HOME=/home/trucy/hadoop
```

初始化数据库。

```
$ /hive/bin/schematool -dbType mysql -initSchema
```

需要注意的是，Hadoop 目录下的 guava-xx.jar 的版本需要和 Hive 目录下的 guava-xx.jar 的版本保持一致。

经过上述 Hive 的基本安装和配置步骤后，在 Linux 命令提示符（$）下输入 hive 命令，执行后即可进入 Hive Shell 交互模式环境中进行 Hive 相关的操作，示例如下。

```
$ hive
hive>
```

此时还不能在 Hive Shell 下面创建表，必须执行下述操作（假设 Hadoop 相关操作命令所在的路径已经添加到 PATH 环境变量中）。

3. 创建在数据仓库操作过程中，临时数据在 HDFS 上的转存目录

```
$ hdfs  dfs  -mkdir    /tmp/hive
```

4. 创建在数据仓库操作过程中，数据文件在 HDFS 上的存储目录

```
$ hdfs  dfs  -mkdir    /user/hive/warehouse
```

5. 分别对刚创建的目录添加组可写权限，允许同组用户进行数据分析操作

```
$ hdfs  dfs  -chmod g+w   /tmp
$ hdfs  dfs  -chmod g+w   /user/hive/warehouse
```

6. 在 Hive Shell 下面执行与 Hive 表相关的操作

用户可以针对特定会话修改在上述文件中配置的相关属性信息，在进入 Hive 会话之前，使用带 -hiveconf 选项的 hive 命令。例如，设置 Hive 在当前整个持续会话中运行于伪分布式环境下。

```
$ hive -hiveconf  fs.default.name=localhost -hiveconf mapred.job.tracker=localhost:
8021
```

设置 Hive 在当前持续会话中，其日志运行级别为 DEBUG，日志信息输出到终端。

```
$ hive -hiveconf  hive.root.logger=DEBUG,console
```

此外，Hive 还支持使用 SET 命令在 Hive 特定会话中修改相关配置信息，这个行为称为运行时配置（Runtime Configuration）。该功能对于针对特定的查询需求修改 Hive 或 MapReduce 作业运行时配置非常有用，如设定 Hive 运行方式为本地模式。

```
hive> SET mapred.job.tracker=local;
```

若要在当前 Hive 会话中查看任何属性的值，则仅在 SET 命令后指定属性名。

```
hive> SET mapred.job.tracker;
mapred.job.tracker=local
```

若在当前 Hive 会话中，SET 命令后不带任何参数，则输出所有与 Hive 相关的属性名及其对应属性值，以及 Hadoop 中被 Hive 修改的相关默认属性名及属性值。若在当前 Hive 会话中执行 SET –v 命令，则输出当前系统中的所有属性名及其属性值，包括与 Hadoop 和 Hive 相关的所有属性。

设置与 Hive 相关的属性的方法列举如下，其优先级由高到低，即前面的属性值修改操作会覆盖后面的属性值。

（1）执行 Hive SET 命令。

（2）进入 Hive 会话，执行-hiveconf，设置选项。

（3）读 hive-site.xml 文件。

（4）读 hive-default.xml 文件。

（5）读 hadoop-site.xml 文件及其相关文件（如 core-site.xml、hdfs-site.xml、mapred- site.xml）。

（6）读 hadoop-default.xml 文件及其相关文件（如 core-default.xml、hdfs-default.xml、mapred-default.xml）。

9.4 Hive Shell

Hive Shell 运行在 Hadoop 集群环境上，是 Hive 提供的命令行接口，在 Hive 提示符下执行 HQL 命令，Hive Shell 会把 HQL 查询转换为一系列 MapReduce 作业对任务进行并行处理，然后返回处理结果。Hive 采用 RDBMS 表（Table）形式组织数据，并为存储在 Hadoop 上的数据提供附属的展示数据的结构描述信息，该描述信息称为元数据（Metadata）或表模式，以元数据形式存储在 RDBMS 数据库中。Hive Shell 下的大多数操作与 MySQL 命令一致，熟悉 MySQL 的用户会察觉两者的语法操作基本一样。

微课 9-1

Hive Shell 命令介绍

在初次接触 Hive 时，首先执行一条命令显示所有已创建的表，命令必须以分号（；）结束，通知 Hive 开始执行相应的操作。

```
hive> SHOW  TABLES;
OK
Time taken: 10.425 seconds
```

此处输出结果为 0 行，因为还未创建任何表。与 SQL 一样，HQL 对英文字母的大小写不敏感（除了在进行字符串比较相关操作时），因此，执行命令"show tables;"将产生与"SHOW TABLES;"相同的输出结果。Hive Shell 支持 Tab 键命令自动补全功能。例如，在 hive>提示符下输入 SH 或 SHO，按 Tab 键会将命令自动补齐为 SHOW，输入 SHOW TA 按 Tab 键显示所有可能的命令。

```
hive> SHOW  TA（按 Tab 键）
TABLE          TABLES         TABLESAMPLE
```

输出结果显示 SHOW TA 命令在按 Tab 键后，自动补全 3 种可能的命令。

安装完 Hive 后，初次在 Hive Shell 下执行命令需要一定时间，因为需要在执行命令操作的机器上创建元数据存储数据库（数据库在运行 hive 命令的相应路径下创建一个名为 metastore_db 的目录用于存储数据描述文件）。

Hive Shell 还可以运行于非交互模式下，指定-f 选项执行保存于特定文件内的命令。例如，show_tables_script.q 文件内有一条命令为 SHOW TABLES，在非交互模式下执行该文件内的命令。

```
$ hive -f show_tables_script.q
OK
Time taken: 6.425 seconds
```

show_tables_script.q 文件内的 HQL 命令末尾可以有分号，也可以不加分号，执行后的输出结果一样。

在非交互模式下，还可以指定-e 选项执行简单的 HQL 命令，命令末尾的分号可以省略。

```
$ hive -e 'SHOW TABLES'
OK
Time taken: 6.567 seconds
```

在 Hive 的交互模式和非交互模式下，执行 HQL 操作都会输出执行过程信息，如执行查询操作所用时间，指定-S 选项可以禁止输出此类信息，只输出 HQL 执行结果。例如，执行命令：

```
$ hive -S 'SHOW TABLES'
```

只输出当前数据库模式下的表名，不会输出该命令的执行过程信息。

9.5 HQL 的概念和使用

本节主要介绍 HQL 的相关特性和功能，包括如何使用 Hive Shell 创建表、操作表，以及如何将数据导入表中。

9.5.1 认识 HQL

Hive SQL 也称为 HQL，它采用工业标准 SQL 类似的语法功能，并不完全支持 SQL-92 标准，而是由开发人员根据特定应用需求添加额外的功能扩展，包括从诸如 MySQL 数据库借鉴而来的语法，以及针对分布式应用支持 MapReduce 化的多表插入（Multitable Insert）和实现在 Hive Shell 中调用外部脚本文件的 Transform、Map、Reduce 功能。Hive 也支持创建多个不同的命名空间，使不同的用户或应用程序可以分别在不同的命名空间或模式中执行各自的操作而互不影响。例如，Hive 支持 CREATE DATABASE dbname、USE dbname、DROP DATABASE dbname 等操作，可以使用表全局名称 dbname.tablename 访问特定的表。若在创建 Hive 表的过程中未指定任何数据库名，则 Hive 表属于 default 数据库实例。HQL 与 SQL 的功能比较如表 9-1 所示。

表 9-1　HQL 与 SQL 的功能比较

功能	HQL	SQL
修改操作	INSERT	UPDATE、INSERT、DELETE
事务操作	支持（表级事务、分区级事务）	支持
建立索引	支持	支持
延迟	分钟级	亚秒级
数据类型	整型、浮点型、布尔型、文本串类型、二进制类型、时间戳、数组、图、结构体	整型、浮点型、定点型、文本串类型、二进制类型
多表插入	支持	不支持
使用 select 子句创建表	支持	非 SQL-92 标准，大多数数据库支持
select	位于单表或视图的 FROM 子句中，局部有序，返回满足条件的行	SQL-92 标准
表连接（joins）	支持内连接、外连接、半连接和 map 连接	支持 FROM 子句表连接，支持 WHERE 子句条件连接
子查询	支持位于任何子句中的子查询	仅支持位于 FROM 子句中的子查询
视图	只读	可修改
扩展功能	用户自定义函数、MapReduce 脚本	用户自定义函数、存储过程

Hive 表逻辑上包括两部分，分别为数据和用于描述数据在表中如何布局的元数据，数据存储在 Hadoop 文件系统中，元数据存储在关系数据库中。

9.5.2 Hive 管理数据方式

如前所述，Hive 并不存储数据，而是管理存储在 HDFS 上的数据，通过 Hive 表导入数据只是简单地将数据移动（如果数据是在 HDFS 上）或复制（如果数据是在本地文件系统中）到表所在的 HDFS 目录中。Hive 管理数据的方式主要包括内部表，也叫管理表（Managed Table）、外部表（External

Table)、分区(Partition)和桶(Bucket)。

1. 内部表

内部表和关系数据库中的表在概念上很类似,每个表在 HDFS 中都有相应的目录用来存储表的数据,这个目录可以通过${HIVE_HOME}/conf/hive-site.xml 配置文件中的 hive. metastore. warehouse.dir 属性配置(默认值是 HDFS 上的目录/user/hive/warehouse)。假如修改 hive. metastore.warehouse.dir 属性值为/hive/warehouse,当前创建一个 users 表,则 Hive 会在/hive/ warehouse 目录下创建一个子目录 users,users 表中的所有数据都存储在/hive/warehouse/ users 目录下。

假设当前数据仓库目录为 hdfs://hive/warehouse/,创建一个名为 managed_table 的内部表,并关联表与其对应的数据源。

```
hive> CREATE TABLE managed_table (user_name STRING);
```

执行 CREATE TABLE 命令后,会在 hdfs://hive/warehouse/目录下创建一个 managed _table 目录。假设存在一个文件 hdfs://hadoop/user_info.txt,执行 LOAD DATA 命令会将文件 user_info.txt 移动到数据仓库目录(即会删除 hdfs://hadoop/目录下的文件 user_info.txt)。

```
hive>LOAD DATA INPATH '/hadoop/user_info.txt' INTO TABLE managed_table;
```

若文件 user_info.txt 位于本地文件系统(即 Linux 文件系统)的/home/hadoop/目录下,则执行 LOAD DATA 命令需要指定 LOCAL 关键字,执行结果是将文件 user_info.txt 复制到数据仓库目录(即不会删除/home/ hadoop/目录下的 user_info.txt 文件)。

```
hive>LOAD DATA LOCAL INPATH '/home/hadoop/user_info.txt' INTO TABLE managed_table;
```

上述 LOAD DATA 操作以追加的方式把数据从文件添加到 managed_table 表中,若指定 OVERWRITE 关键字,则可以使用现有数据覆盖原表中的数据。

```
hive>LOAD DATA LOCAL INPATH '/home/hadoop/user_info.txt' OVERWRITE INTO TABLE
managed_table;
```

使用 DROP TABLE 命令可以删除表,如执行下述命令将删除 managed_table 表的元数据和相应数据仓库目录下的数据。

```
hive>DROP TABLE managed_table;
```

内部表即由 Hive 管理表和与表相关的数据组成的表,LOAD 操作会把数据移动或复制到数据仓库的指定表目录中,DROP 操作会删除相应表及与其相关的数据内容。

2. 外部表

Hive 中的外部表和内部表相似,但是其数据并未存储在自己表所属的目录中,而是存储在别处,这样的好处是如果要删除这个外部表,则该外部表指向的数据不会被删除,它只会删除外部表对应的元数据;而如果要删除内部表,则该内部表对应的所有数据(包括元数据和表中的数据)都会被删除。由此可见,内部表中的数据是由 Hive 管理的。

在创建外部表时使用 EXTERNAL 关键字,告知 Hive 不需要其管理外部表操作的数据,该操作不会在数据仓库目录下自动创建以表名命名的目录,数据存储位置由用户在创建表时使用 LOCATION 关键字指定(该操作甚至不会检查用户指定的外部存储位置是否存在)。

```
hive>CREATE EXTERNAL TABLE external_table(user_name STRING) LOCATION '/hive/
external_table';
```

执行 LOAD DATA 命令后,外部表操作的数据会存储在 HDFS 的/hive/external_table 目录下。假设数据文件 user_info.txt 位于 HDFS 的/hadoop/目录下,则执行下述命令将/hadoop/user_info.txt 文件移动到/hive/external_table 目录下。

```
hive>LOAD DATA INPATH '/hadoop/user_info.txt' INTO TABLE external_table;
```

若数据文件 user_info.txt 位于本地文件系统（Linux 文件系统）中的/home/hadoop 目录下，则执行下述命令将/home/hadoop/user_info.txt 文件复制到/hive/external_table 目录下。

```
hive>LOAD DATA LOCAL INPATH '/home/hadoop/user_info.txt' INTO TABLE external_table;
```

使用 DROP TABLE 命令可以删除外部表，但只会删除外部表存储在关系数据库（如 MySQL）中的元数据，不会删除外部表操作的数据源。

```
hive>DROP TABLE external_table;
```

3. 内部表与外部表之间的抉择

内部表与外部表唯一的区别在于 Hive 管理表和数据集（DataSet）的方式，因此，应该根据特定的应用需求选取不同类型的表。如果所有在数据集上进行的处理都是使用 Hive 完成的，则采用内部表管理方式；如果对数据集的操作是由几种不同类型的操作协同完成的，或多个用户之间共享同一数据集，则可以采用外部表的管理方式。内部表的优势在于其中保存有特定的私有数据，不会出现数据访问瓶颈；外部表的优势在于数据的统一呈现。

4. 分区

在 Hive 中，表的每一个分区对应表目录下相应的一个子目录，所有分区的数据都存储在对应的子目录中。例如，users 表有 country（国家）和 city（城市）两个分区，则分区 state=China、city=Beijing 对应 users 表的目录为/hive/warehouse/users/country=China/city=Beijing，所有属于这个分区的数据都存储在这个目录中。

有关表分区的介绍参见 9.5.3 小节中的"Alter 表/分区/列"。

5. 桶

计算指定列值的 hash 值，再根据 hash 值切分数据，目的是实现并行计算，每个桶对应一个文件（注意和分区的区别）。例如，将 users 表的 id 列分散至 16 个桶中，首先计算 id 列值的 hash 值，对应 hash 值为 0 的数据存储在/hive/warehouse/users/part-00000；hash 值为 1 的数据存储在/hive/warehouse/users/part-00001，以此类推。

有关表桶的介绍本书不再讲解，感兴趣的读者可以参考 Hive 分桶的相关资料。

9.5.3 Hive 表的 DDL 操作

微课 9-2

Hive 表的 DDL 操作

Hive 表的 DDL 操作包括 Create/Drop/ Alter 数据库、Create/Drop/Truncate 表、Alter 表/分区/列、Create/Drop/Alter 视图、Create/Drop/Alter 索引、Create/Drop 函数、Create/Drop/Grant/Revoke 角色和权限等内容。

1. Create/Drop/Alter 数据库

数据库本质上是一个目录或命名空间，用于解决表命名冲突。

（1）创建数据库（Create Database）的语法为：

```
CREATE (DATABASE|SCHEMA) [IF NOT EXISTS] database_name
          [COMMENT database_comment]
          [LOCATION hdfs_path]
          [WITH DBPROPERTIES (property_name=property_value, …)];
```

参数说明如下。

① DATABASE|SCHEMA：用于限定创建数据库或数据库模式。

② IF NOT EXISTS：表示只有目标对象不存在时，才执行创建操作（可选）。

③ COMMENT：起注释说明的作用。

④ LOCATION：指定数据库位于 HDFS 上的存储路径。若未指定，则使用${hive. metastore. warehouse.dir}定义值作为其上层路径位置。

⑤ WITH DBPROPERTIES：为数据库提供描述信息，如创建数据库的用户或时间。

假设创建一个名为 shopping 的数据库，位于 HDFS 的/hive/shopping 下，创建人为 Bush，创建日期为 2019-06-18，示例如下。

```
hive> CREATE DATABASE shopping
    > LOCATION '/hive/shopping'
    > WITH DBPROPERTIES('creator'='Bush','date'='2019-06-18');
OK
Time taken: 0.154 seconds
```

使用命令 hdfs dfs -ls 查看 HDFS 上的/hive 目录，可以看出上述 CREATE 操作在 HDFS 的/hive 目录下创建了一个 shopping 目录，示例如下。

```
$ hdfs dfs -ls /hive
Found 1 items
drwxr-xr-x - trucy supergroup 0 2019-06-18 19:34 /hive/shopping
```

使用命令 DESCRIBE DATABASE EXTENDED 可以查看数据库 shopping 的信息（若不指定关键字 EXTENDED，则不会输出{}中的内容），示例如下。

```
hive> DESCRIBE DATABASE EXTENDED shopping;
OK
shopping hdfs://TLCluster/hive/shopping trucy USER {date=2015-01-01, creator=Bush}
Time taken: 0.01 seconds, Fetched: 1 row(s)
```

（2）修改数据库的 DBPROPERTIES key-value 对描述信息的语法，示例如下：

```
ALTER (DATABASE|SCHEMA) database_name SET DBPROPERTIES (property_name= property_
value, …);
```

修改数据库的所属用户或角色信息的语法为：

```
ALTER (DATABASE|SCHEMA) database_name SET OWNER [USER|ROLE] user_or_role;
```

（3）使用数据库的语法为：

```
USE database_name;
```

USE 命令用于设定当前所有数据库对象操作所处的工作数据库，类似于 Linux 文件系统中的切换当前工作目录操作。若返回 default 数据库，则使用下述命令。

```
hive>USE DEFAULT;
```

（4）删除数据库的语法为：

```
DROP (DATABASE|SCHEMA) [IF EXISTS] database_name [RESTRICT|CASCADE];
```

参数说明如下。

① DATABASE|SCHEMA：用于限定删除的数据库或数据库模式。

② IF EXISTS：表示只有目标对象存在时，才执行删除操作（可选）。

③ RESTRICT|CASCADE：RESTRICT 为 Hive 默认操作方式，只有 database_name 中不存在任何数据库对象时，才能执行 DROP 操作；CASCADE 采用强制 DROP 方式（可选），会将存在于 database_name 中的任何数据库对象和 database_name 一起删除。

例如，删除（1）中创建的 shopping 数据库，会删除其位于 HDFS 上的 shopping 目录，示例如下。

```
hive> DROP DATABASE shopping;
OK
Time taken: 0.171 seconds
```

2. Create/Drop/Truncate 表

创建、删除和截断（Truncate）表是数据库管理的常见操作。创建表时需要指定表名、表的列名、数据类型、长度等信息。删除表是指将表从数据库中彻底删除，该操作不可恢复。截断表是将表中所有数据删除，但是表结构和定义不会发生变化。这些操作可以帮助数据库管理员有效管理数据库中的数据，并确保数据库中的数据质量和一致性。

（1）创建表的语法

按一般语法格式创建 Hive 表，代码如下。

```
CREATE [TEMPORARY] [EXTERNAL] TABLE [IF NOT EXISTS] db_name.]table_name
   [(col_name data_type [COMMENT col_comment], …)]
   [COMMENT table_comment]
   [PARTITIONED BY (col_name data_type [COMMENT col_comment], …)]
   [CLUSTERED BY (col_name, col_name, …) [SORTED BY (col_name [ASC|DESC], …)]
INTO num_buckets BUCKETS]
   [SKEWED BY (col_name, col_name, …) ON ([(col_value, col_value, …), …|col
_value, col_value, …]) [STORED AS DIRECTORIES] ]
   [
      [ROW FORMAT DELIMITED [FIELDS TERMINATED BY char [ESCAPED BY char]] [CO
LLECTION ITEMS TERMINATED BY char] [MAP KEYS TERMINATED BY char] [LINES
TERMINATED BY char] [NULL DEFINED AS char]
   | SERDE serde_name [WITH SERDEPROPERTIES (property_name=property_value, prop
erty_name=property_value, …)]
   ]
      [STORED AS file_format]
        | STORED BY 'storage.handler.class.name' [WITH SERDEPROPERTIES (…)]
   ]
   [LOCATION hdfs_path]
   [TBLPROPERTIES (property_name=property_value, …)]
   [AS select_statement];
```

参数说明如下。

① TEMPORARY：用于创建临时表，若未指定，则创建的是普通表。

② EXTERNAL：用于创建外部表，若未指定，则创建的是内部表。

③ IF NOT EXISTS：表示只有表不存在时才创建，若未指定，则当目标表存在时，创建操作抛出异常。

④ db_name 前缀：指定表所属的数据库。若未指定且当前工作数据库非 db_name，则使用 default 数据库。

⑤ COMMENT：用于添加注释说明，注释内容位于单引号内。

⑥ PARTITIONED BY：针对存储有大量数据集的表，根据表内容具有的某些共同特征定义一个标签，将这类数据存储在该标签所标识的位置，可以提高表内容的查询速度。其中的列名为伪列或标记列，不能与表中的实体列名相同，否则 Hive 表创建操作会报错。

⑦ CLUSTERED BY：根据列之间的相关性将指定列聚类在相同桶中，可以使用关键字 SORTED BY 对表内容按某一列进行升序（ASC）或降序（DESC）排列。

⑧ SKEWED BY：用于过滤特定列 col_name 中包含值 col_value（由 ON 关键字指定的 col_value 值）的记录，并将其单独存储在指定目录（STORED AS DIRECTORIES）下的单独文件中。

⑨ ROW FORMAT：指定 Hive 表行对象（Row Object）数据与 HDFS 数据之间进行传输的转换方式（HDFS files --> InputFileFormat --> <key, value> --> Deserializer --> Row object，以及 Row object --> Serializer --> <key, value> --> OutputFileFormat --> HDFS files），以及数据文件内容与表行记录各列的对应。在创建表时，可以指定数据列分隔符（FIELDS TERMINATED BY 子句）、对特殊字符进行转义的特殊字符（ESCAPED BY 子句）、复合数据类型值分隔符（COLLECTION ITEMS TERMINATED BY 子句）、MAP 类型 key-value 分隔符（MAP KEYS TERMINATED BY）、数据记录行分隔符（LINES TERMINATED BY）、定义 NULL 字符（NULL DEFINED AS），也可以指定自定义的序列化和反序列化（Serializer 和 Deserializer，SerDe），还可以指定默认的 SerDe。如果 ROW FORMAT 未指定或指定为 ROW FORMAT DELIMITED，则使用内部默认的 SerDe。

⑩ STORED AS：用于指定 Hive 表数据在 HDFS 上的存储方式。file_format 值包括 TEXTFILE（普通文本文件，默认方式）、SEQUENCEFILE（序列文件格式）、ORC（ORC 文件格式）和 AVRO（AVRO 文件格式）。

⑪ STORED BY：用于创建一个非本地表，如创建一个 HBase 表。

⑫ LOCATION：用于指定表数据在 HDFS 上的存储位置。若未指定，则 db_name 数据库会存储在${hive.metastore.warehouse.dir}定义位置的 db_name 目录下。

⑬ TBLPROPERTIES：用于为创建的表设置属性（如创建时间和创建者，默认为当前用户和当前系统时间）。

⑭ AS select_statement：使用 select 子句创建一个复制表（包括 select 子句返回的表模式和表数据）。

例如，使用前面创建的 shopping 数据库创建一张商品信息表（items_info）。

```
hive> CREATE TABLE IF NOT EXISTS shopping.items_info (
    > name            STRING  COMMENT 'item name',
    > price           FLOAT   COMMENT 'item price',
    > category        STRING  COMMENT 'item category',
    > brand           STRING  COMMENT 'item brand',
    > type            STRING  COMMENT 'item type',
    > stock           INT     COMMENT 'item stock',
    > address         STRUCT<street:STRING, city:STRING, state:STRING, zip:INT>
COMMENT 'item sales address')
    > COMMENT 'goods information table'
    > TBLPROPERTIES ('creator'='Bush', 'date'='2015-01-01');
```

items_info 表包括商品名称（name）、商品价格（price）、商品分类（category）、商品品牌（brand）、商品类型（type）、商品库存量（stock）和商品销售地址（address）等信息。表的每一列都添加了注释说明（COMMENT），最后添加了表的说明信息。

按已存在的表或视图定义一个相同结构的表或视图（使用 LIKE 关键字，只复制表定义，不复制表数据）。

```
CREATE [TEMPORARY] [EXTERNAL] TABLE [IF NOT EXISTS] [db_name.]table_name
  LIKE existing_table or view_name  [LOCATION hdfs_path];
```

相关参数的含义参照前文。

假设当前操作位于 shopping 数据库，使用 LIKE 关键字创建一个与 items_info 表结构相同的表

items_info2。

```
hive> USE shopping;
hive> CREATE TABLE IF NOT EXISTS items_info2
    > LIKE items_info;
```

使用 LIKE 关键字创建的表可以修改特定的 LOCATION 参数，但不可以修改其他参数，其他参数由原表确定。例如，在本例中，只能修改 items_info2 表的 LOCATION 属性，其他属性与 items_info 表的相同，不能修改。

使用 SHOW TABLES 命令查看当前数据库（shopping）中的所有表对象。

```
hive> SHOW TABLES;
OK
items_info
items_info2
Time taken: 0.03 seconds, Fetched: 2 row(s)
```

输出显示刚刚创建的两张表 items_info 和 items_info2。

使用命令 DESC(DESCRIBE) EXTENDED table_name 可以输出表的详细信息，使用关键字 FORMATTED 替换 EXTENDED 可以获得输出格式更清晰的信息。

（2）删除表的语法为：

```
DROP TABLE [IF EXISTS] table_name;
```

IF EXISTS 关键字是可选的，若未指定且表 table_name 不存在，则 Hive 返回错误。

例如，删除刚刚创建的 items_info2 表。

```
hive> DROP TABLE IF EXISTS items_info2;
```

（3）截断表（删除表中的所有行），代码如下。

```
TRUNCATE TABLE table_name [PARTITION partition_spec];
partition_spec:
    (partition_column=partition_col_value,partition_column=partition_col_value, …)
```

删除一张表或分区中的所有行，需要确定当前是否只支持内部表，否则会抛出异常。使用 partition_spec 可以一次性删除指定的分区，若省略 partition_spec，则一次性删除所有分区。

3. Alter 表/分区/列

修改操作可以改变现有表、分区或列的结构信息，包括重命名表、修改 SerDe、增加列/分区、修改特定分区或列的属性信息等。

（1）重命名表，代码如下。

```
ALTER TABLE table_name RENAME TO new_table_name;
```

针对内部表会同时修改其位于 HDFS 上的路径。

（2）修改表的属性信息，代码如下。

```
ALTER TABLE table_name SET TBLPROPERTIES table_properties;
table_properties:
 (property_name = property_value, property_name = property_value, … )
```

该操作会改变存储在 RDBMS 中的表元数据信息。例如，修改表的注释说明，代码如下。

```
hive>ALTER TABLE table_name SET TBLPROPERTIES ('comment' = new_comment);
```

（3）修改表的 SerDe 属性，代码如下。

```
ALTER TABLE table_name SET SERDE serde_class_name [WITH SERDEPROPERTIES serde_
properties];
```

或者：

```
ALTER TABLE table_name SET SERDEPROPERTIES serde_properties;
serde_properties:
  (property_name = property_value, property_name = property_value, … )
```

修改表所读数据的域的分隔符为“,”，注意 property_name 和 property_value 位于单引号内，代码如下。

```
hive>ALTER TABLE table_name SET SERDEPROPERTIES ('field.delim' = ',');
```

（4）修改表的物理存储属性，代码如下。

```
ALTER TABLE table_name CLUSTERED BY (col_name, col_name, …) [SORTED BY
(col_name, …)] INTO num_buckets BUCKETS;
```

（5）添加表分区，代码如下。

```
ALTER TABLE table_name ADD [IF NOT EXISTS] PARTITION partition_spec
[LOCATION 'location1'] partition_spec [LOCATION 'location2'] …;
partition_spec:
  (partition_column = partition_col_value, partition_column = partition_col_va
lue, …)
```

分区的 value 值如果是字符序列，则必须位于单引号内。LOCATION 属性参数的值必须为 HDFS
目录（用于存储数据）。ADD PARTITION 操作仅改变表的元数据，并不会加载数据，如果源数据集中
不包含值 partition_col_value，则查询操作不会返回任何结果。

例如，使用 shopping 数据库创建一张商品信息分区表 items_info2，按商品品牌和商品分类进行分
区，代码如下。

```
hive> USE shopping;
hive> CREATE TABLE IF NOT EXISTS items_info2(
    > name       STRING      COMMENT 'item name',
    > price      FLOAT       COMMENT 'item price',
    > category   STRING      COMMENT 'item category',
    > brand      STRING      COMMENT 'item brand',
    > type       STRING      COMMENT 'item type',
    > stock      INT         COMMENT 'item stock',
    >address     STRUCT<street:STRING, city:STRING, state:STRING, zip:INT> COMMENT
'item sales address')
    > COMMENT 'goods information table'
    > PARTITIONED BY (p_category STRING, p_brand STRING)
    >ROW FORMAT DELIMITED
    > FIELDS TERMINATED BY '\t'
    > COLLECTION ITEMS TERMINATED BY ','
    > TBLPROPERTIES('creator'='Bush', 'date'='2015-01-02');
```

注意，PARTITIONED BY 中的 p_category 和 p_brand 列为伪列，不能与表中的实体列同名，否
则 Hive 表创建操作会报错（p_category 和 p_brand 分别对应表中的实体列 category、brand）。

```
hive> ALTER TABLE items_info2 ADD PARTITION (p_category='clothes', p_brand='playboy')
LOCATION  '/hive/shopping/items_info2/playboy/clothes'
    >PARTITION(p_category='shoes',p_brand='playboy')LOCATION'/hive/shopping/items_inf
o2/playboy/shoes';
```

该操作会在 HDFS 路径/hive/warehouse/下创建两个子目录 playboy/clothes 和 playboy/shoes，
这两个目录用于存储属于特定分区的数据。

（6）重命名表分区，代码如下。

```
ALTER TABLE table_name PARTITION partition_spec RENAME TO PARTITION partition_spec;
```

该操作用于重命名 partition_spec 为新的 partition_spec。

（7）交换表分区，代码如下。

```
ALTER TABLE table_name_1 EXCHANGE PARTITION (partition_spec) WITH TABLE table_name_2;
```

该操作将 table_name_1 表中特定分区下的数据移动到具有相同表模式且不存储在相应分区的 table_name_2 中。

（8）使表分区信息持久化，代码如下。

```
MSCK REPAIR TABLE table_name;
```

该操作用于将 table_name 表在 HDFS 上的分区信息同步到 Hive 位于 RDBMS 的元数据存储中。

（9）删除表分区，代码如下。

```
ALTER TABLE table_name DROP [IF EXISTS] PARTITION partition_spec, PARTITION
partition_spec…;
```

该操作会删除与特定分区相关的数据和元数据。

例如，删除 items_info2 表中的 playboy/shoes 分区，代码如下。

```
hive>ALTER TABLE items_info2 DROP PARTITION (p_category='shoes', p_brand='playboy');
```

（10）修改表列，代码如下。

```
ALTER TABLE table_name [PARTITION partition_spec] CHANGE [COLUMN] col_old_name
col_new_name column_type [COMMENT col_comment] [FIRST|AFTER column_name] [CASCADE|
RESTRICT];
```

该操作可以修改表的列名、列数据类型、列存储位置和注释说明。FIRST、AFTER 用于指定是否交换列的前后顺序。该操作只改变表的元数据（使用 RESTRICT 方式，即默认方式），CASCADE 关键字用于限定修改操作，并同步到表的元数据和分区的元数据。

（11）增加表列、删除和替换表列，代码如下。

```
ALTER TABLE table_name [PARTITION partition_spec] ADD|REPLACE COLUMNS (col_name
data_type [COMMENT col_comment], …) [CASCADE|RESTRICT]
```

ADD COLUMNS 操作用于在表中已存在的实体列（Existing Column）之后且分区列（Partition Column，或伪列）之前添加新的列。REPLACE COLUMNS 操作的实现方式为删除表中现有的全部列，再添加新的列集合。REPLACE COLUMNS 操作仅支持使用内部 SerDe（DynamicSerDe、MetadataTypedColumnsetSerDe、LazySimpleSerDe 和 ColumnarSerDe）的表，前面已说明，SerDe 用于实现表数据与 HDFS 数据之间的转换方式。

4. Create/Drop/Alter 视图

Hive 支持 RDBMS 视图的所有功能，包括创建、删除、修改视图。

（1）创建视图，代码如下。

```
CREATE VIEW [IF NOT EXISTS] view_name [(column_name
[COMMENT column_comment], …) ]
[COMMENT view_comment]
[TBLPROPERTIES (property_name = property_value, …)]
 AS SELECT …;
```

视图的属性含义与表的属性含义相同。视图是只读的，其结构在创建之初就确定了，后续对与视图相关的表结构的修改不会反映到视图上，也不能以视图作为目标操作对象执行 LOAD/INSERT/ALTER

相关命令。如果 SELECT 子句执行失败，则 CREATE VIEW 操作也会失败。

（2）删除视图，代码如下。

```
DROP VIEW [IF EXISTS] view_name;
```

（3）修改视图，代码如下。

```
ALTER VIEW view_name AS select_statement;
```

5. Create/Drop/Alter 索引

Hive 支持 RDBMS 索引的所有功能，包括创建、删除、修改索引。

（1）创建索引，代码如下。

```
CREATE INDEX index_name  ON TABLE base_table_name (col_name, …)
AS index_type
[WITH DEFERRED REBUILD]
[IDXPROPERTIES (property_name=property_value, …)]
[IN TABLE index_table_name]
[ [ ROW FORMAT …] STORED AS …      | STORED BY …  ]
[LOCATION hdfs_path]  [TBLPROPERTIES (…)]  [COMMENT "index comment"];
```

属性说明如下。

WITH DEFERRED REBUILD：用于构建一个空索引。

（2）删除索引，代码如下。

```
DROP INDEX [IF EXISTS] index_name ON table_name;
```

（3）修改索引，代码如下。

```
ALTER INDEX index_name ON table_name [PARTITION partition_spec] REBUILD;
```

ALTER INDEX…REBUILD 用于重建（1）中创建索引时使用关键字 WITH DEFERRED REBUILD 建立的所有索引或之前建立的索引，若指定关键字 PARTITION，则只针对相应分区建立索引。

6. Create/Drop 函数

Hive 与 MySQL 和 Oracle 一样，也提供了丰富的函数。根据实现方式，其中的函数分为 Hive 预定义函数或内置函数（Built-In Function）、用户自定义函数（User-Defined Function，UDF）；根据函数功能，包括普通函数（单输入单输出，如 abs()、lower()）、聚合函数或汇总函数（Aggregate Function，多行输入单行输出，如 count()、max()）、表生成函数（Table-Generating Function，单行或多行输入多行输出，如 explode()）。

（1）创建临时函数，代码如下。

```
CREATE TEMPORARY FUNCTION function_name AS class_name;
```

该语句使用 class_name 类创建一个临时函数，class_name 为 Java 实现（因为 Hive 是使用 Java 实现的）。若 class_name 非 Java 实现，则可以使用 SELECT TRANSFORM 查询子句实现流式数据通过相应的非 Java 函数进行处理操作以获得结果。在使用 class_name 创建函数之前，需要先把 Java 字节码文件打包成 JAR 文件，然后进入 Hive 会话中，使用 ADD JAR 命令把 JAR 文件添加到 Hive 的类路径中（使用 ADD FILE 命令可以把使用 Python 等非 Java 语言编写的程序添加到 Hive 类路径中）。假设 class_name 的 JAR 文件所处绝对路径为 /full/path/to/typeConversion.jar，typeConversion.jar 包的类名为 org.apache.hadoop.hive.udf.example.IntToString，则创建一个 int_to_str 的步骤如下。

```
hive>ADD JAR /full/path/to/typeConversion.jar;
hive>CREATE TEMPORARY FUNCTION int_to_str
    > AS 'org.apache.hadoop.hive.udf.example.IntToString';
```

创建的临时函数只在当前 Hive 会话中可见。

（2）删除临时函数，代码如下。

```
DROP TEMPORARY FUNCTION [IF EXISTS] function_name;
```

（3）创建持久函数，代码如下。

```
CREATE FUNCTION [db_name.]function_name AS class_name
  [USING JAR|FILE|ARCHIVE 'file_uri' [, JAR|FILE|ARCHIVE 'file_uri'] ];
```

根据class_name创建的持久函数，所涉及的JAR文件、普通文件、归档文件可以使用关键字USING与 class_name 连接在一起，若 Hive 运行在分布式环境下，则 USING 关键字后的文件也必须位于分布式文件系统（如 HDFS）上，所创建的函数存储在 db_name 数据库，或者当前数据库中（若未指定任何数据库，则存储在 default 数据库中）。

（4）删除持久函数，代码如下。

```
DROP FUNCTION [IF EXISTS] function_name;
```

7. Create/Drop/Grant/Revoke 角色和权限

Hive 中的角色和权限与 RDBMS 的一样，用于限定用户在特定的数据库对象中执行相应授权的操作。Hive 角色分为 public 和 admin 两种，一般用户都具有 public 角色。

（1）创建角色，代码如下。

```
CREATE ROLE role_name;
```

只有 admin 角色具有创建新角色的权限，角色 ALL、DEFAULT 和 NONE 为默认的保留角色。

（2）删除角色（只有 admin 角色具有该权限），代码如下。

```
DROP ROLE role_name;
```

（3）查看当前角色，代码如下。

```
SHOW CURRENT ROLES;
```

（4）设置特定角色，代码如下。

```
SET ROLE (role_name|ALL);
```

设置当前用户的角色为某一特定角色，若该用户未指定相应角色，则该操作出现错误并返回。若角色名为 ALL，则该角色用于刷新该用户的角色信息（若该用户被赋予了新的角色）。

（5）查看 Hive 系统的所有角色（只有 admin 角色具有该权限），代码如下。

```
SHOW ROLES;
```

普通用户查看某一用户或角色具有的角色可以使用如下命令。

```
SHOW ROLE GRANT USER user_name | ROLE role_name;
```

（6）授予角色，代码如下。

```
GRANT role_name [, role_name] …TO principal_specification [, principal_
specification] …
  [ WITH ADMIN OPTION ];
principal_specification:
  USER user | ROLE role
```

可以授予一个或多个角色给其他角色或用户。若指定 WITH ADMIN OPTION，则被授予角色的用户或角色具有 admin 权限。

（7）撤销角色，代码如下。

```
REVOKE [ADMIN OPTION FOR] role_name [, role_name] …
FROM principal_specification [, principal_specification] … ;
principal_specification:
  USER user | ROLE role
```

以上语句用于撤销 FROM 子句中指定的角色或用户的相应角色。

（8）授予权限，代码如下。

```
GRANT   priv_type [, priv_type] …  ON table or view_name  TO principal_specification
[, principal_specification] …  [WITH GRANT OPTION];
principal_specification:
  USER user | ROLE role
priv_type:
  INSERT | SELECT | UPDATE | DELETE | ALL
```

若指定 WITH GRANT OPTION，则 principal_specification 也具有 GRANT 和 REVOKE 权限。

（9）撤销权限，代码如下。

```
REVOKE [GRANT OPTION FOR] priv_type [, priv_type ] … ON table or view_name
      FROM principal_specification [, principal_specification] … ;
```

若指定 GRANT OPTION FOR（注意这里与上述的 GRANT 权限不同），则撤销 principal_specification 具有的 GRANT 和 REVOKE 权限。

（10）查看某一用户具有的权限，代码如下。

```
SHOW GRANT [principal_name] ON (ALL| ([TABLE] table_or_view_name)
principal_specification:
USER user| ROLE role
```

9.5.4 Hive 表的 DML 操作

Hive 表的 DML 操作包括将文件中的数据导入 Hive 表中、select 操作、将 select 查询结果插入 Hive 表中、将 select 查询结果写入文件和 Hive 表的 ACID（Atomic，原子性；Consistency，一致性；Isolation，隔离性；Durability，持久性）事务特性中。

微课 9-3

Hive 表的 DML 操作

1. 将文件中的数据导入（LOAD）Hive 表中

LOAD 操作执行 copy/move（复制/移动）命令，把数据文件复制/移动到 Hive 表在 HDFS 中的目录下，并不会对数据内容执行格式检查或格式转换操作。LOAD 命令语法为：

```
LOAD DATA [LOCAL] INPATH 'filepath' [OVERWRITE] INTO TABLE tablename [PARTITION
(partcol1=val1, partcol2=val2 …)];
```

filepath（文件路径）可以是指向 HDFS 的相对路径或绝对路径，也可以是指向本地文件系统（Linux 文件系统）的相对路径（当前工作目录）或绝对路径。若 filepath 指向 HDFS，则 LOAD 执行的是移动操作（即执行 LOAD 后，filepath 中的文件不再存在）；若 filepath 指向本地文件系统，则 LOAD 执行的是复制操作（即执行 LOAD 后，filepath 中的文件仍然存在），但需要指定 LOCAL 关键字。若 filepath 指向一个文件，则 LOAD 会将相应的文件复制或移动到 tablename 表中；若 filepath 指向一个目录，则 LOAD 会将相应目录下的所有文件复制或移动到 tablename 表中。若创建表时指定了分区列，则使用 LOAD 命令加载数据时，也要为所有分区列指定特定值。

（1）在 LOAD 语句中指明 LOCAL 关键字时，INPATH 参数可以使用下述方式确定。

① Hive 会在本地文件系统中查找 filepath。

② 用户可以设置 filepath 为文件绝对路径，如 file:///user/hive/data。

（2）在 LOAD 语句中未指明 LOCAL 关键字时，INPATH 参数可以使用下述方式确定。

① 若 filepath 为相对路径，则 Hive 会将其解析为/user/<username>/filepath。

② 若 filepath 未指定模式或文件系统类型（如 hdfs://namenode:9000/），则 Hive 会把${fs.default.name}值作为 NameNode URI。

若语句指明 OVERWRITE 关键字，则目标表或分区中的原始数据会被删除，替换成新数据；若未指定 OVERWRITE 关键字，则新数据会以追加的方式被添加到表中。若表或分区中的任何一个文件与 filepath 中的任何一个文件同名，则表或分区中的同名文件会被 filepath 中的同名文件替换。

例如，假设本地文件/home/trucy/wangyc/items_info.txt 内容为：

```
a       368     shoes    playboy xiuxian 323      aaa,dddd,bbb,610
b       434     shoes    playboy xiuxian 343      ccc,dddd,bbb,612
c       434     shoes    playboy xiuxian 433      ccc,dddd,bbb,612
```

使用 LOAD 命令将数据加载到 items_info2 表的相应分区（PARTITION 关键字指定内容）中。

```
hive> LOAD DATA LOCAL INPATH '/home/trucy/wangyc/items_info.txt' OVERWRITE INTO TABLE
items_info2
    > PARTITION (p_category='shoes', p_brand='playboy');
```

执行 LOAD 命令后，Hive 在 HDFS 的/hive/shopping/items_info2/路径下创建目录 p_category=shoes/p_brand=playboy/，并把 items_info.txt 文件复制到上述创建的目录下。

2. select 操作

Hive select 操作的语法与 SQL-92 规范几乎没有区别，其语法格式为：

```
SELECT [ALL | DISTINCT] select_expr, select_expr, …  FROM table_reference
[WHERE where_condition] [GROUP BY col_list] [CLUSTER BY col_list  | [DISTRIBUTE BY
col_list] [SORT BY col_list] ] [LIMIT number]
```

下面介绍 select 操作与各种属性的组合。

（1）简单 select 查询操作

例如，下面的查询操作返回 students 表中的所有行和列。

```
hive> SELECT * FROM students;
```

（2）带 WHERE 子句的 select 条件查询操作，返回满足 WHERE 指定条件的行

例如，下面的查询操作返回用户信息表 users 中的年龄大于"10 岁"且国家为"中国"的所有用户。

```
hive> SELECT * FROM users WHERE age > 10 AND country = "China";
```

（3）带 ALL 和 DISTINCT 关键字的查询操作

该操作用于确定是否返回重复的行，关键字默认为 ALL，即执行 select 查询操作返回重复的行，如下代码展示如何返回去掉重复的行数据。

```
hive> SELECT col1, col2 FROM t1;
      1 3
      1 3
      1 4
      2 5
hive> SELECT DISTINCT col1, col2 FROM t1;
```

```
            1 3
            1 4
            2 5
hive> SELECT DISTINCT col1 FROM t1;
            1
            2
```

（4）带 HAVING 关键字的查询操作

该操作用于代替复杂的子查询操作，如查询操作：

```
hive> SELECT col1 FROM (SELECT col1, SUM(col2) AS col2sum FROM t1 GROUP BY col1) t2
WHERE t2.col2sum > 10;
```

上述语句可以替换为：

```
hive> SELECT col1 FROM t1 GROUP BY col1 HAVING SUM(col2) > 10;
```

（5）带 LIMIT 关键字的查询操作

该操作用于返回指定数目的满足条件的行（常用于返回 Top k 问题）。例如，返回满足条件的 5 条记录。

```
hive> SELECT * FROM t1 LIMIT 5;
```

返回满足条件的按 col1 列降序排列的前 5 条记录。

```
hive> SET mapred.reduce.tasks = 1;
hive> SELECT * FROM t1 SORT BY col1 DESC LIMIT 5;
```

3. 将 select 查询结果插入表中

使用查询子句从其他表中获得查询结果，然后使用 INSERT 命令把数据插入新表中（Hive 会根据 MapReduce 中的 Reduce 任务数在 HDFS 的新表目录下创建相应的数据文件 000000_0，若有多个 Reduce 任务，则文件名为 000001_0、000002_0……）。该操作包括单表插入（向一个 Hive 表插入数据）和 多表插入（一次性向多个 Hive 表插入数据）。INSERT 命令可以操作表和特定的分区，如果表属于分区 表，则必须指明所有分区列和其对应的分区列的属性值。对 INSERT 命令在操作表和特定分区时的区别 如下。

（1）单表插入（使用 OVERWRITE 关键字），代码如下。

```
INSERT OVERWRITE TABLE tablename [PARTITION (partcol1=val1, partcol2=val2 …) [IF NOT
EXISTS]] SELECT select_statement FROM from_statement;
```

该操作会覆盖表或分区中的数据（若对特定分区指定 IF NOT EXISTS，则不执行覆盖操作）。

例如，查询上述创建的 items_info 表，把查询结果存储到 items_info2 表中。

```
hive> INSERT OVERWRITE TABLE items_info2
    >        PARTITION (p_category='clothes', p_brand='playboy')
    > SELECT * FROM items_info ii
    >        WHERE ii.category='clothes' AND ii.brand='playboy';
```

（2）单表插入（追加方式），代码如下。

```
INSERT INTO TABLE tablename [PARTITION (partcol1=val1, partcol2=val2 …)] SELECT
select_statement FROM from_statement;
```

该操作以追加的方式把 SELECT 子句返回的结果添加到表或分区中。

（3）多表插入，代码如下。

```
FROM from_statement
INSERT OVERWRITE TABLE tablename1 [PARTITION (partcol1=val1, partcol2=val2 …) [IF
NOT EXISTS]] SELECT select_statement1
[INSERT OVERWRITE TABLE tablename2 [PARTITION … [IF NOT EXISTS]] SELECT
```

```
select_statement2]
    [INSERT INTO TABLE tablename2 [PARTITION …] SELECT select_statement2] …;
```

该操作的第一条命令（即 FROM from_statement）指定所有表执行的 SELECT 命令对应的 FROM 子句，针对同一个表，既可以执行 INSERT OVERWRITE 操作，又可以执行 INSERT INTO 操作（如表 tablename2）。

多表插入操作可以降低源表的扫描次数，Hive 可以仅扫描一次数据源表，然后针对不同的 Hive 表应用不同的查询规则，从扫描结果中获取目标数据，并将其插入不同的 Hive 表中。

例如，把从 items_info 中扫描的结果根据不同的查询规则插入表的不同分区中，代码如下。

```
hive> FROM items_info ii
    > INSERT INTO TABLE items_info2
    >    PARTITION (p_category='clothes', p_brand='playboy')
    > SELECT * WHERE ii.category='clothes' AND ii.brand='playboy'
    >    INSERT OVERWRITE TABLE items_info2
    >    PARTITION (p_category='shoes', p_brand='playboy')
    > SELECT * WHERE ii.category='shoes' AND ii.brand='playboy';
```

4. 将 select 查询结果写入文件

可以把 Hive 查询结果写入或导出到文件中，与把查询结果插入表中的操作类似，将 Hive 表中的数据写入文件也有两种方法，分别是单文件写入和多文件写入。

（1）单文件写入，代码如下。

```
INSERT OVERWRITE [LOCAL] DIRECTORY directory
  [ROW FORMAT row_format] [STORED AS file_format]
  SELECT select_statement FROM from_statement;
```

若指定 LOCAL 关键字，则查询结果写入本地文件系统中（操作系统文件系统），否则查询结果写入 HDFS 中。

```
row_format:
DELIMITED [FIELDS TERMINATED BY char [ESCAPED BY char]] [COLLECTION ITEMS TERMINATED
BY char] [MAP KEYS TERMINATED BY char] [LINES TERMINATED BY char]  [NULL DEFINED AS char]
```

row_format 各属性说明参见 9.5.3 小节中的 "Creat/Drop/Trancate 表"。

（2）多文件写入，代码如下。

```
FROM from_statement
INSERT OVERWRITE [LOCAL] DIRECTORY directory1 SELECT select_statement1
[INSERT OVERWRITE [LOCAL] DIRECTORY directory2 SELECT select_statement2];
```

5. Hive 表的 ACID 事务特性

自 Hive 0.14.0 出现以来，Hive 表支持关系型数据的 ACID（Insert、Update、Delete）事务操作。Hive 分别为初始数据和事务操作产生的数据设计了 Base 目录和 Delta 目录，初始数据保存在 Base 目录中，事务操作产生的数据保存在 Delta 目录中，Hive 后台进程不定期合并 Base 目录和 Delta 目录中的数据。

（1）使用 SQL 语法插入（Insert）表数据

Hive 中的 INSERT…VALUES 的语法格式与 SQL 中的类似。

```
INSERT INTO TABLE tablename [PARTITION (partcol1[=val1], partcol2[=val2] …)] VALUES
values_row [, values_row …];
```

参数说明如下。

① partcol1[=val1]：表示分区列的值 val1 可选。

② values_row：表示 tablename 表中的各列对应的所有值（Hive 表不支持类似 SQL 语法中的只插入某些列值的功能，至少需插入一条记录，但可以为某些列指定 null 值，即为某些列指定空值），可以在一条 INSERT 命令中指定多个 values_row。

例如，创建一张学生表 students。

```
hive> CREATE TABLE students (name VARCHAR(64), age INT);
```

向 students 表中插入两条记录。

```
hive> INSERT INTO TABLE students
    >   VALUES ('trucy', 24), ('hek', null);
```

（2）更新表列值（Update）

更新操作只适用于支持 ACID 特性的 Hive 表，更新操作执行成功后，由 Hive 自动提交。表分区列不支持更新操作。更新操作的语法格式为：

```
UPDATE tablename SET column = value [, column = value …] [WHERE condition]
```

（3）删除表数据（Delete）

删除操作只适用于支持 ACID 特性的 Hive 表，删除操作执行成功后，由 Hive 自动提交。删除操作的语法格式为：

```
DELETE FROM tablename [WHERE expression]
```

9.6 使用 Hive 实现聊天数据分析案例

随着互联网的快速发展，人们在日常生活中聊天产生的数据量越来越大。如何从这些数据中挖掘出有价值的信息并进行分析，成为一项具有挑战性和实际应用价值的任务。在数据处理和分析领域，Hive 是一款非常流行的数据仓库工具，它支持使用 SQL-like 的查询语言（HiveQL）对数据进行处理和分析。本案例将使用 Hive 作为数据仓库，通过对聊天数据进行分析，了解用户在不同时间段和场景下的聊天行为。

微课 9-4

HBase Hive Sqoop
实践案例讲解（2）

1. 背景

聊天平台每天都会有大量的用户在线，会出现大量的聊天数据，通过对聊天数据的统计与分析，可以更好地对用户构建精准的画像，为用户提供更好的服务。

2. 数据准备

本案例选用的数据均为虚拟数据，不涉及用户隐私及敏感信息。部分聊天数据如图 9-2 所示。

2021-11-01 17:07:05	谷谨	1360740340813	男	40.191.133.115	Android 6.0	华为 荣耀畅玩9A	4G	82.268004,34.743035	召痴梅	41.25
2021-11-01 17:18:22	创运骏	1370446518093	男	66.93.114.125	Android 8.0	华为 荣耀Play4T	5G	80.060328,37.195431	六悦可	93.15
2021-11-01 17:32:20	府濮存	1473719931078	男	189.227.184.152	Android 6	小辣椒 红辣椒8X	4G	114.573657,25.549461	袁凌霜	91.24
2021-11-01 17:25:17	功慨	1651739499485	男	111.121.81.4	Android 8.0	华为 荣耀Play4T	4G	105.595776,40.362789	招海女	89.15
2021-11-01 17:37:47	王正平	1331315685893	女	40.191.133.115	Android 6.0	Apple iPhone 8	4G	99.340696,25.682909	修天恩	8.238
2021-11-01 17:44:25	犁�675组	1339976368850	男	14.199.18.140	Android 6.0	华为 荣耀Play4T	5G	113.175463,24.611149	戎南蕾	222.2
2021-11-01 17:09:15	贵舟	1895971941414	男	245.101.150.178	Android 6.0	小辣椒 红辣椒8X	5G	113.175463,24.611149	高紫南	222.7
2021-11-01 17:02:38	抄成龙	130493931490	男	215.91.28.34	Android 7.0	一加 OnePlus	4G	89.479744,30.126909	盖冬亦	246.1
2021-11-01 17:02:38	赛泽雨	1370446518019	男	129.100.252.59	Android 6.0	OPPO A11X	4G	112.439571,33.148464	化凝丝	55.19
2021-11-01 17:59:30	逮翌明	152965566262	男	146.40.254.0	IOS 12.0 华为 荣耀畅玩9A	5G	82.415182,43.386971	浮寿	246.110.122.28
2021-11-01 17:31:09	府濮存	1766241542192	男	79.58.218.15	Android 7.0	华为 荣耀畅玩9A	4G	117.517225,35.889066	赛骊婧	251.

图 9-2 部分聊天数据

（1）创建数据库及聊天数据表

① 创建数据库。

```
hive> create database db_test;
```

② 指定数据库。

```
hive> use db_test;
```

③ 创建聊天数据表（data_table）。

```
hive> create table db_test.data_table(
  msg_time              string  comment "消息发送时间",
  sender_name           string  comment "发送者名称",
  sender_account        string  comment "发送者账号",
  sender_sex            string  comment "发送者性别",
  sender_ip             string  comment "发送者 IP 地址",
  sender_os             string  comment "发送者手机操作系统",
  sender_phonetype      string  comment "发送者手机型号",
  sender_network        string  comment "发送者网络类型",
  sender_gps            string  comment "发送者 GPS 定位",
  receiver_name         string  comment "接收者名称",
  receiver_ip           string  comment "接收者 IP 地址",
  receiver_account      string  comment "接收者账号",
  receiver_os           string  comment "接收者手机操作系统",
  receiver_phonetype    string  comment "接收者手机型号",
  receiver_network      string  comment "接收者网络类型",
  receiver_gps          string  comment "接收者的 GPS 定位",
  receiver_sex          string  comment "接收者性别",
  msg_type              string  comment "消息类型",
  distance              string  comment "双方距离",
  message               string  comment "消息内容",
)
row format delimited fields terminated by '\t';
```

④ 验证数据库及聊天数据表是否创建成功，如图 9-3 所示。

```
[ylw@localhost hive]$ cd /home/ylw/usr/local/hadoop
[ylw@localhost hadoop]$ bin/hdfs dfs -lsr /
```

图 9-3　验证数据库及聊天数据表是否创建成功

（2）加载数据

① 将本地数据加载到聊天数据表。

```
hive>load data local inpath '/home/ylw/data2.tsv' into table db_test.data_table;
```

② 验证数据是否加载成功，如图 9-4 所示。

```
hive>select * from data_table limit 4;
```

图 9-4　验证数据是否加载成功

3. 数据分析

在进行数据统计分析之前，一般需要完成数据的预处理，由于本案例的重点在于帮助读者更好地掌握 Hive，此处不再进行数据预处理。

（1）统计发送者的手机型号分布情况，如图 9-5 所示。

```
hive> select sender_phonetype,count(distinct sender_account) from data_table group
by sender_phonetype;
```

```
Total MapReduce CPU Time Spent: 0 msec
OK
Apple iPhone 10  4221
Apple iPhone 11  1854
Apple iPhone 7   1274
Apple iPhone 8   4291
Apple iPhone XR  3791
OPPO A11X        3385
OPPO Reno3       4323
VIVO U3X         2375
一加 OnePlus      5006
华为 荣耀9X        1844
华为 荣耀Play4T    5299
华为 荣耀畅玩9A    6410
小辣椒 红辣椒8X     6453
Time taken: 7.617 seconds, Fetched: 13 row(s)
```

图 9-5　发送者的手机型号分布情况

（2）统计发送消息数量排在前 10 的用户，如图 9-6 所示。

```
hive> select sender_name,count(*) from data_table group by sender_name  order by
count(*) desc  limit 10;
```

```
Total MapReduce CPU Time Spent: 0 msec
OK
郝时      739
沐范      739
辛浩大    737
陀壤      731
茹鸿晖    730
大潍      729
卢高达    727
栾鹏鲸    726
梨彭祖    723
允旭彬    722
Time taken: 3.244 seconds, Fetched: 10 row(s)
hive>
```

图 9-6　发送消息数量排在前 10 的用户

（3）统计今日各地区发送消息数据量，如图 9-7 所示。

```
hive> select sender_gps,split(sender_gps,",")[0],split(sender_gps,",")[1],count(*)
from data_table group by sender_gps,split(sender_gps,",")[0],split(sender_gps,",")[1]
order by count(*) desc;
```

```
Stage-Stage-1:  HDFS Read: 217289184 HDFS Write: 0 SUCCESS
Stage-Stage-2:  HDFS Read: 217289184 HDFS Write: 0 SUCCESS
Total MapReduce CPU Time Spent: 0 msec
OK
79.324437,40.699699      79.324437      40.699699      761
80.060328,38.073303      80.060328      38.073303      751
82.268004,34.743035      82.268004      34.743035      743
114.058533,36.247553     114.058533     36.247553      743
120.607971,31.650084     120.607971     31.650084      743
91.68742,42.139864       91.68742       42.139864      738
```

图 9-7　今日各地区发送消息数据量

（4）统计今日每小时消息量、发送和接收用户数，如图 9-8 所示。

```
hive> select substr(msg_time,12,2),count(distinct sender_account),count(distinct
receiver_account) from data_table group by substr(msg_time,12,2);
```

```
Total MapReduce CPU Time Spent: 0 msec
OK
17    5967    5887
18    5966    5949
19    5994    5976
20    6566    6559
21    6634    6636
22    6741    6645
23    5993    5966
Time taken: 12.496 seconds, Fetched: 7 row(s)
hive>
```

图 9-8　今日每小时消息量、发送和接收用户数

习题

1. 简述 Hive 产生的背景。
2. 简述 Hive 的服务结构组成及其对应的功能。
3. MySQL 数据库针对 Hive 的用途是什么？
4. Hive 是如何操作和管理数据的，其管理数据的方式有哪些？

第10章
Hadoop与RDBMS数据
迁移工具Sqoop

10

素养要点与教学目标

- 理解 Sqoop 的作用和应用场景，了解 Sqoop 与 Hadoop、RDBMS 之间的关系。
- 学习 Sqoop 的基本安装和配置方法，了解 Sqoop 的命令行界面及其常用命令。
- 掌握 Sqoop 的数据导入和导出功能，包括从 RDBMS 到 Hadoop 的数据迁移和从 Hadoop 到 RDBMS 的数据导出。
- 熟悉 Sqoop 与 Hive、Pig 之间的关系，了解它们各自的优缺点及使用场景，学会根据实际需求选择合适的工具。

Sqoop 是 Hadoop 与关系数据库管理系统（Relational Database Management System，RDBMS）之间进行数据迁移的工具，使用 Sqoop 可以简单、快速地从 MySQL、Oracle 等传统关系数据库中把数据导入诸如 HDFS、HBase、Hive 等 Hadoop 分布式存储环境下，再使用 Hadoop MapReduce 等分布式处理工具对数据进行加工和处理，可以将处理结果导出到 RDBMS 中。本章首先介绍 Sqoop 的基本安装，然后介绍其支持的相关操作，最后对 Hive、Pig 和 Sqoop 三者之间最容易混淆的内容进行分析和总结，读者可以根据需要选择相关工具进行数据分析操作。

10.1 Sqoop 简介及基本安装

1. Sqoop 简介

Sqoop 最初是作为 Hadoop 的第三方模块于 2009 年 5 月被添加到 Apache Hadoop 中的，于 2011 年 6 月升级为 Apache 的孵化器（Apache Incubator）项目，最终于 2012 年 3 月成功转化为 Apache 顶级开源项目。

目前 Sqoop 主要分为两个版本，分别为 Sqoop1 和 Sqoop2，这两个版本因为目标定位方向不同，体系结构差异很大，因此完全不兼容。Sqoop1 的主要定位方向为功能结构简单、部署方便，目前只提供命令行操作方式，主要适用于系统服务管理人员进行简单的数据迁移操作的场景。Sqoop2 的主要定位方向为功能完善、操作简便，支持命令行操作、Web 访问，提供可编程 API，配置专门的 Sqoop 服务器，安全性更高，但结果复杂，配置部署烦琐。本章只讲解 Sqoop1，其基本能够实现数据迁移功能。

Sqoop 利用 Hadoop 分布式存储特性使自身具有很好的数据容错功能。Sqoop 导入数据时，操作的目标对象为 RDBMS 表，Sqoop 会按行将表中的所有数据副本读取到 HDFS 上的一系列文件中，根据 Sqoop 操作任务并行度（Parallel Level），被导入的表数据可能会分布在多个文件中，文件类型是以逗号或制表符为表字段分隔符的普通文本文件，或者是以二进制形式存储的 Avro 文件或序列化文件。

Sqoop 导出数据时，会以并行的方式从 HDFS 上读取相应的文件，并将其以新记录的方式添加到目标 RDBMS 表中。

2. Sqoop 的基本安装

Sqoop 的安装非常简单，在类 UNIX 系统上需要预先安装好 Java 6 或其之后的版本，并部署好 Hadoop 稳定版本的集群环境。

从 Sqoop 官网下载最新的 Sqoop 稳定版本。Sqoop 的 Apache 发行包分为源码包和已经编译好的二进制包，下面只介绍 Sqoop 的二进制包安装方法。

下载 Sqoop 二进制包，并解压到相应安装目录，解压后会生成子目录 sqoop-*x.y.z*.bin（*x.y.z* 为版本号）。

```
$ tar -xzf sqoop-x.y.z.bin.tar.gz
```

把 sqoop-*x.y.z*.bin 目录移动到 sqoop-*x.y.z* 目录下。

```
$ mv sqoop-x.y.z.bin / sqoop-x.y.z/
```

设置环境变量，编辑文件~/.bashrc 或~/.bash_profile，把 Sqoop 的安装路径添加到 PATH 变量中，方便 Sqoop 的使用和管理。

```
$ export SQOOP_HOME=/home/trucy/sqoop-x.y.z
$ export PATH=$PATH:$SQOOP_HOME/bin
```

10.2 Sqoop 的配置

Sqoop 实现了 Hadoop 分布式存储平台与 RDBMS 之间的数据传输，因此，只需要在 Hadoop 平台各相关组件与 RDBMS 之间搭起桥梁即可实现。Sqoop 获取 Hadoop 平台各相关组件的配置信息是通过读取环境变量实现的，如获取 Hadoop 相关信息可以读取变量${HADOOP_HOME}的值，获取 Hive 相关信息可以读取变量${HIVE_HOME}的值等。因此，需要修改文件~/.bashrc 或~/.bash_profile 配置环境变量，可以使用 export 命令将上述工具的根目录添加到文件末尾；同时 Sqoop 连接 RDBMS 需要使用相应的数据库驱动工具，如通过 JDBC 连接 MySQL 需要用到 mysql-connector-java-*x.y.z*-bin.jar 驱动工具（*x.y.z* 为版本号，该驱动工具可以从 MySQL 官网下载）。本节后面假设 Sqoop 操作的 RDBMS 为 MySQL，因此需要安装 MySQL（相关安装过程参见 9.3.2 小节 MySQL 的安装），此外，需要将 MySQL 的 JDBC 驱动工具 mysql-connector-java-*x.y.z*-bin.jar 复制到${ SQOOP_HOME }/lib 目录下。

使用 sqoop list-databases 命令测试 Sqoop 是否成功连接 MySQL。

```
$ sqoop list-databases --connect jdbc:mysql://mysql.server.ip:3306/ --username root -P
Enter password:（输入 MySQL 中 root 用户密码）
information_schema
employees
hiveDB
mysql
test
trucyDB
```

sqoop list-databases 命令用于输出 MySQL 数据库中的所有数据库名，如果输出上述结果，则表示 Sqoop 连接 MySQL 成功。mysql.server.ip 可以是运行 MySQL 数据库服务器的机器的名称，也可以是机器的 IP 地址，但注意机器 IP 地址不能是 localhost 或 127.0.0.1，因为 Sqoop 的执行方式为分布式，如果是 localhost 或 127.0.0.1，就使分布式集群中的每个节点都去访问本地 MySQL 数据库，实际上有可能 MySQL 数据库安装在专门的服务器上。

若配置好 Hadoop 相应环境变量后，使用 Sqoop 仍无法连接 MySQL，则可以执行下述操作。

（1）进入${ SQOOP_HOME }/conf 目录（注意以下命令中的第一个$为 Linux 命令提示符，第二个$为系统变量取值符）。

```
$ cd ${SQOOP_HOME}/conf
```

（2）将 Sqoop 读取环境变量的模板文件复制到自定义文件中。

```
$ cp sqoop-env-template.sh  sqoop-env.sh
```

（3）编辑文件 sqoop-env.sh，修改相应属性值使其指向相关软件安装目录，例如：

```
#Set path to where bin/hadoop is available
export HADOOP_COMMON_HOME=/usr/local/hadoop
#Set path to where hadoop-*-core.jar is available
export HADOOP_MAPRED_HOME=/usr/local/hadoop
#Set the path to where bin/hbase is available
export HBASE_HOME=/usr/local/hbase
#Set the path to where bin/hive is available
export HIVE_HOME=/usr/local/hive
#Set the path for where zookeeper config dir is
export ZOOCFGDIR=/usr/local/zk
```

10.3 Sqoop 的相关功能

Sqoop 提供了一系列工具命令（Tools Command），包括导入操作（import）、导出操作（export）、导入所有表（import-all-tables）、列出所有数据库实例（list-databases）和列出特定数据库实例中的所有表（list-tables）等。

10.3.1 Sqoop 的工具命令

在 Linux 命令提示符下输入并执行 sqoop help 会输出 Sqoop 支持的所有工具命令，示例如下。

```
$ sqoop help
usage: sqoop COMMAND [ARGS]
Available commands:
  codegen           Generate code to interact with database records
  create-hive-table  Import a table definition into Hive
  ......
See 'sqoop help COMMAND' for information on a specific command.
```

从执行 sqoop help 命令输出的信息（其中有一部分内容省略）可以看出，Sqoop 操作主要包括两部分，分别为工具命令（COMMAND）及其相应参数（ARGS）。可以使用命令 sqoop help COMMAND 获取相关工具命令的详细信息。例如，要查看 import 操作的相关详细信息，可执行下述命令。

```
$ sqoop help import
Common arguments:
--connect <jdbc-uri>                    Specify JDBC connect string
--connection-manager <class-name>       Specify connection manager class name
 --connection-param-file <properties-file>  Specify connection parameters file
 ......
Generic Hadoop command-line arguments:
```

```
(must preceed any tool-specific arguments)
Generic options supported are
-conf <configuration file>              specify an application configuration file
-D <property=value>                     use value for given property
-fs <local|namenode:port>               specify a namenode
-jt <local|jobtracker:port>             specify a job tracker
......
```

　　执行 Sqoop 操作时，可以指定一般参数（Generic Argument）或 Sqoop 特定工具命令参数（Specific Argument），还可以为工具命令的某些属性设置自定义值。其中，一般参数用于设置 Hadoop 相关属性，参数选项前面以短横线（-）为标志，如-conf、-D；Sqoop 特定工具命令参数用于设置与 Sqoop 操作相关的属性，参数选项前面以双短横线（--）为标志，如--connect，除非其为如-P 样式的单字符选项。Sqoop 工具命令参数又分为 Sqoop 所有工具命令通用参数（Common Argument）和 Sqoop 特定工具命令参数。如--connect、--username、--password 等，这些参数在 Sqoop 所有工具命令中都必须用到；而 Sqoop 特定工具命令参数为某些操作特有的参数，如 import 工具特有的参数--append、--where 等。一般参数必须位于 Sqoop 特定工具命令参数前面。

　　除了可以通过完整的命令形式 sqoop(toolname)使用 Sqoop 工具命令外，还可以通过 toolname 的特定脚本文件名 sqoop-(toolname)执行相同的操作，如 sqoop import 与 sqoop-import 功能相同、sqoop export 与 sqoop-export 功能相同等。脚本程序文件 sqoop-(toolname)与 sqoop 都位于 ${SQOOP_ HOME}/bin 目录下，但实际上脚本程序文件 sqoop-(toolname)是调用 sqoop (toolname)命令进行操作的。

10.3.2　Sqoop 与 MySQL

　　下面介绍 Sqoop 支持的工具命令。新建一个 MySQL 数据库 sqoopDB 和用户 bear，并授予用户 bear 操作数据库 sqoopDB 的所有权限。

微课 10-1

Sqoop 与 MySQL

1. 创建数据库及用户
下面创建 MySQL 数据库 sqoopDB 以及用户 bear。

（1）使用 root 用户登录 MySQL 数据库。

```
$ mysql -u root -p
```

（2）输入 root 用户密码，创建 MySQL 数据库 sqoopDB。

```
mysql> create database sqoopDB;
```

（3）使用 root 用户登录 MySQL 数据库，创建用户 bear，密码为 123456。

```
$ mysql -u root -p
mysql> create user 'bear' identified by '123456';
```

（4）授予用户 bear 操作数据库 sqoopDB 的所有权限。

```
mysql> grant all privileges on sqoopDB.* to 'bear'@'%' identified by '123456';
```

（5）刷新系统权限表。

```
mysql>flush privileges;
```

2. 用户登录
下面使用 bear 用户账号登录 MySQL 数据库，在数据库实例 sqoopDB 下创建一张 employees 表，后面所有的 Sqoop 相关操作都在 sqoopDB employees 表上进行。

（1）使用 bear 用户账号登录 MySQL 数据库。

```
$ mysql -u bear -p
```

（2）执行下列代码，然后输入密码，进入 MySQL 数据库 sqoopDB。

```
mysql> use sqoopDB;
```

（3）创建 employees 表。

```
mysql> CREATE TABLE employees (
    ->    id int(11) NOT NULL AUTO_INCREMENT,
    ->    name varchar(100) NOT NULL,
    ->    age int(8) NOT NULL DEFAULT 0,
    ->    place varchar(400) NOT NULL,
    ->    entry_time timestamp NOT NULL DEFAULT CURRENT_TIMESTAMP,
    ->    position varchar(500),
    ->    PRIMARY KEY (id)
    -> )ENGINE=InnoDB DEFAULT CHARSET=utf8;
Query OK, 0 rows affected (0.18 sec)
```

（4）向 employees 表插入 3 条数据。

```
  mysql> INSERT INTO employees(name,age,place,position) VALUES('James',27,'New
York','Manager');
  mysql> INSERT INTO employees(name,age,place,position) VALUES('Allen',30,'New
York','CEO');
  mysql> INSERT INTO employees(name,age,place,position) VALUES('Sharen',33,'New
York','CTO');
```

（5）查询 employees 表的结果如图 10-1 所示。

```
mysql> select * from employees;
+----+--------+-----+----------+---------------------+----------+
| id | name   | age | place    | entry_time          | position |
+----+--------+-----+----------+---------------------+----------+
|  1 | James  |  27 | New York | 2015-01-13 21:55:02 | Manager  |
|  2 | Allen  |  30 | New York | 2015-01-13 21:56:07 | CEO      |
|  3 | Sharen |  33 | New York | 2015-01-13 21:56:41 | CTO      |
+----+--------+-----+----------+---------------------+----------+
3 rows in set (0.00 sec)
```

图 10-1　查询 employees 表的结果

10.3.3　sqoop-import 操作

sqoop-import 工具命令用于将 RDBMS 中的单个表导入 HDFS，RDBMS 表中的每一行以单独记录的形式存储在 HDFS 中，记录默认以文本文件格式（每个记录一行）存储，还可以二进制形式存储，如 AVRO 文件格式或序列文件格式（SEQUENCEFILE）。

微课 10-2

Sqoop 数据库服务器的连接及数据导入（1）

sqoop-import 的语法格式为（两种格式功能一样）：

```
$ sqoop import (generic-args) (import-args)
$ sqoop-import (generic-args) (import-args)
```

在上述格式中，一般参数位于 import 参数前面，一般参数包括--connect、--username、--password 等，import 参数包括--where、--warehouse-dir 等。

sqoop-import 操作的步骤如下。

1. 连接数据库服务器

使用 sqoop-import 操作将 RDBMS 中的表导入 HDFS，首先需要连接 RDBMS，使用--connect 选项可以指定 RDBMS 连接参数。连接参数类似于 URL，包括 JDBC 驱动名、数据库类型名、数据库服务器位置、数据库服务器连接端口和数据库实例名等属性信息。例如，下述命令使用--connect 选项指定连接运行在服务器 database.mysql.node1 上的 MySQL 数据库，连接端口号为 3306，数据库名为 SqoopDB，同时使用--username 选项指定连接用户名，--password 选项指定连接密码。

```
$ sqoop import --connect jdbc:mysql://database.mysql.node1:3306/sqoopDB --username
bear --password 123456
```

> **注意** 如果在 Hadoop 分布式集群环境中使用 Sqoop 操作，则运行 MySQL 数据库的服务器名不能为 localhost 或 127.0.0.1，因为 Sqoop 操作会转换成 MapReduce 任务在整个集群中并行执行，连接字符串会被集群中的所有节点用于并发访问 MySQL 服务器，如果连接字符串指定为 localhost，集群中的所有机器节点都将访问不同的 MySQL 数据（各节点访问本地 MySQL 数据库服务器，实质上有可能有些节点并未安装 MySQL 数据库），则会使 Sqoop 操作执行失败。因此，数据库服务器名应该指定为集群中所有节点都能够连接的机器的名称或 IP 地址，如该例使用名称为 database.mysql.node1 的机器访问 MySQL 数据库服务器。

上述操作存在一种安全隐患，即连接密码被暴露，一种安全的折中方案是将密码保存到文件中并设定文件权限为 400（即只有文件拥有者才能访问文件中的内容），这样其他用户便不能看到密码，之后在执行 sqoop import 操作时，可以通过--password-file 选项指明密码文件所在位置，Sqoop 在之后的操作中会读取密码文件并获取相应密码。例如，假设密码所在文件为${HOME}/.password，上述 sqoop-import 操作变为：

```
$ sqoop import --connect jdbc:mysql://database.mysql.node1:3306/sqoopDB --username
bear --password-file ${HOME}/.password
```

另一种方式是将--password-file 选项换成-P 选项，以交互方式提示用户输入密码。

```
$ sqoop import --connect jdbc:mysql://database.mysql.node1:3306/sqoopDB --username
bear -P
Enter password:
```

2. 将 MySQL 表 employees 中的数据导入 HDFS

```
$ sqoop import --connect jdbc:mysql://database.mysql.node1:3306/sqoopDB
--username bear -P --table employees --target-dir /user/sqoop
Enter password: （输入用户 bear 连接 MySQL 数据库的密码）
```

其中--table 选项用于指定数据库表名，--target-dir 选项用于指定 HDFS 目录（注意，--target-dir 选项指定的目录中最后一个子目录不能是已存在的目录，否则 Sqoop 执行失败，即上述目录/user/sqoop 中的子目录 sqoop 不能存在于 HDFS 中），上述操作会根据默认的 Map 任务数在--target-dir 选项指定的目录中生成多个文件，可以使用-m 或--num-mappers 选项指定 Map 任务数。例如，下述操作指定启动 1 个 Map 任务执行相关操作，在--target-dir 选项指定的目录下生成 1 个结果文件。

```
$ sqoop import --connect jdbc:mysql://database.mysql.node1:3306/sqoopDB --username
bear -P --table employees --target-dir /user/sqoop1 -m 1
Enter password: （输入用户 bear 连接 MySQL 数据库的密码）
```

3. 查看导入 HDFS 的表数据

sqoop import 操作的结果保存在--target-dir 选项指定的 HDFS 相应位置，使用 hdfs dfs 命令查看/user/sqoop 目录下的文件。

```
$ hdfs dfs -ls /user/sqoop
Found 4 items
-rw-r--r--   2 root supergroup     0 2019-02-14 11:07 /user/sqoop/_SUCCESS
-rw-r--r--   2 root supergroup    50 2019-02-14 11:07 /user/sqoop/part-m-00000
```

```
-rw-r--r--   2 root supergroup  46 2019-02-14 11:07 /user/sqoop/part-m-00001
-rw-r--r--   2 root supergroup  47 2019-02-14 11:07 /user/sqoop/part-m-00002
```

查看带-m 1 选项的 sqoop import 操作的结果目录 sqoop1。

```
$ hdfs dfs -ls /user/sqoop1
Found 2 items
-rw-r--r--   2 root supergroup     0 2019-02-14 11:08 /user/sqoop1/_SUCCESS
-rw-r--r--   2 root supergroup   143 2019-02-14 11:08 /user/sqoop1/part-m-00000
```

可以看出带-m 1 选项的 sqoop import 操作的结果是生成一个单独的文件，而不带-m 1 选项的会根据表中的记录行数和 Sqoop 默认的 Map 任务数生成多个文件。

查看导入的表数据保存在 HDFS 上的结果文件内容。

```
$ hdfs dfs -cat /user/sqoop1/part-m-00000
1,James,27,New York,2019-02-13 21:55:02.0,Manager
2,Allen,30,New York,2019-02-13 21:56:07.0,CEO
3,Sharen,33,New York,2019-02-13 21:56:41.0,CTO
```

sqoop-import 操作还支持--columns、--where 等选项，它们用于导入表中的部分数据，可以使用 sqoop help import 命令获取相关详细信息。

4. 将 sqoop-import 增量导入 HDFS

若 MySQL 数据库中的表内容发生了变化，如执行了 INSERT、UPDATE 等操作，则可以使用 Sqoop 的增量导入功能将发生变化的数据导入 HDFS。Sqoop 目前支持两种模式的增量导入，分别为 append 模式和 lastmodified 模式，append 模式主要针对 INSERT 操作，lastmodified 模式主要针对 UPDATE 操作。

微课 10-3

Sqoop 数据库
服务器的连接及
数据导入（2）

使用 Sqoop 增量导入的 append 模式必须指定--check-column 选项，在执行 sqoop import 操作之前，可以根据该选项指定的列内容变化情况确定表中的哪些行需要执行导入操作，通常用--check-column 选项指定的列（如 id 列）具有连续自增功能；还可以为 check-column 列指定选项--last-value，用于只导入 check-column 列中 last-value 值以后的表行，然后将其存储在 HDFS 相应目录下的一个单独文件中，如果不指定，则会将原表中的所有数据导入 HDFS 相应目录下的一个单独文件中。例如，向 employees 表插入一条数据，然后执行增量导入操作，过程如下。

（1）向 employees 表插入一条数据。

```
mysql> INSERT INTO employees(name,age,place,position)
            VALUES('Timmy',25,'Chicago','staff');
```

（2）基于 employees 表的 id 列执行增量导入操作，不指定--last-value 选项。

```
$ sqoop import --connect jdbc:mysql://database.mysql.node1:3306/sqoopDB --username
bear -P --table employees --target-dir /user/sqoop1 --incremental append --check-
column id
  -m 1
```

（3）查看新生成的文件，其内容如下。

```
$ hdfs dfs -cat  /user/sqoop1/part-m-00001
1,James,27,New York,2019-02-13 21:55:02.0,Manager
2,Allen,30,New York,2019-02-13 21:56:07.0,CEO
3,Sharen,33,New York,2019-02-13 21:56:41.0,CTO
4,Timmy,25,Chicago,2019-02-14 14:08:47.0,staff
```

（4）基于 employees 表的 id 列执行增量导入操作，指定--last-value 选项，其值为 3。

```
$ sqoop import --connect jdbc:mysql://database.mysql.node1:3306/sqoopDB --username
bear -P --table employees --target-dir /user/sqoop1 --incremental append
```

```
--check-column id
  --last-value 3 -m 1
```

（5）查看新生成的文件，其内容如下。

```
$ hdfs dfs -cat  /user/sqoop1/part-m-00001
4,Timmy,25,Chicago,2019-02-14 14:08:47.0,staff
```

Sqoop 增量导入中的 lastmodified 模式基于 UPDATE 操作会修改表相应列的 timestamp，根据 timestamp 最新值执行增量导入。同样使用 lastmodified 模式需要指定--check-column 选项，check-column 列的类型必须是日期或时间戳类型（如 date 或 timestamp 类型），可以为 check-column 列指定选项--last-value，然后进行增量导入。例如，更新 employees 表中用户 Sharen 的籍贯为 Shanghai，然后执行 lastmodified 模式增量导入操作。

更新 employees 表中用户 Sharen 的籍贯为 Shanghai。

```
mysql> UPDATE employees SET place='Shanghai' WHERE name='Sharen';
Query OK, 1 row affected (0.03 sec)
Rows matched: 1  Changed: 1  Warnings: 0
```

执行 lastmodified 模式增量导入操作。

```
$ sqoop import --connect jdbc:mysql://database.mysql.node1:3306/sqoopDB --username
bear -P --table employees --target-dir /user/sqoop1 --incremental lastmodified
--check-column entry_time --last-value '2019-02-14 00:00:00' --append -m 1
```

lastmodified 模式增量导入的真正设计理念应该是对数据库表被修改行或被修改列的 timestamp 值执行增量导入，为数据库表行设定 timestamp 属性，对表行的所有操作应该会将相应行的 timestamp 属性值更新为执行修改操作时的时间值。lastmodified 模式增量导入的 check 列的类型必须是日期或时间类型，在实际中可能设计复杂、开销大。因此，除非 check 列的类型是日期或时间类型，否则 Sqoop 增量导入模式应该选择 append 模式，而不是 lastmodified 模式。

5. 将 MySQL 表 employees 中的数据导入 Hive

sqoop import 的主要功能是将 RDBMS 中的表数据导入 HDFS 的文件中，如果在 Hadoop 平台部署了 Hive，则也可以将表数据导入 Hive 中。为 sqoop import 指定--hive-import 选项，即可将表数据导入 Hive 中；使用--hive-table 选项可以指定 Hive 表名，若省略该选项，则默认使用原 RDBMS 表名；如果 Hive 中存在同名的表，则使用--hive-overwrite 选项可以覆盖原 Hive 表中的内容；使用--create-hive-table 选项可以将原 RDBMS 表结构复制到 Hive 表中。

使用 sqoop import 将 RDBMS 表数据导入 Hive 中的过程如下。

（1）将相应 RDBMS 表数据导入 HDFS 的文件中。

（2）把 RDBMS 表数据类型映射成 Hive 数据类型，然后根据 RDBMS 表结构在 Hive 上执行 CREATE TABLE 操作创建 Hive 表。

（3）在 Hive 中执行 LOAD DATA INPATH 语句将 HDFS 上的 RDBMS 表数据文件移动到 Hive 数据仓库目录中（该目录由定义在文件${HIVE_HOME}/conf/hive-site.xml 中的属性${ hive.metastore. warehouse.dir}设置）。

例如，将 RDBMS 表 employees 中的数据导入 Hive 中，相应 Hive 生成的表的名称默认为 employees（注意：下述操作使用-m 1 选项只指定一个 Map 任务，若使用默认的方式，则可以省略该选项）。

```
$ sqoop import --connect jdbc:mysql://database.mysql.node1:3306/sqoopDB --table
employees --username bear -P --hive-import -m 1
```

执行上述操作后，Hive 会在数据仓库目录下新建一个 employees 子目录，数据内容将保存在该目录下。查看新建的文件，其内容如下。

```
$ hdfs dfs -cat /hive/warehouse/employees/part-m-00000
1James27New York2019-02-15 21:55:02.0Manager
2Allen30New York2019-02-15 21:56:07.0CEO
3Sharen33Shanghai2019-02-15 21:56:41.0CTO
4Timmy25Chicago2019-02-15 21:57:47.0staff
```

从上面的内容可以看出原 RDBMS 表中的每行数据的各字段连接在一起。

在 Hive 命令提示符下，输入并执行如下命令，查看生成的 Hive 表，其内容如下。

```
hive> select * from employees;
OK
1       James   27      New York        2019-02-15 22:55:02.0   Manager
2       Allen   30      New York        2019-02-15 22:56:07.0   CEO
3       Sharen  33      Shanghai        2019-02-15 22:56:41.0   CTO
4       Timmy   25      Chicago         2019-02-16 14:08:47.0   staff
```

6. 将 MySQL 表 employees 中的数据导入 HBase

除了上面介绍的 Sqoop 支持将 RDBMS 表数据导入 HDFS 和 Hive 中外，Sqoop 还支持将 RDBMS 表数据导入 HBase 表中。Sqoop 使用 HBase 的 put 操作将 RDBMS 表中的每一行数据插入 HBase 表中，HBase 生成表的行键默认使用 RDBMS 表的主键，可以使用--hbase-row-key 选项指定使用 RDBMS 表某一特定的列作为 HBase 生成表的行键，若 RDBMS 表的主键为组合键，则必须使用--hbase-row-key 选项将 RDBMS 表的组合键以逗号分隔开，然后将其设置成 HBase 生成表的行键。使用--column-family 选项可以指定目标 HBase 表的列族名，将 RDBMS 表数据导入 HBase 表的特定列族下。使用--hbase-table 选项可以指定目标 HBase 表名，若目标 HBase 表不存在，则提示操作错误并返回。使用--hbase-create-table 选项，若目标 HBase 表不存在，则创建。若无法确定目标 HBase 表是否存在，则可以在 Sqoop 导入操作中结合使用--hbase-table 选项和--hbase-create-table 选项，当 HBase 表不存在时，Sqoop 使用 HBase 的配置信息自动创建 HBase 表和相应的列族。

例如，将 RDBMS 表 employees 中的数据导入 HBase 中。

（1）进入 HBase Shell，创建 HBase 表 hbase_employees，定义列族为 col_family。

```
hbase(main):001:0> create 'hbase_employees', 'col_family'
0 row(s) in 2.1710 seconds
=> Hbase::Table - hbase_employees
```

该操作会在 HBase 位于 HDFS 上的保存 HBase 表数据的目录/hbase/data/default（其中根目录/hbase 由定义在${HBASE_HOME}/conf/hbase-site.xml 文件的属性${hbase.rootdir}指定）下创建一个子目录 hbase_employees，用于保存 hbase_employees 表数据。

创建的 hbase_employees 表逻辑结构如表 10-1 所示。

表 10-1　创建的 hbase_employees 表逻辑结构

row-key（行键）	col_family:（列族）

（2）将 RDBMS 表数据导入 HBase 表 hbase_employees 中。

```
$ sqoop import --connect jdbc:mysql://database.mysql.node1:3306/sqoopDB --username
bear -P --table employees --hbase-create-table --hbase-table hbase_employees
--column-family col_family --hbase-row-key id
```

进入 HBase Shell，查询 hbase_employees 表中的数据（为了显示输出结果，对输出内容进行了调整。timestamp 为执行 HBase 表操作时自动生成的时间戳，内容形式为"1421244516134"，所有的时间戳内容替换为"xxxx"。输出结果中的 ROW 列为 HBase 表行键 row-key 列，COLUMN+CELL 列为 HBase 表属性列，格式为"列族：属性列"）。

```
$ hbase shell
hbase(main):002:0> scan 'hbase_employees'
ROW                      COLUMN+CELL
 1     column=col_family:age, timestamp=xxxx, value=27
 1     column=col_family:entry_time, timestamp= xxxx, value=2019-02-17 21:55:02.0
 1     column=col_family:name, timestamp= xxxx, value=James
 1     column=col_family:place, timestamp= xxxx, value=New York
 1     column=col_family:position, timestamp= xxxx, value=Manager
 2     column=col_family:age, timestamp= xxxx, value=30
 2     column=col_family:entry_time, timestamp= xxxx, value=2019-02-17 21:56:07.0
 2     column=col_family:name, timestamp= xxxx, value=Allen
 2     column=col_family:place, timestamp= xxxx, value=New York
 2     column=col_family:position, timestamp= xxxx, value=CEO
 3     column=col_family:age, timestamp= xxxx, value=33
 3     column=col_family:entry_time, timestamp= xxxx, value=2019-02-17 21:56:41.0
 3     column=col_family:name, timestamp= xxxx, value=Sharen
 3     column=col_family:place, timestamp= xxxx, value=Shanghai
 3     column=col_family:position, timestamp= xxxx, value=CTO
 4     column=col_family:age, timestamp= xxxx, value=25
 4     column=col_family:entry_time, timestamp= xxxx, value=2019-02-17 14:08:47.0
 4     column=col_family:name, timestamp= xxxx, value=Timmy
 4     column=col_family:place, timestamp= xxxx, value=Chicago
 4     column=col_family:position, timestamp= xxxx, value=staff
4 row(s) in 0.2290 seconds
```

生成的 hbase_employees 表的逻辑结构如表 10-2 所示。

表 10-2　生成的 hbase_employees 表的逻辑结构

row-key（行键）	col_family:（列族）				
	name	age	place	entry_time	position
1	James	27	New York	2019-02-17 1:55:02.0	Manager
2	Allen	30	New York	2019-02-17 1:56:07.0	CEO
3	Sharen	33	Shanghai	2019-02-17 1:56:41.0	CTO
4	Timmy	25	Chicago	2019-02-17 4:08:47.0	staff

10.3.4　sqoop-import-all-tables 操作

sqoop-import-all-tables 工具的语法与 sqoop-import 的语法大致相同，唯一的区别是 sqoop-import-all-tables 操作可以将多个 RDBMS 表导入 HDFS，每个 RDBMS 表数据分别位于 HDFS 的一个单独目录下。

执行 sqoop import-all-tables 操作必须满足以下条件。

（1）每个 RDBMS 表中只有一个单独列作为主键，即多个列的组合键不能作为主键。

（2）执行导入操作时，每个 RDBMS 表的所有列都将被导入 HDFS。

（3）不能在 RDBMS 表上附加任何诸如 WHERE 条件的子句。

sqoop-import 语法格式为（两种格式功能一样）：

```
$ sqoop import-all-tables (generic-args) (import-args)
$ sqoop-import-all-tables (generic-args) (import-args)
```

如前所述，执行 sqoop-import-all-tables 时实际上调用的是 sqoop import-all-tables 命令操作。执行 sqoop-import-all-tables 命令操作时，不能使用 sqoop-import 操作中的--table、--split-by、--columns 和--where 选项，但可以在 sqoop-import-all-tables 操作中指定--exclude-tables 选项排除无须导入的 RDBMS 表。例如，在 MySQL 数据库实例 sqoopDB 下创建一张商品信息表 items_info。

（1）创建数据表 items_info。

```
mysql> CREATE TABLE items_info (
    ->    id int(11) NOT NULL AUTO_INCREMENT,
    ->    name varchar(50) NOT NULL,
    ->    price float(10,5) NOT NULL DEFAULT 0.0,
    ->    brand varchar(50) NOT NULL,
    ->    stock int(11),
    ->    PRIMARY KEY (id)
    -> )ENGINE=InnoDB DEFAULT CHARSET=utf8;
Query OK, 0 rows affected (0.38 sec)
```

（2）向 items_info 表插入 4 条数据。

```
mysql> INSERT INTO items_info(name,price,brand,stock)
            VALUES ('shoes',325,'playboy',32);
Query OK, 1 row affected (0.03 sec)

mysql> INSERT INTO items_info(name,price,brand,stock)
            VALUES ('shoes',400,'camel',100);
Query OK, 1 row affected (0.04 sec)

mysql> INSERT INTO items_info(name,price,brand,stock)
            VALUES ('clothes',800,'camel',120);
Query OK, 1 row affected (0.05 sec)

mysql> INSERT INTO items_info(name,price,brand,stock)
            VALUES ('clothes',600,'playboy',120);
Query OK, 1 row affected (0.06 sec)
```

（3）查看表 items_info，如图 10-2 所示。

图 10-2　查看表 items_info

（4）查看数据库实例 sqoopDB 中的所有表，如图 10-3 所示。

图 10-3　查看数据库实例 sqoopDB 中的所有表

从输出结果可以看到数据库实例 sqoopDB 包含 employees 和 items_info 两张表。

（5）执行 sqoop import-all-tables 操作将数据库实例 sqoopDB 中的所有表导入 HDFS。

```
$ sqoop import-all-tables --connect jdbc:mysql://database.mysql.node1:3306/sqoopDB
--username bear -P
```

执行上述 sqoop import-all-tables 命令后，会在 HDFS 的/user/${username}/目录（ ${username}
为当前 Linux 用户名，如当前登录的 Linux 用户为 trucy ）下生成两个目录 employees 和 items_info，原各
RDBMS 表中的数据保存在相应目录下。例如，employees 目录保存原 RDBMS employees 表数据，
items_info 目录保存原 RDBMS items_info 表数据。

10.3.5　sqoop-export 操作

sqoop-export 操作的作用与 sqoop-import 操作的是相反的，即 Sqoop 把 HDFS、Hive、HBase
中的文件或数据根据用户指定的分隔符解析成一系列记录和记录字段导出到 RDBMS 中，RDBMS 表必
须是已存在的，否则 sqoop-export 操作执行会出错。

1. sqoop-export 语法及说明

sqoop-export 语法格式为（两种格式功能一样）：

```
$ sqoop export (generic-args) (export-args)
$ sqoop-export (generic-args) (export-args)
```

执行 sqoop-export 操作时，组合选项--export-dir、--table 和组合选项--export-dir、--call
之一必须指定。

（1）--export-dir 选项用于指定执行 sqoop-export 操作时的 HDFS 目录位置（Hive 表数据和
HBase 表数据都是以文件形式存储在 HDFS 上的，因此针对 Hive 和 HBase 的导出操作，数据源仍是
通过--export-dir 选项指定的）。

（2）--table 选项用于指定目标 RDBMS 表名。

（3）--call 选项用于指定 sqoop-export 操作调用 RDBMS 存储过程。

在默认情况下，会针对 RDBMS 表的所有列执行导出操作，可以使用--columns 选项指定以逗
号分隔的 RDBMS 表中的某些特定列执行数据导出操作，指定的列顺序与 HDFS 上的记录字段按顺
序对齐。

注意，RDBMS 表中那些没有被选中的列要么在定义时指定了默认值，要么允许为 NULL 值，否则
sqoop-export 操作会以失败的形式返回。可以指定-m 选项设置导出操作并行度，默认启动 4 个 Map
任务执行 export 操作。

2. sqoop-export 操作模式

sqoop-export 操作包括 3 种模式，分别为 INSERT 模式、UPDATE 模式和 CALL 模式。

（1）sqoop-export 操作默认将 HDFS 上的数据以 INSERT 模式插入指定的 RDBMS 表中，若
导出的数据违反了 RDBMS 表的相关约束（如主键唯一约束），或在 RDBMS 表中包含相同的数据，

则 sqoop-export 操作执行失败，因此使用该模式接收 HDFS 数据的 RDBMS 表的最好方法是新建空表。

（2）如果指定--update-key 选项以 UPDATE 模式导出数据，则会替换目标 RDBMS 表中已存在的记录。sqoop-export 操作会根据--update-key 选项指定的 RDBMS 表列更新表中已存在的记录行，若表中不存在相应的记录行，则 sqoop-export 操作默认跳过这一步，不会返回任何错误信息，同时，可以指定--update-mode 选项为 allowinsert 模式（sqoop-export 允许--update-key 选项执行插入操作的模式），将原 RDBMS 表中不存在的记录插入表中。同样，若表中存在多行满足--update-key 选项指定条件的记录行，则 sqoop-export 操作更新所有满足条件的表记录，--update-key 选项可以指定多列，各列之间以逗号分隔。

若存储在 HDFS 上的数据字段分隔符与 RDBMS 表的字段分隔符不兼容，例如，MySQL 数据库表中的各字段分隔符为逗号 "，"，记录行结束符为 "\n"，而 HDFS 文件内部各数据字段分隔符被指定为 "："，记录行结束符为 "\r\n"，那么可以使用--input-fields-terminated -by 选项说明 HDFS 文件内部各数据字段的分隔符。例如，Hive 表的默认字段分隔符为'\0001'，则将 Hive 表数据导出到 RDBMS 表需要指定--input-fields-terminated-by '\0001'选项，使用选项--input-lines- terminated-by 说明 HDFS 文件内部各数据的记录行结束符。使用-fields-terminated-by 选项可以指定目标 RDBMS 表的字段分隔符，--lines-terminated-by 选项指定目标 RDBMS 表的记录行结束符。如果指定的分隔符与 HDFS 文件内容不匹配或与 RDBMS 表不兼容，则 Sqoop 会发现 HDFS 文件内容中各字段数目与 RDBMS 表列数不相等，从而抛出 ParseExceptions 错误信息，然后返回。

下面的示例中将创建一张与 employees 表前 4 个字段结构相同的表 users_info。

① 创建数据表 users_info。

```
mysql> CREATE TABLE users_info (
    ->    id int(11) NOT NULL AUTO_INCREMENT,
    ->    name varchar(100) NOT NULL,
    ->    age int(8) NOT NULL DEFAULT 0,
    ->    place varchar(400) NOT NULL,
    ->    PRIMARY KEY (id)
    -> )ENGINE=InnoDB DEFAULT CHARSET=utf8;
Query OK, 0 rows affected (0.25 sec)
```

查看前面使用 sqoop-import 操作将 RDBMS employees 表导入 HDFS 上的数据（该操作生成了两个文件，分别为 part-m-00000 和 part-m-00001）。

② 查看文件内容。

a. 文件 part-m-00000 的内容如下。

```
$ hdfs dfs -cat /user/sqoop1/part-m-00000
1,James,27,New York,2019-02-17 21:55:02.0,Manager
2,Allen,30,New York,2019-02-17 21:56:07.0,CEO
3,Share,33,New York,2019-02-17 21:56:41.0,CTO
```

b. 文件 part-m-00001 的内容如下。

```
$ hdfs dfs -cat /user/sqoop1/part-m-00001
4,Timmy,25,Chicago,2019-02-17 14:08:47.0,staff
```

③ 使用 sqoop-export 操作将上述文件 part-m-00000 和 part-m-00001 中的内容导入 users_info 表，指定--columns 选项导出记录行中前 4 个字段的值。

```
$ sqoop export --connect jdbc:mysql://database.mysql.node1:3306/sqoopDB --table
users_info --columns "id,name,age,place" --username bear -P --export-dir /user/sqoop1/
```

④ 进入 MySQL 数据库，查看 users_info 表的内容，如图 10-4 所示。

图 10-4　查看 users_info 表的内容

（3）指定 CALL 模式调用目标 RDBMS 存储过程。

CALL 模式是指 Sqoop 将为每条记录创建一个存储过程调用的模式。sqoop-export 执行方式为启动多个 Map 任务并且并行地执行，即分成多条记录，各个 Map 任务与 RDBMS 都建立一个单独的连接，因此，有多少个 Map 任务就有多少个事务连接，各个 Map 任务之间互不影响。因为每个 Map 任务处理进度不同，在 sqoop-export 操作返回之前就可以在 RDBMS 中看到局部完成结果。此外，只有当所有 Map 任务都成功处理完毕，sqoop-export 才会成功返回，若有一个 Map 任务执行失败，sqoop-export 操作就会出错并返回，执行失败的 Map 任务的结果是未知的。由于不同的 Map 任务都运行在一个单独的事务中，运行成功的 Map 任务会提交处理结果，运行失败的 Map 任务会回滚执行到截至当前位置的所有操作的初始状态，所有已成功运行的 Map 任务的处理结果都会持久化存储到 RDBMS 表中，因此，当前看到的结果都是 sqoop-export 操作的局部完成结果。

10.3.6　sqoop-list-databases 和 sqoop-list-tables 操作

sqoop-list-databases 操作用于列举出指定数据库服务器中的数据库模式，例如：

```
$ sqoop list-databases --connect jdbc:mysql://database.mysql.node1/sqoopDB
--username bear -P
Enter password:
information_schema
mysql
performance_schema
sqoopDB
```

sqoop-list-tables 操作用于列举出指定数据库服务器中的数据库表，例如：

```
$ sqoop list-tables --connect jdbc:mysql://database.mysql.node1/sqoopDB --username
bear -P
Enter password:
employees
items_info
users_info
```

上述 sqoop-list-databases 操作和 sqoop-list-tables 操作中指定--connect 选项（用于连接数据库服务器）时，未指定服务器端口号，Sqoop 端口号默认为 3306。

10.4　Hive、Pig 和 Sqoop 三者之间的关系

Hive 和 Pig 都是基于 Hadoop 进行大数据分析的，但两者的应用侧重方向和面向的使用者不同。

Hive 主要为对 SQL 技术比较熟悉的开发人员提供数据分析方法，Pig 采用基于数据流的全新方式对数据进行分析。因此，两者的处理方式差异很大。本章通过学习 Sqoop，进一步了解了各种数据处理方式的特点和应用方向，因此，本节简单介绍 Hive、Pig 和 Sqoop 三者之间的关系或联系，以便读者能够更清晰地理解各种数据分析、处理技术。

微课 10-4

Hive、Pig 和 Sqoop 的比较

目前数据的爆发式增长造成了大数据技术人员供不应求的现象，同时也催生出一系列新的数据理解思维模式和处理方式，传统相关数据技术的处理方式、技术特点已不太符合时代发展需求。

（1）Hive 技术由 Meta 研发，为大数据技术与传统数据处理方式搭起了一座桥梁。它对传统的数据处理方式进行了封装，将上层应用的所有 SQL 操作转换为底层的分布式应用，使比较擅长 SQL 技术的人员也能处理大数据。

（2）Pig 由雅虎研发。Pig 充分利用分布式特性，所有操作都基于 Hadoop 的固有特性，在处理数据方面，不同处理操作可以根据数据特点编写相应的分布式应用程序，对数据原始结构要求很低。Pig Latin 提供了一系列功能操作命令，使用 Pig Latin 功能操作命令可以方便地分析数据，而且它支持数据加载、萃取、转换等功能，实现传统 SQL 技术在数据仓库方面的所有应用，同时能够灵活处理大数据。因此，Pig 在处理大数据过程中具有更大的灵活性，但学习梯度比较大。Hive 学习成本低，只要熟悉 SQL 技术，就很容易上手，但处理方式受传统结构化处理技术的限制。

（3）Sqoop 的主要功能是对 Hadoop 分布式存储平台上的数据与传统关系数据库中的数据进行迁移操作。例如，传统的业务数据存储在关系数据库中，数据量达到一定规模后需要对其进行分析或统计。对业务数据进行分析时，单纯以关系数据库作为存储方式，采用传统数据技术对数据进行处理可能会成为数据分析的瓶颈，这时可以将业务数据从关系数据库导入 Hadoop 平台进行离线分析；在 Hadoop 平台对大规模的数据进行分析以后，可以将结果导出到关系数据库中作为业务的辅助数据。因此，Hive、Pig、Sqoop 三者之间相辅相成，针对不同的应用需求互为补充。

10.5　基于 Sqoop 的 MySQL 和 Hive 之间的数据迁移实操案例

数据迁移是大数据应用中的一个重要环节，Sqoop 是 Apache Hadoop 生态系统中的一款优秀的数据传输工具，可用于在关系数据库（MySQL、Oracle 等）与 Hadoop 生态系统中的数据存储组件（HDFS、Hive 等）之间进行数据导入与导出工作。Sqoop 具有高效、快速的数据传输能力，并提供了多种数据传输方式和配置参数，可满足不同数据迁移需求。下面给出一个基于 Sqoop 的 MySQL 和 Hive 之间的数据迁移实操案例，旨在帮助读者更好地理解 Sqoop 的使用方法。

1. 基于 Sqoop 实现 MySQL 到 Hive 的数据迁移

（1）准备学生表（stu）数据，如图 10-5 所示。

微课 10-5

HBase Hive Sqoop 实践案例讲解（3）

小红	女	21
小明	男	22
小兰	女	23

图 10-5　学生表数据

（2）在 MySQL 中创建数据表。

```
mysql> create table stu(stu_id int  AUTO_INCREMENT, stu_name varchar(50) not null,
stu_gender varchar(3) not null, stu_age int(5) not null, PRIMARY KEY
(stu_id) )ENGINE=InnoDB DEFAULT CHARSET=utf8;
```

（3）导入数据至 MySQL，导入结果如图 10-6 所示。

```
mysql> load data local infile "/home/ylw/stu.txt" into table stu(stu_name,
stu_gender,stu_age);
```

```
mysql> select * from stu;
+--------+----------+------------+---------+
| stu_id | stu_name | stu_gender | stu_age |
+--------+----------+------------+---------+
|      1 | 小红      | 女          |      21 |
|      2 | 小明      | 男          |      22 |
|      3 | 小兰      | 女          |      23 |
+--------+----------+------------+---------+
3 rows in set (0.00 sec)
```

图 10-6 导入结果

（4）基于 Sqoop 实现 MySQL 到 Hive 的数据迁移，迁移到 HDFS 的结果如图 10-7 所示。

```
[ylw@localhost sqoop]$ sqoop import --connect jdbc:mysql://192.168.56.102:3306/hive
--username root --password password --table stu --hive-import
```

```
[ylw@localhost sqoop]$ hdfs dfs -ls -R /
drwxr-xr-x   - ylw supergroup          0 2023-01-31 21:11 /home
drwxr-xr-x   - ylw supergroup          0 2023-01-31 21:11 /home/ylw
drwxr-xr-x   - ylw supergroup          0 2023-01-31 21:11 /home/ylw/usr
drwxr-xr-x   - ylw supergroup          0 2023-01-31 21:11 /home/ylw/usr/local
drwxr-xr-x   - ylw supergroup          0 2023-01-31 21:11 /home/ylw/usr/local/hive
drwxr-xr-x   - ylw supergroup          0 2023-02-08 16:03 /home/ylw/usr/local/hive/warehouse
drwxr-xr-x   - ylw supergroup          0 2023-02-01 20:28 /home/ylw/usr/local/hive/warehouse/db_test.db
drwxr-xr-x   - ylw supergroup          0 2023-02-01 20:30 /home/ylw/usr/local/hive/warehouse/db_test.db/data_table
-rw-r--r--   1 ylw supergroup   27161148 2023-02-01 20:30 /home/ylw/usr/local/hive/warehouse/db_test.db/data_table/data2.tsv
drwxr-xr-x   - ylw supergroup          0 2023-01-31 21:35 /home/ylw/usr/local/hive/warehouse/hive_1.db
drwxr-xr-x   - ylw supergroup          0 2023-01-31 21:35 /home/ylw/usr/local/hive/warehouse/hive_1.db/ylw
drwxr-xr-x   - ylw supergroup          0 2023-02-08 16:03 /home/ylw/usr/local/hive/warehouse/stu
-rw-r--r--   1 ylw supergroup         48 2023-02-08 16:02 /home/ylw/usr/local/hive/warehouse/stu/part-m-00000
drwx-wx-wx   - ylw supergroup          0 2023-01-31 16:25 /tmp
```

图 10-7 数据迁移到 HDFS 的结果

（5）验证上述结果。进入 Hive，查看学生表内容，由于基于 Sqoop 实现 MySQL 到 Hive 的数据迁移时并未指定数据库，所以默认使用 default 数据库，如图 10-8 所示。

```
hive> use default;
OK
Time taken: 0.063 seconds
hive> show tables;
OK
stu
Time taken: 0.06 seconds, Fetched: 1 row(s)
hive> select * from stu;
OK
1       小红     女       21
2       小明     男       22
3       小兰     女       23
Time taken: 2.285 seconds, Fetched: 3 row(s)
hive>
```

图 10-8 学生表数据内容

2. 基于 Sqoop 实现 Hive 到 MySQL 的数据迁移

（1）数据准备，本案例选用的聊天数据均为虚拟数据，不涉及用户隐私及敏感信息。部分数据如图 10-9 所示。

2021-11-01 17:07:05	谷蓮	1360740340813	男	40.191.133.115	Android 6.0	华为 荣耀畅玩9A	4G	82.268004,34.743035	召痴梅	41.25
2021-11-01 17:18:22	创运骏	1370446518093	男	66.93.114.125	Android 8.0	华为 荣耀Play4T	5G	80.060328,37.195431	六悦可	93.15
2021-11-01 17:32:20	府濮存	1473719931078	男	189.227.184.152	Android 6	小辣椒 红辣椒8X	4G	114.573657,25.549461	袁凌晴	91.24
2021-11-01 17:25:17	功甑	1651739499485	男	111.121.81.4	Android 6.0	华为 荣耀Play4T	4G	105.595776,40.362789	招海女	89.15
2021-11-01 17:37:47	王正平	1331315685893	女	40.191.133.115	Android 6.0	Apple iPhone 8	4G	99.340696,25.682909	修天恩	8.238
2021-11-01 17:44:25	犁彭祖	1339976368850	男	14.199.18.140	Android 8.0	华为 荣耀Play4T	5G	113.175463,24.611149	戎南蕾	187.7
2021-11-01 17:24:14	贵舟	1895971941414	男	245.101.150.178	Android 6.0	小辣椒 红辣椒8X	5G	113.175463,24.611149	高紫南	222.7
2021-11-01 17:09:15	抄成龙	130493931490	男	215.91.28.34	Android 7.0	一加 OnePlus	4G	89.479744,30.126909	盖冬亦	246.1
2021-11-01 17:02:38	赛泽雨	1370446518019	男	129.100.252.59	Android 7.0	OPPO A11X	4G	112.439571,33.148464	化凝丝	55.19
2021-11-01 17:59:30	逮黎明	152965566262	男	146.40.254.0	IOS 12.0 华为 荣耀畅玩9A	5G	82.415182,43.386971		浮寿	246.110.122.8
2021-11-01 17:31:09	府濮存	1766241542192	男	79.58.218.15	Android 7.0	华为 荣耀畅玩9A	4G	117.517225,35.889066	赛骊嫱	251.1

图 10-9　部分聊天数据

（2）在 Hive 中创建数据表。

具体步骤请参考 9.6 节使用 Hive 实现聊天数据分析案例。

（3）导入数据至 Hive 的数据表中。

具体步骤请参考 9.6 节使用 Hive 实现聊天数据分析案例。

（4）在 MySQL 中创建表，如图 10-10 所示。因为基于 Sqoop 实现 Hive 到 MySQL 的数据迁移时，MySQL 表必须存在，否则 sqoop-export 操作会出错。

```
mysql> create table data_table( msg_time varchar(30), sender_name varchar(10),
sender_account varchar(20),  sender_sex varchar(2), sender_ip varchar(15), sender_os
varchar(13), sender_phonetype varchar(15), sender_network varchar(5), sender_gps
varchar(30), receiver_namevarchar(10),  receiver_ip varchar(15),  receiver_account
varchar(20),receiver_os varchar(13), receiver_phonetype varchar(20), receiver_network
varchar(5), receiver_gps varchar(30),  receiver_sex varchar(2), msg_type varchar(5),
distance varchar(10),  message varchar(200))ENGINE=InnoDB DEFAULT CHARSET=utf8;
```

```
mysql> select * from data_table;
Empty set (0.00 sec)
```

图 10-10　MySQL 中创建表结果

（5）基于 Sqoop 实现 Hive 到 MySQL 的数据迁移。

```
[ylw@localhost hadoop]$ sqoop export --connect jdbc:mysql://192.168.56.102:3306/
hive --table data_table  --username root -password password --input-fields-terminated-
by "\t" --export-dir /home/ylw/usr/local/hive/warehouse/db_test.db/data_table/
data2.tsv
```

（6）验证上述结果。进入 MySQL 查看 data_table 表内容，如图 10-11 所示。

```
mysql> select * from data_table limit 5;
+---...
+---...
| msg_time       | sender_name | sender_account | sender_sex | sender_ip      | sender_os  | sender_phonetype | sender_netwo
rk | sender_gps         | receiver_name | receiver_ip | receiver_account | receiver_os | receiver_phonetype | receiver_network | r
eceiver_gps         | receiver_sex | msg_type | distance | message
                                        |
+---...
| 2021-11-01 17:07:05 | 谷蓮 | 1360740340813 | 男 | 40.191.133.115 | Android 6.0 | 华为 荣耀畅玩9A | 4G
| 82.268004,34.743035 | 召痴梅 | 41.252.164.18 | 1651865106256 | Android 6 | Apple iPhone 10 | 5G | 9
2.717669,38.305633 | 男 | TEXT | 15.78KM | 泥是窝的嘴矮？泥是窝的梦乡！窝忧郁地看着泥！窝要对泥说，窝矮泥！（请用升调加
```

图 10-11　查看 data_table 表内容

//////// 习题

1. 简要描述 Sqoop 的功能。

2. 简要描述 Sqoop 支持的工具命令有哪些。

3. 分别安装 MySQL 数据库和 Sqoop 工具，实现 MySQL 数据库和 HDFS 之间的数据导入、导出操作。

第11章
大数据实时处理技术

11

素养要点与教学目标
- 理解实时数据处理的重要性，了解实时处理技术的基本原理和应用场景。
- 掌握 Flink 和 Spark 的基本概念、架构和核心功能，了解它们的区别和适用场景。

在大数据系统中，离线批处理技术适用于非常多的数据使用场景，但在数据技术（Data Technology，DT）时代，数据量的爆炸式增长，以及数据类型的日益细化，使得人们每天面对的信息是瞬息万变的。数据价值是具有时效性的，在数据产生的时候，如果不能及时处理并在业务系统中使用，就不能让数据保持最高的"新鲜度"并将其价值最大化。本章介绍大数据实时处理技术 Flink 与 Spark 的基本原理。

11.1 Flink

Flink 起源于 Stratosphere（平流层）项目。Stratosphere 是在 2010—2014 年由 3 所地处柏林的大学和欧洲的一些大学共同开展的研究项目，2014 年 4 月，Stratosphere 的代码被复制并捐赠给了 Apache 软件基金会，参加 Stratosphere 项目的初始成员是 Stratosphere 系统的核心开发人员，2014 年 12 月，Flink 一跃成为 Apache 的顶级项目。

Apache Flink 是一个框架和分布式处理引擎，用于在无界数据流（Unbounded data Streams）和有界数据流（Bounded data Streams）上进行有状态计算。其中无界数据流有数据流的开始，但没有数据流的结束，它们会无休止地产生数据。无界数据流中的数据必须持续处理，即数据被摄取后需要立刻处理。有界数据流有数据流的开始，也有数据流的结束，可以在摄取所有数据后再进行计算。无界数据流和有界数据流如图 11-1 所示。

图 11-1　无界数据流和有界数据流

11.1.1　Flink 架构

Flink 的架构体系遵行分层架构设计的理念，基本上分为 3 层，分别为 API&Libraries 层、Runtime 核心层和物理部署层，如图 11-2 所示。

图 11-2　Flink 架构体系

1. API&Libraries 层

API&Libraries 可以分为 API 层和 Libraries 层分步进行介绍。首先在 API 层上，Flink 提供了用于批处理（Batch Processing）的应用 DataSet API，以及用于流处理（Stream Processing）的应用 DataStream API，两者都为用户提供丰富的数据处理高级 API，如 Map、FlatMap 等。

其次，在 Libraries 层上，Flink 提供了一个资源丰富的组件库，该组件库包含基于流处理的复杂事件处理（Complex Event Processing，CEP）库、SQL&Table 库和基于批处理的 FlinkML（机器学习库）、Gelly（图处理库）等。

2. Runtime 核心层

Runtime 核心层主要负责对 API&Libraries 层中的不同接口提供基础服务，Flink 分布式框架的核心功能也主要在该层实现。Flink 分布式框架中的程序会在流经 Runtime 核心层后被映射为分布式数据流（Distributed Data Flow），从而使得 Flink 能够基于数据本身的特征进行窗口聚合处理。

3. 物理部署层

物理部署层主要涉及 Flink 的具体部署模式，目前 Flink 支持本地、集群、云、集成等部署模式。Flink 能够通过该层支持不同的部署，用户可以根据需要选择使用对应的部署模式。

在进行 Flink 的学习之前，先了解 Flink 的重要概念，部分如表 11-1 所示。

表 11-1　Flink 部分重要概念

组件名称	组件描述
Flink Application	一个 Flink 应用程序是一个 Java 应用程序，它通过 main()方法（或一些其他方式）提交一个或多个 Flink Jobs。一个应用程序的作业可以提交给一个长期运行的 Flink Session Cluster，或者提交到一个专用的 Flink Application Cluster，或者提交到 Flink Job Cluster
Flink Job	Flink Job 表示为 Runtime 的 Logical Graph，通过在 Flink Application 中调用 execute()方法来创建和提交
Flink JobManager	Flink JobManager 是 Flink Cluster 的主节点，它负责监督单个作业的执行。它包含 3 个不同的组件：Flink Resource Manager、Flink Dispatcher、运行每个 Flink Job 的 Flink JobMaster

组件名称	组件描述
Flink JobMaster	JobMaster 是在 Flink JobManager 中运行的组件之一
Logical Graph	Logical Graph（逻辑图）是一种有向图，其顶点是"算子"，其边定义算子的输入/输出关系，并对应于数据流或数据集。通过从 Flink Application 提交作业来创建逻辑图。逻辑图通常也称为数据流图
Operator	Operator（算子）是 Logical Graph 的节点。算子执行某种操作，该操作通常由 Function 执行。Source 和 Sink 是数据输入和数据输出的特殊算子
Operator Chain	算子链由两个或多个连续的 Operator 组成，两者之间没有任何的重新分区。同一算子链内的算子可以彼此直接传递 record，而无须通过序列化或 Flink 的网络栈
Physical Graph	Physical Graph 在分布式运行时，把 Logical Graph 转换为可执行的结果。节点是 Task，边表示数据流或数据集的输入/输出关系或 partition
State Backend	对于流处理程序，Flink Job 的 State Backend 决定了其 state 是如何存储在每个 TaskManager 上的，以及它在 checkpoint 时的写入位置
Sub-Task	Sub-Task 是负责处理数据流 Partition 的 Task。"Sub-Task"强调的是同一个 Operator 或者 Operator Chain 具有多个并行的 Task
Task	Task 是 Physical Graph 的节点。它是基本的工作单元，由 Flink 的 runtime 来执行。Task 正好封装了一个 Operator 或者 Operator Chain 的 parallel instance
Flink TaskManager	TaskManager 是 Flink Cluster 的工作进程。Task 被调度到 TaskManager 上执行。TaskManager 相互通信，只为在后续的 Task 之间交换数据

11.1.2 Flink 部署

Flink 部署分为单节点部署和集群部署。其中，集群部署又分为独立（Standalone）模式和 Flink on YARN/ Kubernetes…。Flink 集群可以在以下 3 种模式下部署：应用模式（Application Mode）、会话模式（Session Mode）、单作业模式（Per-Job Mode）。3 种模式的区别主要体现在对资源的竞争，以及 main()方法的执行方式上（是在客户端还是在 JobManager 上）。其中在 Standalone 模式下，只有会话模式和应用模式两种部署方式。Flink 无法单独运行单作业模式，一般需要借助一些资源管理框架来启动集群，如 YARN、Kubernetes（K8s）。本章使用的 Flink 版本号为 1.15.3。Flink 下载版本如图 11-3 所示。

Index of /dist/flink/flink-1.15.3

Name	Last modified	Size	Description
Parent Directory		—	
python/	2022-11-24 01:53	—	
flink-1.15.3-bin-scala_2.12.tgz	2022-11-10 15:48	416M	
flink-1.15.3-bin-scala_2.12.tgz.asc	2022-11-10 15:48	833	
flink-1.15.3-bin-scala_2.12.tgz.sha512	2022-11-10 15:48	162	
flink-1.15.3-src.tgz	2022-11-10 15:48	31M	
flink-1.15.3-src.tgz.asc	2022-11-10 15:48	833	
flink-1.15.3-src.tgz.sha512	2022-11-10 15:48	151	

图 11-3　Flink 下载版本

1. 单节点部署

在单节点上部署 Flink，可以减少复杂的配置和管理开销，提高开发效率。此外，通过单节点部署，可以更轻松地理解 Flink 程序的执行流程和了解其性能瓶颈，为后续的分布式部署做好准备。下面为单节点部署的步骤。

（1）解压 Flink 安装包。

```
[ylw@localhost root]$ sudo tar -zxf /home/ylw/flink-1.15.3-bin-scala_2.12.tgz -C
/home/ylw/usr/local
```

（2）配置环境变量。设置环境变量，编辑文件~/.bashrc 或~/.bash_profile，把 Flink 的安装路径添加到 PATH 变量中，方便对 Flink 的使用和管理。

```
#FLINK_HOME
export FLINK_HOME="Flink 安装路径"
export PATH=$PATH:$FLINK_HOME/bin
```

（3）启动 Flink。执行 start-cluster.sh 命令启动 Flink，如图 11-4 所示。

```
[root@localhost bin]# start-cluster.sh
Starting cluster.
Starting standalonesession daemon on host localhost.localdomain.
Starting taskexecutor daemon on host localhost.localdomain.
```

图 11-4　单节点部署启动结果

注：单节点部署 Flink 就是直接在本地启动，无须搭建集群。本地部署非常简单，一般只用来做一些简单的测试。

2. 集群部署

Flink 部署主要分为本地（单节点）部署模式和集群部署模式，集群部署模式主要包含 Standalone、Flink On YARN、Kubernetes 等，Flink 可以借助以上资源管理器来实现分布式计算，目前企业使用最多的是 Flink 基于 Hadoop YARN 资源管理器模式。下面分别介绍 Standalone 集群模式和 Flink On YARN 集群模式部署的步骤。

（1）Standalone 集群模式

① 集群规划，以 IP 地址为 192.168.56.102 的节点为主节点。

```
192.168.56.102
192.168.56.105
192.168.56.106
```

② 修改主节点的配置文件 conf/flink-conf.yaml，修改内容如下。

```
jobmanager.rpc.address: 192.168.56.102
```

③ 修改文件 conf/master 内容为主节点 IP 地址加 Web UI 端口。

```
192.168.56.102:8081
```

④ 修改 conf 目录下的 workers 文件（可以是主机 IP 地址或主机名称）。

```
192.168.56.102
192.168.56.105
192.168.56.106
```

⑤ 分发 flink 目录到其他节点。

```
[ylw@localhost conf]$ scp -r /home/ylw/usr/local/flink 192.168.56.105:/
home/ylw/usr/local/
[ylw@localhost conf]$ scp -r /home/ylw/usr/local/flink 192.168.56.106:/
home/ylw/usr/local/
```

⑥ 启动集群，如图 11-5 所示。

```
[root@localhost flink]# start-cluster.sh
Starting cluster.
[INFO] 2 instance(s) of standalonesession are already running on localhost.localdomain.
Starting standalonesession daemon on host localhost.localdomain.
root@192.168.56.102's password:
Starting taskexecutor daemon on host localhost.localdomain.
root@192.168.56.105's password:
Starting taskexecutor daemon on host localhost.localdomain.
root@192.168.56.106's password:
Starting taskexecutor daemon on host localhost.localdomain.
```

图 11-5　Standalone 模式启动结果

（2）Flink on YARN 集群模式

① 安装配置 Hadoop。

具体步骤请参考第 2 章。

② 配置 Flink。

进入 Flink 的解压目录，找到 conf 目录下的 flink-conf.yaml 文件。根据实际情况修改以下参数。

```
jobmanager.rpc.address: localhost
jobmanager.heap.mb: 1024
taskmanager.heap.mb: 1024
taskmanager.numberOfTaskSlots: 1
parallelism.default: 1
```

其中，jobmanager.rpc.address 指定 Flink 的 JobManager 的地址；jobmanager.heap.mb 和 taskmanager.heap.mb 分别指定 JobManager 和 TaskManager 的堆内存大小；taskmanager. numberOfTaskSlots 指定每个 TaskManager 的任务槽数量；parallelism.default 指定默认的并行度。

③ 配置 Yarn。

进入 Hadoop 的安装目录，找到 etc/hadoop 目录下的 yarn-site.xml 文件。根据实际情况添加以下配置。

```
<property>
  <name>yarn.nodemanager.aux-services</name>
  <value>mapreduce_shuffle</value>
</property>
<property>
  <name>yarn.nodemanager.aux-services.mapreduce.shuffle.class</name>
  <value>org.apache.hadoop.mapred.ShuffleHandler</value>
</property>
<property>
    <name>yarn.resourcemanager.hostname</name>
    <value>localhost</value>
</property>
```

其中，yarn.nodemanager.aux-services 和 yarn.nodemanager.aux-services.mapreduce.shuffle. class 分别指定 Yarn 的辅助服务；yarn.resourcemanager.hostname 指定 Yarn 的 ResourceManager 的地址。

④ 启动 Hadoop 和 Yarn 集群。需要在 Hadoop 安装目录下的 bin 目录下执行如下命令。

```
start-all.sh
```

⑤ 在执行 yarn-session.sh 脚本之前需要先设置 HADOOP_CLASSPATH 这个环境变量，否则，执行 yarn-session.sh 会报错，即提示找不到 Hadoop 的一些依赖。

```
export HADOOP_CONF_DIR=$HADOOP_HOME/etc/hadoop
export YARN_CONF_DIR=$HADOOP_HOME/etc/hadoop
export HADOOP_CLASSPATH=$HADOOP_HOME/bin/hadoop
```

⑥ 启动 Flink，如图 11-6 和图 11-7 所示。

```
yarn-session.sh -n 1 -s 1 -jm 1024m -tm 1024m
```

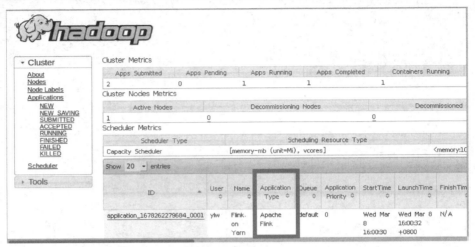

图 11-6　Flink on Yarn 启动 Hadoop Web UI

图 11-7　Flink on Yarn 启动 Flink Web UI

注：在 Flink 1.8.0 之前的版本中，想要以 YARN 模式部署 Flink 任务时，需要 Hadoop 的支持。从 Flink 1.8.0 版本开始，不再提供基于 Hadoop 编译的安装包，若需要 Hadoop 的环境支持，则需要自行在官网下载 Hadoop 相关版本的组件 flink-shaded-hadoop-2-uber-2.7.5-10.0.jar，并将该组件上传至 Flink 的 lib 目录下。在 Flink 1.11.0 版本之后增加了很多重要的新特性，其中就包括对 Hadoop 3.0.0 以及更高版本 Hadoop 的支持，不再提供 flink-shaded-hadoop-*jar 包，而是通过配置环境变量完成与 YARN 集群的对接。

11.1.3　Flink 的运行架构

Flink 是一个流行的分布式流处理框架，其运行架构是其核心功能之一。Flink 的运行架构采用了基于数据流的编程模型，将数据和计算任务看作一个连续的数据流，从而支持流式数据处理和实时数据分析。Flink 的运行架构包括多个组件，如任务管理器、资源管理器和分布式存储等。在 Flink 的架构中，每个组件都有自己的任务和职责，并通过高效的通信和协调机制相互配合，实现高可靠性和高性能的分布式数据处理。

1. Flink 运行组件

Flink 运行时由两种类型的进程组件组成：一个任务管理器（JobManager）和一个或者多个作业管理器（TaskManager）。

（1）TaskManager 执行作业流的任务，并且缓存和交换数据流。Flink 运行时必须始终至少有一个 TaskManager。在 TaskManager 中资源调度的最小单位是任务槽。每个任务槽代表 TaskManager 中资源的固定子集。TaskManager 中任务槽的数量表示并发处理任务的数量，如图 11-8 所示。

微课 11-2

Flink 运行架构

图 11-8　TaskManager 中的任务槽

（2）JobManager 担负着许多与协调 Flink 应用程序的分布式执行有关的职责：它决定何时调度下一个或一组任务、对完成的任务或执行失败的任务做出反应、协调检查点、协调从失败中恢复的任务等。JobManager 进程由如下 3 个不同的组件组成。

① 资源管理器（ResourceManager）。它负责 Flink 集群中的资源提供，回收、分配、管理任务槽。Flink 为不同的环境和资源提供者（如 YARN、Kubernetes 和 Standalone 部署）实现对应的 ResourceManager。在 Standalone 设置中，ResourceManager 只能分配可用 TaskManager 的任务槽，而不能自行启动新的 TaskManager。

② 作业主控点（JobMaster）。它负责管理单个作业图（JobGraph）的执行。Flink 集群中可以同时运行多个作业，每个作业都有自己的 JobMaster。Flink 运行时始终至少有一个 JobManager。高可用设置中可能有多个 JobManager，其中有一个始终是 Leader，其他的则是备用（Standby）节点。

③ 调度器（Dispatcher）。它提供了一个 REST 接口，用来提交 Flink 应用程序执行信息，并为每

个提交的作业启动一个新的 JobMaster。它还运行 Flink Web UI 来提供作业执行信息。

2. 作业提交流程

Flink 的作业提交流程随着部署模式、资源管理平台的不同，会有所变化。

（1）Flink 的 Standalone 集群模式的作业提交流程如图 11-9 所示。在 Standalone 下，只有会话模式和应用模式两种部署方式。两者整体的流程是非常相似的：TaskManager 都需要手动启动，所以当 ResourceManager 收到 JobMaster 的请求时，会直接要求 TaskManager 提供资源。而 JobMaster 的启动时间点、会话模式是预先启动的，应用模式则是在作业提交时启动的。

① 客户端通过 Dispatcher 提供的 REST 接口，将作业提交给 Dispatcher。

② Dispatcher 启动 JobMaster，并将作业提交给 JobMaster。

③ JobMaster 将 JobGraph 解析为可执行的 ExecutionGraph，得到所需的资源数量，然后向 ResourceManager 请求资源（任务槽）。

④ ResourceManager 判断当前是否有足够的可用资源；如果有，则进行分配；如果没有，则启动新的 TaskManager。

⑤ TaskManager 启动之后，向 ResourceManager 注册自己的可用任务槽。

⑥ ResourceManager 通知 TaskManager 为新的作业提供任务槽。

⑦ TaskManager 连接到对应的 JobMaster，并向其提供任务槽。

⑧ JobMaster 将需要执行的任务分发给 TaskManager。

⑨ TaskManager 执行任务，TaskManager 之间可以交换数据。

图 11-9　Standalone 集群模式的作业提交流程

（2）Flink on YARN 集群模式的会话模式集群作业提交流程如图 11-10 所示。

① 客户端通过 Dispatcher 提供的 REST 接口，将作业提交给 Dispatcher。

② Dispatcher 启动 JobMaster，并将作业提交给 JobMaster。

③ JobMaster 向 ResourceManager 请求资源（任务槽）。

④ ResourceManager 向 YARN ResourceManager 请求容器（Container）资源。

⑤ YARN 启动新的带有 TaskManager 的容器。

⑥ TaskManager 启动之后，向 Flink 的 ResourceManager 注册自己的可用任务槽。

⑦ ResourceManager 通知 TaskManager 为新的作业提供任务槽。

⑧ TaskManager 连接到对应的 JobMaster，提供任务槽。

⑨ JobMaster 将需要执行的任务分发给 TaskManager，最后执行任务。

图 11-10　会话模式集群作业提交流程

（3）Flink on YARN 集群模式的单作业模式集群作业提交流程如图 11-11 所示。

① 客户端将作业提交给 YARN ResourceManager。

② YARN ResourceManager 分配容器资源，启动 Flink JobManager，并将作业提交给 JobMaster。

③ JobMaster 向 ResourceManager 请求资源（任务槽）。

④ ResourceManager 向 YARN 的 ResourceManager 请求容器资源。

⑤ YARN 启动新的带有 TaskManager 的容器。

⑥ TaskManager 启动之后，向 Flink 的 ResourceManager 注册自己的可用任务槽。

⑦ ResourceManager 通知 TaskManager 为新的作业提供任务槽。

⑧ TaskManager 连接到对应的 JobMaster，提供任务槽。

⑨ JobMaster 将需要执行的任务分发给 TaskManager，最后执行任务。

图 11-11　单作业模式集群作业提交流程

（4）Flink on YARN 集群模式的应用（Application）模式集群作业提交流程。

应用模式与单作业模式的提交流程非常相似，只是初始提交给 YARN ResourceManager 的不再是具体的作业，而是整个应用。一个应用中可能包含多个作业，这些作业都将在 Flink 集群中启动各自对应的 JobMaster。

11.1.4　Flink 流处理 API

Apache Flink 是一个分布式流处理引擎，根据抽象程度分层，提供了 3 种不同的 API：数据流 API（DataStream API）、SQL/Table API 和处理函数（Process Function），如图 11-12 所示。DataStream API 是 Flink 的核心 API，它提供了一种类似于 Java 8 Stream 的 API，可以对无界数据流进行高效处理。SQL/Table API 是一种更高级的 API，它提供了类似于 SQL 的查询语言，可以方便地处理结构化数据。处理函数可以处理一条或两条输入数据流中的单个事件或者归入一个特定窗口内的多个事件，它提供了对时间和状态的细粒度控制。下面介绍 Flink 的 DataStream API。

图 11-12　Flink 分层 API

1. 数据流来源（DataStream Source）

DataStream Source 是数据流的来源，可以是文件、Kafka、Socket 等。Flink 提供了很多内置的 Source，也可以自定义 Source。

2. 数据流转换（DataStream Transformation）

DataStream Transformation 是数据流的转换，可以对数据流进行过滤、映射、聚合等操作。Flink 提供了很多内置的 Transformation，也可以自定义 Transformation。

3. 数据流输出（DataStream Sink）

DataStream 是数据流输出的目的地，可以是文件、Kafka、Socket 等。Flink 提供了很多内置的 Sink，也可以自定义 Sink。

4. 数据流窗口（DataStream Window）

DataStream Window 对数据流进行窗口操作，可以将无界数据流划分为有限的数据块进行处理。Flink 提供了很多内置的 Window，也可以自定义 Window。

5. 数据流状态（DataStream State）

DataStream State 对数据流进行状态管理，可以在处理无界数据流时保存和更新状态。Flink 提供了很多内置的 State，也可以自定义 State。

11.2 Spark

Apache Spark 最初是由加利福尼亚大学伯克利分校 AMPLab 实验室开发的一款类似于 MapReduce 的开源分布式集群计算框架,后来贡献给 Apache 自由软件基金会,目前已升级为 Apache 顶级项目。

MapReduce 在运行完成后,将中介数据存储到磁盘中,而 Spark 使用了存储器内运算技术,能在数据尚未写入硬盘时,即在存储器内对其进行分析和运算。Spark 在存储器内运行程序的运算速度比 MapReduce 的运算速度快上 100 多倍,如图 11-13 所示,即便是基于硬盘运行程序时,Spark 也能达到 MapReduce 的 10 倍速度。Spark 允许用户将数据加载至集群存储器,并多次对其进行查询,非常适用于机器学习算法。

图 11-13　Hadoop 和 Spark 中的逻辑回归测试对比

11.2.1 Apache Spark 架构

Apache Spark 是一个高效、通用的并行计算框架平台,其通过多种开发语言和丰富的高级 API,提供了一套统一整合的大数据计算引擎。下面从 Spark 集群的基本概念、Spark 组成结构和架构特点 3 个方面介绍 Spark。

微课 11-3

Spark 架构及扩展
功能

1. Spark 集群的基本概念

Spark 集群的基本组件包括 Application、Application jar、Driver program、Cluster Manager、Deploy mode、Task、Job、Stage 等。表 11-2 总结了 Spark 集群的基本概念,以帮助读者深刻理解和掌握 Spark 架构。

表 11-2　Spark 集群的基本概念

组件	概念
Application	建立在 Spark 上的用户应用程序,由一个 Driver 和多个 Excutor 组成
Application jar	将用户基于 Spark 的代码打包成 JAR 包
Driver program	驱动程序,运行 main()方法的进程,并负责创建 SparkContext(Spark 上下文)
ClusterManager	负责获取集群资源的外部服务(独立模式管理器、Mesos、Yarn)
Deploy mode	决定在何处运行 Driver 进程的部署模式,它分为 Cluster 和 Client 模式
WorkerNode	集群中运行应用程序的节点

续表

组件	概念
Executor	应用程序在 Worker 节点上启动的进程，该进程执行任务并将数据保存在内存或磁盘中
Task	最小的工作单元
Job	一个 Job 有许多的 Task，每一个 Action 操作都会触发一个 Job
Stage	一个 Job 被拆分成许多的 Stage，一个 Stage 包含多个 Task，Stage 是提交作业的最小单位，Stage 之间彼此依赖
RDD	弹性分布式数据集（Resilient Distributed Dataset，RDD）是 Spark 中最基本的数据抽象
Operation	作用于 RDD 的操作，分为 Transformation 和 Action 两种
DAG	反映 RDD 之间的依赖关系
Wide dependency	宽依赖，子 RDD 对父 RDD 中的所有数据分区都有依赖
Narrow dependency	窄依赖，子 RDD 依赖父 RDD 中固定的数据分区
CacheManager	缓存管理，对 RDD 的计算结果进行缓存管理

2. Spark 组成结构

Spark 需要底层文件系统支持，其集群运行环境需要一个集群管理器（ClusterManager）负责资源的管理。Spark 支持的文件系统有 HDFS、Cassandra、OpenStack Swift 和 Amazon S3（Simple Storage Service），它也可运行在本地模式下（可以使用本地文件系统代替分布式文件系统）。关于 Spark 的集群资源管理系统 ClusterManager，可以使用 Yarn 或 Mesos，若运行在本地模式下，则可以不需要 ClusterManager。

Spark 应用程序的集群结构如图 11-14 所示。Spark 应用程序由运行于用户主程序中的 SparkContext 对象根据集群使用情况分为多个相互独立的进程集，然后访问 ClusterManager，为各个进程分配其运行所需的资源（图 11-14 中的第①步）。其中，SparkContext 可以同时连接多个 ClusterManager，为 Spark 应用程序分配所需的运行资源，如 Spark 单机模式内含的资源管理程序、Yarn 资源管理程序或 Mesos 资源管理程序。若 SparkContext 连接到 ClusterManager 并成功获取资源，就在集群中的相应空闲 WorkerNode（工作节点）上为各个单独的 Spark 进程建立独立的执行器（Executor）（图 11-14 中的第②~④步）。执行器（Executor）分为多个区，分别为任务（Task）区和数据缓存（Cache）区，它们都位于内存中。不同运行空间的 Executor 相互独立，但可以在 Spark 上下文的控制下实现 Cache 中的数据共享，这也是为什么 Spark 可以基于内存支持高效的多次迭代计算操作。

为进程创建好执行器（Executor）后，SparkContext 将 Spark 应用程序的代码或任务计划分发到任务区中，最后一切准备过程就绪后，即可执行 Spark 程序。

启动 Spark 应用程序后，该程序会一直接收输入数据，及时处理数据并输出结果，整个处理过程如流水一般源源不断进行。SparkContext 发出 kill 命令，即可终止该程序的运行，否则它会一直运行下去。

图 11-14 中有如下几个需要注意的地方。

（1）每个应用程序都拥有自己的运行空间执行器，执行器在应用程序的整个生命周期中一直存在。任务区以多线程的方式处理数据流，这种处理方式的优点是可以隔离不同的进程空间，避免它们相互干扰。

图 11-14　Spark 应用程序的集群结构

（2）Spark 应用程序独立于底层 ClusterManager，并不受限于某一 ClusterManager，这提高了其抽象灵活性。Spark 只需要获得执行器进程运行空间，以及执行器与 SparkContext 之间的通信连接即可运行，这说明 Spark 应用程序可以根据资源需求情况动态申请，运行在任意一种 ClusterManager（如 Yarn、Mesos）上，从而与运行其上的其他应用程序共存，提高集群资源的利用率。

（3）SparkContext 可以根据数据在集群中各 WorkerNode 上的分布情况，使向 ClusterManager 申请的执行器尽量与数据位于相同的节点上，实现数据处理本地化，以应用程序迁移的方式减少网络通信开销。

3. Spark 架构特点

（1）Spark 拥有轻量级的集群计算框架。Spark 将 Scala 应用于程序架构，而 Scala 这种多范式的编程语言具有并发性、可扩展性，而且它支持编程范式的特征，与 Spark 紧密结合，能够轻松地操作分布式数据集，并且可以添加新的语言结构。

（2）Spark 包含大数据领域的数据流计算和交互式计算。Spark 可以与 HDFS 交互取得分布式文件系统中的数据文件，同时 Spark 的迭代、内存计算，以及交互式计算为数据挖掘和机器学习提供了很好的框架。

（3）Spark 有很好的容错机制。Spark 使用了 RDD，RDD 被表示为 Scala 对象分布在一组节点中的只读对象集合中，这些集合是弹性的，保证在数据集丢失时，可以对丢失的数据集进行重建。

11.2.2　Apache Spark 的扩展功能

Spark 是一个通用的基于内存的高效集群计算系统，提供了丰富的 Java、Scala、Python 上层 API，可以在其上编写自己的应用程序。此外，Spark 还提供了丰富的上层应用处理工具，包括处理结构化或半结构化数据的 Spark SQL、机器学习算法库 MLlib、图计算框架 GraphX、数据流式处理功能 Spark Streaming。其中，Spark 上的所有处理操作都会转换为底层的流式处理操作，因此，Spark Streaming 是 Spark 处理数据的基础功能之一。

Apache Spark 支持的扩展功能如图 11-15 所示，可以将 Spark SQL、MLlib、GraphX、Spark Streaming 等功能无缝地集成在同一个 Spark 应用中，增强相应应用程序的处理功能。若想了解更多有关 Spark 的原理和功能，可以参考官网上的相关资料。

图 11-15　Apache Spark 支持的扩展功能

1. Spark SQL

Spark SQL 是 Spark 用来处理结构化数据的一个模块。不同于 Spark RDD 的基本 API，Spark SQL 接口提供了更多关于数据结构和正在执行的计算的信息。在 Spark 内部，Spark SQL 利用这些信息可以更好地进行程序优化。在实际运用中，可通过 SQL 与 Dataset API 与 Spark SQL 进行交互。当相同的引擎被用来执行同一个计算时，有不同种类的 API 和语言可供选择。Spark SQL 统一性意味着开发人员可以轻松切换各种熟悉的 API 来完成同一个计算工作。Spark SQL 具有如下特征。

（1）易整合：可以无缝地将 SQL 查询与 Spark 程序整合。Spark SQL 允许使用 SQL 或 DataFrame API 在 Spark 程序中查询结构化数据，支持 Java、Scala、Python 和 R 语言。

（2）统一数据访问方式：以同样的方式连接到任何数据源。DataFrame 和 SQL 提供了访问各种数据源的常用方法，包括 Hive、Avro、JSON 和 JDBC 等。

（3）兼容 Hive：在现有仓库上运行 SQL 或 HQL 查询。Spark SQL 支持 HQL 语法，允许访问现有的 Hive 仓库。

（4）标准的数据连接：通过 JDBC 或 ODBC 连接。支持商业智能软件等外部工具通过标准数据库连接器（JDBC/ODBC）连接 Spark SQL 进行查询。

2. Spark 流处理（Spark Streaming）

Spark Streaming 是 Spark 核心 API 的一个扩展，它支持可伸缩、高吞吐量、可容错地处理实时数据流。它也支持从多种数据源获取数据，如 Kafka、Flume、Kinesis 和 TCP 套接字等，获取数据后，可以通过 map()、reduce()、join() 和 window() 等高级函数对数据进行处理。最后，还可以将处理结果推送到文件系统、数据库等。Spark Streaming 的结构如图 11-16 所示。

图 11-16　Spark Streaming 的结构

3. 机器学习库（MLlib）

MLlib 是 Spark 的机器学习库，它的作用是使机器学习变得可扩展和更容易实现。它由一些通用的算法和工具组成，包括分类、回归、聚类、协同过滤等，还包括底层的优化原语和高层的管道 API。具体来说主要包括以下 5 个方面的内容。

（1）机器学习算法（Machine Learning Algorithm）：常见的学习算法有分类、回归、聚类和协同过滤等。

（2）特征化（Featurization）：特征提取、变换、降维和选择。

（3）管道（Pipeline）：用于构造、评估和优化机器学习管道的工具。

（4）持久性（Persistence）：保存和加载算法、模型和管道。

（5）实用工具（Utility）：线性代数、统计、数据处理等工具。

4. 图计算框架（GraphX）

GraphX 是用于图计算的 Spark 中的一个新组件。GraphX 的核心抽象是弹性分布式属性图（Resilient Distributed Property Graph），它是一种点和边都带属性的有向多重图。它扩展了 Spark RDD 的抽象，有表格（Table）和图（Graph）两种视图，但只需要一份物理存储。两种视图都有自己独有的操作符，从而使操作更加灵活，提高了执行效率。GraphX 的结构如图 11-17 所示。

图 11-17　GraphX 的结构

对图视图的所有操作最终都会转换成由其关联的表格视图的 RDD 操作来完成，即对一个图的计算等价于一系列 RDD 的转换过程。因此，图视图也具备 RDD 的 3 个关键特性：不可变、分布式和容错。从逻辑上来讲，所有图的转换和操作都产生了一个新图；从物理上来讲，GraphX 会有一定程度的不变的顶点和边的复用及优化，且对用户透明。

11.3　Flink 与 Spark 异同

微课 11-4

Flink 与 Spark 异同

Hadoop、Spark、Flink 是目前企业使用的三大主流框架，三者的异同如表 11-3 所示。

表 11-3　Hadoop、Spark、Flink 的异同

项目	Hadoop	Spark	Flink
性能	最差	略差于 Flink	最好
内存管理	提供可配置的内存管理	提供可配置的内存管理	提供自动内存管理
容错能力	具有很高的容错能力，故障发生时，无须重新启动应用程序	可进行故障恢复，并且无须任何额外的代码或配置	遵循的容错机制基于分布式快照算法。该机制在维持高吞吐率的同时提供强大的一致性保证
可扩展性	具备高可扩展性	具备高可扩展性	具备高可扩展性
语言支持	支持 Java、C、C ++、Ruby、Groovy、Perl、Python	支持 Java、Scala、Python、R	支持 Java、Scala、Python、R
延迟	较高延迟	低延迟	低延迟
处理速度	较慢	较快	最快

////////// 习题

1. Flink 和 Spark 的功能分别是什么？

2. Flink 集群的组成及其对应功能分别是什么？

3. Flink 数据流对象的组成成分有哪些？简述各成分的功能。

4. 简述 Flink 与 Flink on Yarn 的区别。

5. Spark 框架处理数据的各组成成分包含哪些？简述 Spark 处理数据的过程。

6. 简述 Spark 支持的扩展功能，并说明其作用。

7. 简述 Flink 与 Spark 的异同点。